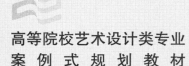

高等院校艺术设计类专业
案例式规划教材

装饰材料与施工工艺

■ 主 编 崔云飞 朱永杰 刘 宇
■ 副主编 曲旭东 谢 礼

U0278845

华中科技大学出版社
http://www.hustp.com

内 容 提 要

　　装饰材料与施工工艺是环境设计、装饰装修专业的必修课程，是根据高等职业技术教育人才培养目标编写的。本书共分十四章，分别介绍装饰材料的概念、分类及发展趋势，施工工艺在装饰工程中的作用，石膏装饰材料，涂料，石材装饰材料，陶瓷装饰材料，玻璃装饰材料，金属装饰材料，塑料装饰材料，木材及人造板材装饰材料，保温吸音装饰材料，壁纸装饰材料，胶黏剂装饰材料和它们各自的施工工艺等内容。

　　本书内容详尽，深入浅出，可以为广大装饰工程的从业人员和高校环境设计、装饰装修专业学生提供学习参考。

图书在版编目（CIP）数据

装饰材料与施工工艺 / 崔云飞，朱永杰，刘宇主编 . 一武汉：华中科技大学出版社，2017.9（2019.7重印）
高等院校艺术设计类专业案例式规划教材
ISBN 978-7-5680-2723-6

Ⅰ.①装…　Ⅱ.①崔…　②朱…　③刘…　Ⅲ.①建筑材料－装饰材料－高等学校－教材　②建筑装饰－工程施工－高等学校－教材　Ⅳ.① TU56　② TU767

中国版本图书馆 CIP 数据核字 (2017) 第 076375 号

装饰材料与施工工艺
Zhuangshi Cailiao yu Shigong Gongyi

崔云飞　朱永杰　刘宇　主编

策划编辑：金　紫
责任编辑：郑猿冰
封面设计：原色设计
责任校对：祝　菲
责任监印：朱　玢
出版发行：华中科技大学出版社（中国·武汉）　　电话：（027）81321913
　　　　　武汉市东湖新技术开发区华工科技园　　邮编：430223
录　　排：华中科技大学惠友文印中心
印　　刷：湖北新华印务有限公司
开　　本：880mm×1194mm　1/16
印　　张：14.25　插页：10
字　　数：309 千字
版　　次：2019 年 7 月第 1 版第 2 次印刷
定　　价：45.80 元

前言
Preface

　　随着社会经济的发展，人们对于装饰装修的需求越来越大，装饰设计及施工的从业队伍也逐渐扩大。装饰材料及施工工艺的快速更新也对从业人员提出了更高的要求，尤其对于正处在学习过程中的未来的设计师和管理者更是如此。本书对目前市场的主流装饰材料及施工工艺作了详细讲述，并对施工过程中的质量问题的原因和预防措施进行了分析，可为广大装饰工程的从业人员和高校环境设计、装饰装修专业学生提供学习参考。

　　本书由崔云飞、朱永杰、刘宇老师担任主编，曲旭东、谢礼老师担任副主编。本书第一章、第四至第六章由崔云飞负责编写，第二章、第三章、第七至第九章由朱永杰负责编写，第十至第十四章由刘宇负责编写。曲旭东和谢礼老师参与了本书的统稿工作并提供了相关资料。

　　本书技术性较强，涉及材料较多，工艺复杂，对于在本书编写过程中给予我们帮助的相关单位及个人表示衷心的感谢！

　　由于编者水平有限，书中难免有不妥之处，敬请广大读者批评指正。

编　者
2017 年 8 月

目录
Contents

第一章
绪 论

章节
导读

■ 学习装饰材料与施工工艺的目的及意义。

第一节 学习装饰材料与施工工艺的目的

1. 实现建筑装饰设计意图

建筑装饰施工的主要任务是完成装饰设计图纸中的内容。装饰施工人员通过对施工工艺的正确理解、对装饰材料的合理选择，最大限度地实现设计意图。

2. 保证建筑装饰质量

对装饰材料性能及施工工艺的准确把握和应用，不仅能够满足空间的防火、防水、保温、隔音等使用需求，还能够掌控整个施工程序，确保装饰工程达到相应质量标准，达到最佳经济效益比。

3. 合理控制经济成本

根据设计要求和空间使用要求，选择合适的材料和施工工艺能够在满足功能的基础上有效控制成本。

第二节 学习装饰材料与施工工艺的意义

对于设计师而言，掌握装饰材料和施工工艺是确保建筑工程质量的前提。装饰材料的质地、图案、纹样及环保性能对空间环境的装饰效果具有辅助作用。建筑空间功能的实现、造价的高低、构造做法与施工工艺的变化等在很大程度上取决于材料的合理选择和使用。

对于施工管理者及施工人员而言，更应该熟悉建筑装饰材料的种类、基本功能属性、加工性能及装饰性，了解材料市场供应情况和价格，以便掌握各类材料的变化规律，善于根据客户的使用需求、经济投入、工程技术条件等因素，合理选择、使用材料和施工工艺，确保工程的顺利完成。

小贴士

1. 建筑装饰工程施工企业资质等级标准分为一级、二级、三级三个等级。

2. 建筑装饰设计企业资质等级标准分为甲、乙、丙三个级别。

本／章／小／结

本章阐述了学习装饰材料与施工工艺的目的和意义。对于广大设计师及施工管理者来说，只有真正了解学习装饰材料及施工工艺的目的和意义，才能进行有效、规范的学习。

思考与练习

1. 学习装饰材料与施工工艺的目的是什么？

2. 学习装饰材料与施工工艺的意义是什么？

第二章
装饰材料的概念、分类及发展趋势

章节
导读 ｜ 装饰材料的概念及分类；装饰材料在装饰工程中的作用和选用原则；建筑装饰装修材料的发展趋向。

第一节
装饰材料的概念

建筑装饰就是运用工艺和技术手段，以美学原理为依据，以建筑空间及建筑装饰材料为基础，对建筑外表及内部空间环境进行设计、加工的过程，通过利用色彩、质感、陈设、家具等装饰手段，引入声、光、热等要素，采用装饰材料和施工工艺，创造舒适的空间。

建筑装饰材料是指铺设或涂装在建筑物表面起装饰和美化作用的材料。一般是指主体结构工程完成后，进行室内外墙面、顶棚、地面和室内空间装饰装修所需要的材料。它起着保护建筑构件、美化建筑工程内外环境、增加使用功能等作用。从根本上说，它是建筑工程的组成部分，是集材料属性、工艺、造型设计、色彩美学于一体的，既起到装饰作用，又可满足一定使用要求的功能性材料。

装饰材料包括各种五金制品、涂料、板材、贴面、瓷砖、石材、具有特殊效果的玻璃等。建筑装饰材料只是建筑材料的一部分，它从属于建筑材料。

第二节
建筑装饰材料分类

建筑装饰材料的分类方法主要有以下几种。

1. 按化学成分分类

无机装修材料：金属、胶凝材料、饰面玻璃、天然石材等。

有机装修材料：木材、竹材、植物纤维、煤、石油沥青、各类卷材、塑料、涂料、胶黏剂等。

有机与无机复合型：树脂混凝土、纤维增强塑料、铝塑装饰板、人造大理石、玻璃钢材料、涂覆钢板、涂覆铝合金板、塑铝管、塑钢门窗等。

2. 按使用功能分类

建筑装饰材料按使用功能分为建筑结构材料、墙体材料、建筑功能材料。

3. 按材料性状分类

建筑装饰材料按材料性状分类见表2-1。

4. 按材料防火等级划分

装修材料按其燃烧性能应划分为四级。

表 2-1 按材料性状分类

序号	类别	主要品种举例
1	装饰石材	天然大理石、天然花岗岩、人造大理石、人造花岗岩、水磨石、其他人造装饰石材
2	陶瓷装饰材料	釉面砖、墙地砖、大型陶瓷饰面砖、陶瓷棉砖、陶瓷壁画
3	玻璃装饰材料	平板玻璃、中空玻璃、夹层玻璃、夹丝玻璃、压花玻璃、饰面玻璃、热反射玻璃、玻璃棉砖、玻璃砖、彩印玻璃、雕刻玻璃、彩绘玻璃
4	琉璃装饰材料	琉璃瓦、琉璃工艺品
5	人造装饰板材	中密度纤维板、纤维增强水泥平板、水泥刨花板、稻草板、纸面石膏板、宝丽板、华丽板、有机玻璃板、装饰纤维木贴面板、印刷木纹人造板、塑料贴面装饰板、硬 PVC 装饰板、浮印大理石装饰板、GRC 人造理石夫和装饰板、竹木胶合板、美铝曲板
6	石膏装饰材料	石膏装饰板、纸面石膏装饰吸声板、石膏装饰角线、粉刷石膏
7	水泥、砂装饰材料	白水泥、彩色水泥、彩色砂、装饰混凝土
8	铝合金装饰制品	铝合金龙骨、铝合金条板、铝合金扣板、铝合金装饰板、铝合金风口、铝合金花格、铝合金格栅
9	铜装饰制品	铜扶手、铜花饰、铜装饰条、铜装饰板、铜装饰件
10	钢装饰制品	钢龙骨、钢装饰条、钢装饰板、钢饰面网、钢装饰件
11	不锈钢装饰制品	不锈钢扶手、不锈钢踢脚板、不锈钢挂镜线、不锈钢押条、不锈钢装饰板
12	木装饰饰品	木质装饰线条、木雕花饰、木踢脚板、木制扶手
13	塑料装饰饰品	塑料楼梯扶手、塑料踢脚板、塑料挂镜线、塑料压条、塑料装饰板
14	玻璃纤维、玻璃钢装饰制品	玻璃纤维窗纱、玻璃纤维毡、玻璃钢装饰板、玻璃钢装饰件、玻璃钢标志、玻璃钢装饰壁画

序号	类别	主要品种举例
15	建筑涂料	聚乙烯醇水玻璃内墙涂料(106内墙涂料)、聚醋酸乙烯乳胶涂料、氯-偏共聚乳液内墙涂料、乙丙乳液内墙涂料、苯丙乳液内墙涂料、多彩内墙涂料、硅酸钠无机内墙涂料、乙丙外墙乳胶涂料,苯丙外墙乳胶涂料、硅酸钾无机外墙涂料、硅溶胶无机外墙涂料、溶剂型丙烯酸树脂涂料、丙烯酸系复层涂料、有机与无机复合外墙涂料、环氧树脂地面涂料、聚醋酸乙烯酯地面涂料、聚氨酯地面涂料
16	特种涂料	卫生灭蚊涂料、防腐涂料、防霉涂料、瓷釉涂料、防锈涂料、防静电涂料、防火涂料、吸音涂料
17	壁纸、墙布	纸质壁纸、塑料壁纸、织物壁纸、玻璃纤维印花贴墙布、无纺贴墙布、化纤装饰贴墙布、金属壁纸、植绒壁纸、装饰画壁纸、其他特殊功能壁纸
18	地板	PVC塑料块状地板、PVC塑料卷材地板、防滑塑料地板、抗静电活动地板、防腐蚀塑料地板、普通木地板、硬木地板、拼花木地板、复合木地板、橡胶地板、竹质拼花地板
19	地毯	羊毛地毯、混纺地毯、化纤地毯、剑麻地毯、橡胶绒地毯、塑料地毯、块状地毯
20	吊顶装饰板	软硬质纤维装饰板、石膏装饰吸声板、钙塑吊顶装饰板、泡沫塑料装饰板吊顶板、珍珠岩吸声装饰板、矿棉吸声装饰板、硅酸盐装饰吊顶板、石棉水泥装饰吊顶板、铝合金装饰吊顶板、钢装饰吊顶板
21	门窗	木门窗、塑料门窗、实心钢门窗、空腹钢门窗、涂锌彩板门窗、铝合金门窗、玻璃钢门窗、PVC浮雕装饰内门、折叠式塑料异型组合屏风、塑料百叶窗帘、铝合金百叶窗帘、防火门、金属转门、卷窗门窗、自动门、各种窗花、不锈钢门、玻璃幕墙
22	卫生洁具	蹲便器、坐便器、高低水箱、连体坐便器、洗脸盆、洗槽、小便器、妇洗器、铸铁搪瓷浴缸、钢板搪瓷浴缸、人造大理石浴缸、人造玛瑙浴缸、玻璃钢浴缸、GRC浴缸、玻璃钢组合卫生间
23	卫生、水暖五金	面盆水嘴、面盆存水弯、高低水箱配件、自动冲洗器、淋浴喷头、单时开关、双时开关、浴盆上下水、浴帘杆、浴盆扶手、浴巾架、挂衣钩、手纸盒、肥皂盒
24	门窗五金	门锁、散热器、合页、插销、窗帘轨、定门器、地弹簧、拉手、门铃、胀锚螺栓、射钉、铆钉
25	管道材料	聚氯乙烯塑料管、聚乙烯塑料管、聚丙烯塑料管、ABS塑料管、苯乙烯橡胶塑料管、聚丁烯塑料管、复合塑料管
26	灯饰灯具	台灯、壁灯、吊灯、吸顶灯、射灯、庭院灯、路灯、节日灯、建筑灯、节能灯、专用标志盒、应急灯、彩色大屏幕、显示屏
27	胶黏剂	壁纸、墙布胶黏剂、塑料地板胶黏剂、塑料管道胶黏剂、竹木专用胶黏剂、瓷砖、大理石胶黏剂、玻璃、有机玻璃胶黏剂、塑料薄膜胶黏剂、防水卷材胶黏剂
28	家具	办公室、商店、宾馆、餐厅、家庭用桌、椅、床、柜、凳、茶几、沙发等各种中西式家具

序号	类别	主要品种举例
29	装饰陈设品	各种窗帘、床罩、家具面料装饰纺织品，各种壁画、摆件、挂件陈设欣赏工艺品，各种花草、藤萝、树林等观赏绿色植物，各种材质的圆雕、浮雕等建筑雕塑
30	室内装饰电器	空调器、电梯、吸尘器、音响、防盗铃、烟雾报警器
31	厨房设备	煤气灶、洗碗机、微波炉、烤箱、冷藏保鲜柜、排油烟机

A：不燃性；B1：难燃性；B2：可燃性；B3：易燃性。

A 级材料主要有：花岗石、大理石、水磨石、水泥制品、混凝土制品、石膏板、石灰制品、黏土制品、玻璃、瓷砖、马赛克、钢铁、铝合金、铜合金等。

B1 级材料主要有：纸面石膏板、纤维石膏板、水泥刨花板、矿棉装饰吸声板、玻璃棉装饰吸声板、珍珠岩装饰吸声板、难燃胶合板、难燃中密度纤维板、岩棉装饰板、难燃木材、铝箔复合材料、难燃酚醛胶合板、铝箔玻璃钢复合材料、多彩涂料、难燃墙纸、难燃墙布、难燃仿花岗岩装饰板、难燃玻璃钢平板、PVC 塑料护墙板、轻质高强复合墙板、阻燃模压木质复合板材、彩色阻燃人造板、难燃玻璃钢、硬 PVC 塑料地板，水泥刨花板、水泥木丝板、氯丁橡胶地板、聚氯乙烯塑料、酚醛塑料、聚碳酸酯塑料、聚四氟乙烯塑料、三氯氰胺、脲醛塑料、硅树脂塑料装饰型材、经阻燃处理的各类织物等。

B2 级材料主要有：各类天然木材、木制人造板、竹材、纸制装饰板、装饰微薄木贴面板、印刷木纹人造板、塑料贴面装饰板、聚酯装饰板、覆塑装饰板、塑纤板、胶合板、塑料壁纸、无纺贴墙布、墙布、复合壁纸、天然材料壁纸、人造革等；半硬质 PVC 塑料地板、PVC 卷材地板、木地板、氯纶地毯等装饰织物；纯毛装饰布、纯麻装饰布、经阻燃处理的其他织物等；经阻燃处理的聚乙烯、聚丙烯、聚氨酯、聚苯乙烯、玻璃钢、化纤织物、木制品等。

B3 级材料主要有：酒精、油漆、纤维织物、香蕉水及稀释剂等。

高层民用建筑内部各部位装修材料的燃烧性能等级见表 2-2。

5. 按装修部位划分

装修材料按其使用部位可划分为顶棚装修材料、墙面装修材料、地面装修材料、门窗材料、室内设备。

墙体材料常用的有乳胶漆、壁纸、墙面砖、涂料、饰面板、墙布、墙毡等。

地面材料一般有实木地板、复合木地板、天然石材、人造石材地砖、地毯、地板等。

吊顶材料有纸面石膏板、装饰石膏板、塑料扣板，铝扣板和塑料有机透光板、矿棉板、铝格栅等。

门窗材料：金属门窗、实木门窗、复合门窗、铝塑门窗。

室内设备：桌、椅、床、柜、凳、茶几、沙发等家具；空调器、电梯、吸尘器、

表 2-2　高层民用建筑内部各部位装修材料的燃烧性能等级

建筑物	建筑规模、性质	装修材料的燃烧性能等级									
		顶棚	墙面	地面	隔断	固定家具	装饰织物				其他装饰材料
							窗帘	帷幕	床罩	家具包布	
高级旅馆	>800座位的观众厅、会议厅，顶层餐厅①	A	B1	B1	B1	B1	B1	B1		B1	B1
	≥800座位的观众厅、会议厅	A	B1	B1	B1	B2	B1	B1		B2	B1
	其他部位	A	B1	B1	B2	B2	B1	B2	B1	B2	B1
商业楼、展览楼、综合楼、商住楼、医院病房楼	一类建筑②	A	B1	B1	B1	B1	B1	B1		B2	B1
	二类建筑	B1	B1	B2	B2	B2	B2	B2		B2	B2
电信楼、财贸金融楼、邮政楼、广播电视楼、电力调度楼、防灾指挥调度楼	一类建筑	A	A	B1	B1	B1	B1	B1		B2	B1
	二类建筑	B1	B1	B2	B2	B2	B1	B2		B2	B2
教学楼、办公楼、科研楼、档案楼、图书馆	一类建筑	A	B1	B1	B1	B1	B1			B1	B1
	二类建筑	B1	B1	B2	B2	B2	B1	B2		B2	B2
住宅、普通旅馆	一类普通住宅 高级住宅	A	B1	B2	B1	B2	B1		B1	B2	B1
	二类普通旅馆 普通住宅	B1	B1	B2	B2	B2	B2		B2	B2	B2

音响、防盗铃、烟雾报警、器煤气灶、洗碗机、微波炉、烤箱、冷藏保鲜柜、排油烟机等电器设备。

第三节　建筑装饰材料的发展趋向

随着科学技术的不断发展和人们生活水平的不断提高，建筑装饰正向着环保化、多功能化、高强轻质化、成品化、安装标准化、控制智能化的方向发展。

(1) 向更加环保、节能方向发展。随着人们环保意识的增强，装饰材料在生产和使用的过程中将更加注重对生态环境的保护，向营造更安全、更健康的居住环境的方向发展。

(2) 从单功能材料向多功能材料的方向发展。随着市场对装饰空间的要求不断升级，装饰材料的功能也由单一向多元化发展。

(3) 随着人口密度的增长和土地资源的紧缺，建筑日益向框架型的高层发展，高层建筑对材料的重量、强度等方面都有新的要求。为了更加安全方便地施工，装饰材料的规格越来越大、质量越来越轻、强度越来越高。

(4) 从现场制作向工厂专业化生产的方向发展。随着人工费的急剧增加、装饰工程量的加大和对装饰工程质量要求的不断提高，为保证装饰工程的工作效率，装饰材料正向着成品化、安装标准化方向发展。

(5) 从低级向高级的方向发展。随着计算机技术的发展和普及，装饰工程向智能化方向发展，装饰材料也向着与自动控制相适应的方向发展，商场、银行、宾馆多已采用自动感应门、自动消防喷淋头、防盗系统等智能设施。

(6) 从天然材料向复合材料的方向发展。复合材料是指以一种材料为基体，另一种材料为增强体组合而成的材料。各种材料在性能上相互取长补短，产生协同效应，使复合材料的综合性能优于原组成材料而满足各种不同需求，扩大材料的应用范围。由于复合材料具有重量轻、强度高、加工成型方便、弹性优良、耐化学腐蚀和耐火性好等优点，故已广泛取代传统材料。

第四节
装饰材料的作用

1. 功能性

保护建筑主体结构，延长其使用寿命，满足隔热、防潮、防火、吸声、隔声的要求，提高建筑物的耐久性，改善和提高建筑物的围护功能，满足建筑物的使用要求。建筑装饰材料大多用于各种建筑基体的表面，形成将空气中的水分、酸碱性物质、灰尘及阳光等侵蚀性因素隔断的保护层，提高保温隔热效果、防潮防水性能，增加室内采光亮度，隔音吸音等，保护建筑基体。

2. 装饰性

改善室内艺术环境，使人得到美的享受；美化建筑物的内外环境，提高建筑艺术效果。建筑装饰空间处理是其一个重要手段，通过对色彩、质感、造型、线条及纹理的处理，营造舒适的空间环境，让人精神愉悦，同时也能够弥补建筑设计上的不足及缺陷。

3. 实用性

为了保证人们有良好的工作、生活环境，室内环境必须清洁、明亮、安静，而装饰材料自身具备的声、光、电、热性能可带来吸声、隔热、保温、隔音、反光、透气等物理性能，从而改善室内环境条件。如通过对光线的反射使远离窗口的墙面、地面不致太暗；吸热玻璃、热反射玻璃可吸收或反射太阳辐射热能起到隔热作用；化纤地毯、纯毛地毯具有保温隔音的功能等。

第五节
装饰材料的选用原则

建筑装饰材料的选用应从材料的功能性、地域性、观感性、经济性等方面来考

9

虑。装饰材料的选择直接影响着工程的质量、效果、施工工艺和工程造价。如果设计人员对材料知识缺乏了解而造成材料选择上的失误，就会给整个装修工程带来麻烦或造成浪费，甚至造成难以挽回的损失。因此在材料的选择上，应首先从建筑的使用要求出发，使材料尽量做到安全适用与耐久。

1. 满足使用功能

在选用装饰材料时，首先应满足与环境相适应的使用功能。对于外墙应选用耐大气侵蚀、不易褪色、不易沾污、不泛霜的材料。地面应选用耐磨性、耐水性好、不易脏的材料。厨房、卫生间应选用耐水性、抗渗性好、不发霉、易于擦洗的材料。

2. 满足装饰效果

装饰材料的色彩、光泽、形体、质感和花纹图案等性能都影响装饰效果，特别是装饰材料的色彩对装饰效果的影响非常明显。因此，在选用装饰材料时要合理运用色彩，给人以舒适的感觉（见插图2-1）。例如：卧室、客房宜选用浅蓝或淡绿色，以增加室内的宁静感；儿童活动室应选用中黄、蛋黄、橘黄、粉红等暖色调，以适应儿童天真活泼的心理；医院病房要选用浅绿、淡蓝、淡黄等色调，使病人感到安全和宁静，以利于康复。

3. 材料的安全性

在选用装饰材料时，要妥善处理装饰效果和使用安全的矛盾，要优先选用环保型材料和安全型材料，尽量避免选用在使用过程中让人感觉不安全或易发生火灾等事故的材料，努力给人们创造一个美观、安全、舒适的环境。

4. 有利于人的身心健康

建筑空间环境是人们活动的场所，进行建筑装饰可以陶冶情操、愉悦身心、改善生活质量。建筑空间环境的质量直接影响人们的身心健康，在选用装饰材料时应注意以下几点。

(1) 尽量选用天然的装饰材料。

(2) 选择色彩明快的装饰材料。

(3) 选择不易挥发有害气体的材料。

(4) 选用保温隔热、吸声隔声的材料。

5. 合理的耐久性

不同功能的建筑及不同的装修档次，对所采用的装饰材料耐久性要求也不一样。新型装饰材料层出不穷，人们对物质精神生活的要求也逐步提高，对不同建筑的耐久性也提出了不同的要求。有的建筑装修使用年限较短，对装饰材料耐久性能要求不高，但也有的建筑要求材料的耐久性能很好，如纪念性或标志性的建筑物等。

6. 经济性原则

一般装饰工程的造价往往占建筑工程总造价的 30% ~ 50%，个别装修要求较高的工程可达 60% ~ 65%。因此，装饰材料的选择应考虑经济性。原则上应根据使用要求和装饰等级，恰当地选择材料；在不影响装饰工程质量的前提下，尽量选用质优价廉的材料；选用工效高、安装简便的材料，以降低工程费用。另外在选用装饰材料时，不但要考虑一次性投资，还应考虑日后的维护成本，有时在关键性部位上，宁可适当加大一次性投资，延长使用年限，降低维修成本，从而达到总体上更加经济的目的。

7.便于施工

在选用装饰材料时，尽量做到构造简单、施工方便，这样既缩短了工期，又节约了开支，还为建筑物提前发挥效益提供了前提。应尽量避免选用有大量湿作业、工序复杂、加工困难的材料。

小 / 贴 / 士

1.无机材料是指由无机物单独或混合其他物质制成的材料。通常指由硅酸盐、铝酸盐、硼酸盐、磷酸盐、锗酸盐等原料和氧化物、氮化物、碳化物、硼化物、硫化物、硅化物、卤化物等原料经一定的工艺制备而成的材料。

无机材料一般可以分为传统的和新型的无机材料两大类。传统的无机材料是指以二氧化硅及其硅酸盐化合物为主要成分制备的材料，因此又称硅酸盐材料。新型无机材料是用氧化物、氮化物、碳化物、硼化物、硫化物、硅化物以及各种非金属化合物经特殊的先进工艺制成的材料。

2.有机材料是指由碳、氢、氧、氮等元素组成的材料，比如木材、塑料、橡胶、油漆等。有机材料的突出特点是导热系数低、保温性能好。有机物即有机化合物，包括含碳化合物（一氧化碳、二氧化碳、碳酸盐、金属碳化物等少数简单含碳化合物除外）及其衍生物。有机物是生命产生的物质基础，其特点是多数有机化合物主要含有碳、氢两种元素，此外也常含有氧、氮、硫、卤素、磷等。部分有机物来自植物界，但绝大多数是以石油、天然气、煤等作为原料，通过人工合成的方法制得。

本 / 章 / 小 / 结

本章简要阐述了建筑装饰材料的基本概念，建筑装饰材料常见的五种分类方法。论述了建筑装饰装修材料的发展趋向，装饰材料在装饰工程中的作用及选用原则等。

思考与练习

1. 简述装饰材料的概念。

2. 装饰材料有哪些分类方法？

3. 简述装饰材料在装饰工程中的作用。

4. 简述装饰材料在装饰工程中的选用原则。

5. 简述建筑装饰装修材料的发展趋势。

第三章
施工工艺在装饰工程中的作用

章节导读 | 施工工艺的概念；施工工艺在装饰工程中的作用；施工工艺的发展趋势。

第一节
施工工艺的概念

施工工艺就是做某个工程的具体规范。装饰工程施工是以专业知识为基础，运用建筑装饰材料保护建筑物的主体结构，完善建筑物的使用功能和美化建筑物，采用装饰装修材料或饰物对建筑物的内外表面及空间进行各种处理的过程。

施工工艺是为了更好地体现设计意图，也是对设计质量的检验和完善。

第二节
施工工艺的作用

1. 保护主体结构

装饰工程不但不能破坏原有的建筑结构，而且还要对建筑过程中没有很好进行保护的部位进行保护处理。例如受自然因素的影响，水泥制品会因大气的腐蚀变得疏松，钢材会因氧化而锈蚀，竹木会受微生物的侵蚀而腐朽；人为因素的影响，在使用过程中由于碰撞、磨损以及水、火、酸、碱的作用也会使建筑结构受到破坏。装饰工程采用现代装饰材料及科学合理的施工工艺，对建筑结构进行有效的包覆施工，使其免受风吹雨打、湿气侵袭、有害介质的腐蚀以及机械作用的伤害等，从而起到保护建筑结构、增强耐久性、延长建筑物使用寿命的作用。

2. 保证使用功能

任何建筑空间的最终目的都是用来完成一定的功能。装饰工程的作用是根据功能的要求对现有的建筑空间进行适当地调整，以便能更好地为功能服务。

3. 满足审美需求

人们除了对空间有功能的需求外，还对空间有审美的需求。这种要求随着社会的发展而迅速地提升，这就要求装饰工程采用适当的材料和正确的施工方式，以科学的技术手段，通过对室内固定表面的装饰和可移动设备的布置，塑造一个美观实用、能够满足人们精神需求的室内空间（见插图3–1）。

第三节
施工工艺的发展趋势

1. 生产工厂化、现场装配化

装饰产品工厂化的推广，使单一材料的组合发展为不同材质、不同产品的复合集成。多元化组合在工厂完成，减少了现场的组装次数，增强了组合体的完整性。现代装饰材料逐渐向成品化、安装标准化方向发展，保证了产品质量和精度的同时，具有质量好、污染小、节约时间、缩短施工周期的优势。例如整体式橱柜、幕墙技术、石材干挂技术等。

2. 节能高效、绿色环保

为方便施工，使空间使用安全美观，保证施工质量，可采用节能、绿色环保的施工方法，有效降低能源消耗，改善环境质量，提高生活品质。如电动工具、精准的电子测量工具替代手动工具等。

3. 智能化、自动化

随着社会的发展和科技的进步，人们

小贴士

1. 绿色材料：绿色材料是指在原料采集、产品制造、使用或者再循环以及废料处理等环节中对地球环境影响最小和有利于人类健康的材料，亦称之为环境调和材料。

2. 建筑环保材料：又称生态建材、环保建材和健康建材等。建筑环保材料是指以工业或城市固态废弃物为原材料，采用清洁生产技术生产的无毒害、无污染、无放射性、有利于环境保护和人体健康的建筑材料。

3. 住宅智能化系统：从其内容上来看可分为小区物业综合管理系统和家居智能管理系统两大部分。前者包括社区安防、信息服务、计量收费三部分，后者包括家居安防、家居信息服务、家居智能化控制等。

已经步入信息化社会，施工工艺也逐步向着智能化、自动化方向发展。施工工艺的智能化极大地提高了施工速度，降低了人工成本，能更加有效地保证施工质量。如自动抹灰机、壁纸自动上胶机等。

本／章／小／结

　　本章从施工工艺的概念、作用及发展趋势三个方面对施工工艺在装饰工程中的作用做出了详细的叙述。施工工艺作为一种具体的规范，在装饰工程中起到指导施工、规范施工流程的作用。

思考与练习

1. 简述施工工艺的概念。

2. 简述施工工艺在装饰工程中的作用。

3. 简述施工工艺的发展趋势。

第四章
石膏装饰材料与施工工艺

章节导读 装饰施工中常用石膏制品的种类及装饰部位；各类石膏制品的特点；轻钢龙骨石膏板吊顶施工工艺的流程、常见的质量问题及预防措施；轻钢龙骨石膏板隔墙施工工艺的流程、常见的质量问题及预防措施；矿棉板吊顶施工工艺的流程、常见的质量问题及预防措施。

第一节 石膏装饰材料的种类、特点及装饰部位

石膏及其制品具有质轻、保温、不燃、吸声、形体饱满、线条清晰、表面光滑而细腻、装饰性好等特点，因而是建筑装饰工程常用的装饰材料之一。常见的石膏装饰材料有纸面石膏板、石膏线、石膏装饰板等。石膏艺术制品有石膏雕塑、花角、灯圈、壁炉、罗马柱、圆柱等。

1. 纸面石膏板

纸面石膏板是以建筑石膏为主要原料，掺入纤维、外加剂(发泡剂、缓凝剂等)和适量轻质填料，加水拌合成料浆，浇注在特制的纸面上，成型后再覆上一层面纸的装饰材料。料浆经过凝固形成板芯，经切断、烘干，使板芯与护面纸牢固地结合在一起。纸面石膏板质轻，保温隔热性能好，防火性能好，可钉、可锯、可刨，施工安装方便，主要用作建筑物内隔墙和室内吊顶材料。

(1) 纸面石膏板具有如下特点。

①施工安装方便，节省占地面积。

②耐火性能良好。

③具有一定的隔热保温性能。

④干缩湿胀现象较明显。

⑤具有特殊的"呼吸"功能。

(2) 纸面石膏板的种类与代号。

纸面石膏板主要用于建筑物内隔墙，有普通纸面石膏板、耐水纸面石膏板、耐火纸面石膏板和耐水耐火纸面石膏板四类。

①普通纸面石膏板 (代号 P)。普通纸面石膏板以建筑石膏为主要原料，掺入适量纤维增强材料和外加剂等，在与水搅拌后，浇注于护面纸的面纸与背纸之间，并与护面纸牢固地黏结在一起的建筑装饰板材。

②耐水纸面石膏板 (代号 S)。耐水纸面石膏板以建筑石膏为主要原料，掺入适量纤维增强材料和耐水外加剂等，在与水搅拌后，浇注于耐水护面纸的面纸与背纸之间，并与耐水护面纸牢固地黏结在一起，旨在改善防水性能的建筑装饰板材。

③耐火纸面石膏板 (代号 H)。耐火纸面石膏板以建筑石膏为主要原料，掺入无机耐火纤维增强材料和外加剂等，在与水搅拌后，浇注于护面纸的面纸与背纸之间，并与护面纸牢固地黏结在一起，旨在提高防火性能的建筑装饰板材。

④耐水耐火纸面石膏板 (代号 SH)。耐水耐火纸面石膏板以建筑石膏为主要原料，掺入无机耐火纤维增强材料和耐水外加剂等，在与水搅拌后，浇注于耐水护面纸的面纸与背纸之间，并与耐水护面纸牢固地黏结在一起，旨在改善防水性能和提高防火性能的建筑装饰板材。

(3) 棱边形状与代号。纸面石膏板按棱边形状分为：矩形 (代号 J)、倒角形 (代号 D)、楔形 (代号 C) 和圆形 (代号 Y) 四种。

(4) 规格尺寸。

① 板材的公称长度为 1500mm、1800mm、2100mm、2400mm、2440mm、2700mm、3000mm、3300mm、3600mm 和 3660mm。

② 板材的公称宽度为 600mm、900mm、1200mm 和 1220mm。

③ 板材的公称厚度为 9.5mm、12.0mm、15.0mm、18.0mm、21.0mm 和 25.0mm。

(5) 标记。标记的顺序为产品名称、板类代号、棱边形状的代号、长度、宽度、厚度以及标准编号。例如长度为 3000mm、宽度为 1200mm、厚度为 12.0mm、具有楔形棱边形状的普通纸面石膏板，标记为：纸面石膏板 PC3000×1200×12.0 GB/T 9775—2008。

(6) 纸面石膏板的技术要求。

①外观质量：纸面石膏板板面平整，不应有影响使用的波纹、沟槽、漏料和划伤、破损、污痕等缺陷。

②硬度：板材的棱边硬度和端头硬度不应小于 70N。

③抗冲击性：经冲击后，板材的背面无径向裂纹。

④护面纸与芯材的黏结性：护面纸与芯材应不剥离。

⑤吸水率 (仅适用于耐水纸面石膏板和耐水耐火纸面石膏板)：板材的吸水率应不大于 10%。

⑥表面吸水量 (仅适用于耐水纸面石膏板和耐水耐火纸面石膏板)：板材的表面吸水量应不大于 160g/m²。

⑦面密度：板材的面密度应大于表

4-1 的规定。

表 4-1　板材的面密度

板材厚度 /mm	面密度 /(kg/m²)
9.5	9.5
12.0	12.0
15.0	15.0
18.0	18.0
21.0	21.0
25.0	25.0

⑧断裂荷载：板材的断裂荷载应不小于表 4-2 的规定。

表 4-2　板材的断裂荷载

板材厚度 /mm	断裂荷载 /N，不小于		断裂荷载 /N，不小于	
	纵　向		横　向	
	平均值	最小值	平均值	最小值
9.5	400	360	160	140
12.0	520	460	200	180
15.0	650	580	250	220
18.0	770	700	300	270
21.0	900	810	350	320
25.0	1100	970	420	380

⑨纸面石膏板的主要技术性能见表 4-3。

表 4-3　纸面石膏板的主要技术性能

项　　目		普 通 板				耐 水 板			耐 火 板			特种耐火板	
厚度 /mm		9.5	12	15	25	9.5	12	15	9.5	12	15	9.5	12
面密度 /(kg/m²)		8.5	10.5	13.5	23	9.5	12	—	8.5	10.5	13.5	8.5	10.5
断裂强度	垂直纸纤维	板厚 9.5mm 时，大于 400N；板厚 12mm 时，大于 500N；板厚 15mm 时，大于 600N											
	平行纸纤维	板厚 9.5mm 时，大于 100N；板厚 12mm 时，大于 200N；板厚 15mm 时，大于 250N											
燃烧性能		难燃材料										不燃材料	
材料耐火极限		5 ~ 10min			—				大于 30min			大于 45min	
含水率		小于 1%											
吸水率		小于 9%											
导热系数		0.167 ~ 0.18W/(m·K)											

(7) 纸面石膏板的装饰性能和装饰应用。

①普通纸面石膏板。

普通纸面石膏板具有质轻，抗弯和抗冲击性好，防火性、保温隔热性、抗震性隔声性好，可调节室内湿度等优点。普通纸面石膏板还具有可锯、可钉、可刨等良好的可加工性。板材易于安装，施工速度快、工效高、劳动强度小，是目前广泛使用的轻质板材之一。普通纸面石膏板适用于办公楼、影剧院、饭店、宾馆、候机(车)室、住宅等建筑的室内吊顶、墙面、隔断、内隔墙等的装饰(见插图4-1)。

②耐水纸面石膏板。

耐水纸面石膏板具有较好的耐水性，其他性能与普通纸面石膏板相同。它主要用于厨房、卫生间、厕所等潮湿场所。其表面也需进行饰面再处理，以提高装饰性。

③耐火纸面石膏板。

耐火纸面石膏板属于难燃性建筑装饰材料(B1级)，主要用作防火等级要求高的建筑物，如影剧院、体育馆、幼儿园、展览馆、博物馆、候机(车)室、售票厅、商场、娱乐场所及其通道、楼梯间、电梯间等的吊顶、墙面、隔断等。

2. 装饰石膏板

装饰石膏板是以建筑石膏为胶凝材料，加入适量的增强纤维、胶黏剂、改性剂等辅料，与水拌合成料浆，经成型、干燥而成的不带护面纸的装饰材料。它质轻、图案饱满、细腻、色泽柔和、美观、吸声、隔热，有一定强度，易于加工及安装，是较理想的顶棚饰面吸声板及墙面装饰材料。

装饰石膏板为正方形，其棱边断面形式有直角形和倒角形。板材的规格为 $500mm \times 500mm \times 9mm$，$600mm \times 600mm \times 11mm$。

产品标记按下列顺序：名称、类型代号、规格和标准号。示例：板材尺寸为 $500mm \times 500mm \times 9mm$ 的防潮孔板，标记为装饰石膏板 FK 500 JC/T 799—2016。

装饰石膏板的物理力学性能应满足表4-4的要求。

表4-4 装饰石膏板的物理力学性能 (JC/T 799—2016)

序号	项 目		指 标					
			P，K，FP，FK			D，FD		
			平均值	最大值	最小值	平均值	最大值	最小值
1	面密度 /(kg/m²)	厚度 9mm	10.0	11.0	—	13.0	14.0	—
		厚度 11mm	12.0	13.0	—	—	—	—
2	含水率 /(%)，≤		2.5	3.0	—	2.5	3.0	—
3	吸水率 /(%)，≤		8.0	9.0	—	8.0	9.0	—
4	断裂荷载 /N，≤		147	—	132	167	—	150
5	受潮挠度 /mm，≤		10	12	—	10	12	—

注：P—平板；K—孔板；FP—防潮平板；FK—防潮孔板；D—浮雕板；FD—防潮浮雕板。D和FD的厚度是指棱边厚度。

表 4-5　嵌装式装饰吸声石膏板的物理力学性能 (JC/T 800—2007)

单位面积质量 /(kg/m²)		含水率 /(%)		断裂荷载 /N		平均吸声系数
平均值	最大值	平均值	最大值	平均值	最小值	（混响室法）
≤ 16.0	≤ 18.0	≤ 3.0	≤ 4.0	≥ 157	≥ 127	≥ 0.3

装饰石膏板表面细腻，色彩、花纹图案丰富，浮雕板和孔板具有较强的立体感，质感亲切，给人以清新柔和之感，并且具有质轻、强度较高、保温、吸声、防火、调节室内湿度等优点。目前装饰石膏板广泛用于宾馆、饭店、餐厅、礼堂、影剧院、会议室、医院、幼儿园、候机 (车) 室、办公室、住宅等的吊顶、墙面等。湿度较大的场所应使用防潮板。

3. 嵌装式装饰石膏板

嵌装式装饰石膏板是以建筑石膏为主要原料，掺入适量的纤维增强材料和外加剂，与水一起搅拌成均匀的料浆，经浇注成型、干燥而成的不带护面纸的板材。产品分为普通嵌装式装饰石膏板 (代号为 QP) 和吸声嵌装式装饰石膏板 (代号为 QS)。

嵌装式装饰石膏板的形状为正方形，其棱边断面形式有直角形和倒角形。嵌装式装饰石膏板的规格为 600mm×600mm，边厚大于 28mm；500mm×500mm，边厚大于 25mm。

产品标记按下列顺序：产品名称、代号、边长和标准号。示例：板材边长尺寸为 600mm×600mm 的普通嵌装式装饰石膏板，标记为嵌装式装饰石膏板 QP 600 JC/T 800—2007。

嵌装式装饰石膏板的性能与普通装饰石膏板的性能相同，其单位面积质量、含水率、断裂荷载、吸声板的吸声系数可见表 4-5。它与装饰石膏板的区别在于嵌装式装饰石膏板在安装时只需嵌固在龙骨上，不再需要另行固定。

嵌装式装饰吸声石膏板主要用于吸声要求高的建筑物，如影剧院、音乐厅、播音室等。使用嵌装式装饰石膏板时，应注意选用与之配套的龙骨。

4. 吸声用穿孔石膏板

吸声用穿孔石膏板是以装饰石膏板和纸面石膏板为基础材料，在其上设置孔眼而成的轻质建筑装饰板材。吸声用穿孔石膏板按基板的特性可分为普通板、防潮板、耐水板和耐火板等。

板材的规格尺寸分为 500mm×500mm 和 600mm×600mm 两种，厚度分为 9mm、12mm 两种。板面上开有 ϕ6mm、ϕ8mm、ϕ10mm 的孔眼，孔眼垂直于板面，孔距按孔眼的大小为 18 ~ 24mm。孔眼呈正方形或三角形排列。

吸声用穿孔石膏板的物理力学性能应满足表 4-6 的要求。

吸声用穿孔石膏板具有较好吸声性能，以装饰石膏板为基板的还具有装饰石膏板的各种优良性能；以防潮、耐水和耐火石膏板为基材的穿孔石膏板还具有较好的防潮性、耐水性和遇火稳定性。但吸声用穿孔板的抗弯、抗冲击性能及断裂荷载

表4-6　吸声用穿孔石膏板的物理力学性能要求 (JC/T 803—2007)

孔径 / 孔距 /mm	板厚 /mm	含水率 /(%)，不大于		断裂荷载 /N，不小于		护面纸与石膏芯的粘贴
		平均值	最大值	平均值	最小值	
ϕ 6/18 ϕ 6/22 ϕ 6/24	9	2.5	3.0	130	117	不允许石膏芯裸露
	12			150	135	
ϕ 8/22 ϕ 8/24	9			90	81	
	12			100	90	
ϕ 10/24	9			80	72	
	12			90	81	

较基板低，使用时应予以注意。

吸声用穿孔石膏板具有轻质、防火、隔声、隔热、抗震性能好等优点，也可用于调节室内湿度，并有施工简便、施工效率高、劳动强度小、干法作业及加工性能好等特点。吸声用穿孔石膏板主要用于播音室、音乐厅、影剧院、会议室以及其他对音质要求高或对噪声限制较严的场所，作为吊顶、墙面等的吸声装饰材料。

5. 其他类型石膏装饰板

(1) 石膏纤维板。

石膏纤维板是以石膏为基材，加入适量有机或无机纤维作为增强材料，经打浆、铺装、脱水、成型、烘干而制成的一种石膏板。它具有质轻、高强、耐火、隔声、韧度高等性能，可进行锯、钉、刨、粘等，其用途与纸面石膏板相同。

(2) 纤维增强石膏压力板。

纤维增强石膏压力板（又称 AP 板）是以天然硬石膏（无水石膏）为基料，加入防水剂、激发剂、混合纤维增强材料，用圆网抄取工艺成型压制而成的轻型建筑薄板。它具有硬度高、平整度好、抗翘曲变形能力强等特点，可用于室内各种隔墙、墙体复面和吊顶。

(3) 石膏刨花板。

石膏刨花板是以石膏为黏结剂，以木质刨花作为增强材料，添加其他辅助材料经拌合、铺装、压制而成的板材。它具有较好的力学性能和优良的耐火性，产品可以抛光、锯割、打钉、拧螺钉，也可用墙纸、装饰纸、薄膜、单板等复贴而增加其装饰性，是一种较新型的室内建筑装饰材料。可用于隔墙板、天花板、壁橱、地板拼块等。

(4) 布面石膏板。

布面石膏板是将玻纤或化纤无纺布与石膏板经过高温粘压固化成一体的装饰板材。这种板材克服了普通纸面石膏板因热胀冷缩而容易开裂的弊病，使石膏板有了更高的强度，具有柔性好、抗折强度高、接缝不开裂、附着力强等优点。布面石膏板具有防火、保温、隔声的作用，是国家提倡的新型材料。布面石膏板的表面是经高温处理过的人造纤维布，耐酸碱，持久不腐烂，可用于隔墙板、天花板、壁橱等。

6. 艺术装饰石膏制品

艺术装饰石膏制品是以建筑石膏为主要原料，掺入适量纤维增强材料和外加剂，与水一同搅拌成均匀料浆，浇注在具有各种造型、图案、花纹的模具内，经硬化、干燥、脱模而成。艺术装饰石膏制品主要包括浮雕艺术石膏线角、线板、花角、灯圈、罗马柱、圆柱、方柱、麻花柱、灯座、花饰浮雕壁画、艺术花饰等。

装饰石膏制品主要用于室内墙壁和吊顶装饰，具有防火、隔声、吸声及美化空间的作用，是宾馆、饭店、公共建筑设施以及居室内常用的装饰材料。

(1) 浮雕艺术石膏线角、线板、花角。

浮雕艺术石膏线角、线板和花角是以建筑石膏为基料，配以增强纤维、胶黏剂等，经搅拌，浇注成型而成。浮雕艺术石膏线角、线板和花角表面光洁、线条清晰、立体感强、尺寸稳定、强度高、阻燃、无毒、可加工性好、拼装容易。采用黏结施工，施工效率高。它可以代替木质线条来配合各种石膏装饰板的吊顶。装饰石膏线角的价格较低，应用效果好，已成为石膏吊顶装饰板不可或缺的配套材料之一 (见插图 4-2)。

浮雕艺术石膏线角、线板、花角广泛用于高档宾馆、饭店、写字楼和居民住宅的吊顶装饰，是一种造价低廉，装饰效果好、能调节室内湿度和防火的理想装饰材料，可直接用石膏腻子粘贴和用螺钉进行固定安装。

(2) 浮雕艺术石膏灯圈。

浮雕艺术石膏灯圈与灯饰作为一个整体，是一种良好的吊顶装饰材料，表现出相互烘托、相得益彰的装饰气氛 (见插图 4-3)。

(3) 装饰石膏柱和石膏壁炉。

装饰石膏柱仿造欧洲建筑流派风格造型，有罗马柱、麻花柱、圆柱、方柱等多种。柱身上的纵向浮雕条纹，可显得室内空间更加高大。在室内门厅、走道、墙壁等处设置装饰石膏柱，不但能丰富室内的装饰层次，更给人一种欧式装饰艺术和风格的享受，装饰石膏壁炉可更好地增添室内墙体的观赏性 (见插图 4-4)。

(4) 石膏花饰和壁挂。

石膏花饰是按设计图案先制作阴模 (软模)，然后浇入石膏麻丝料浆成型，再经硬化、脱模、干燥而成的一种装饰板材。石膏花饰的图案、规格很多，表面可为石膏天然白色，也可以制成描金或象牙白色、暗红色、淡黄色等多种颜色，用于建筑室内顶棚或墙面装饰 (见插图 4-5)。

第二节

石膏装饰材料的施工工艺、常见的质量问题及预防措施

一、轻钢龙骨石膏板吊顶

1. 材料配件

(1) 轻钢骨架分 U 型骨架和 T 型骨架两种，并按荷载分为上人和不上人两种类型。

(2) 轻钢骨架主件为大、中、小龙骨，配件有吊挂件、连接件、挂插件。

(3) 零配件：有吊杆、花蓝螺栓、射钉、自攻螺钉。

(4) 按设计说明可选用各种罩面板、铝压缝条或塑料压缝条，其材料品种、规格、质量应符合设计要求。

(5) 黏结剂：应按主材的性能选用，使用前应作黏结试验。

常用隔墙龙骨、吊顶龙骨的参数见表 4-7、表 4-8，铝合金吊顶龙骨的规格和性能见表 4-9。

表 4-7 常用隔墙龙骨的名称、规格、适用范围

名　称	产品代号	标　记	规格尺寸 /mm			用钢量 /(kg/m)	适用范围
			宽	高	厚		
沿顶、沿地龙骨	Q50	QU50×40×0.8	50	40	0.8	0.82	层高 3.5m 以下
竖龙骨		QU50×45×0.8	50	45	0.8	1.12	
通贯龙骨		QU50×12×1.2	50	12	1.2	0.41	
加强龙骨		QU50×40×1.5	50	40	1.5	1.5	
沿顶、沿地龙骨	Q75	QU77×40×0.8	77	40	0.8	1.0	层高 3.5 ~ 6.0m
竖龙骨		QC75×45×0.8	75	45	0.8	1.26	层高 3.5 ~ 6.0m
		QC75×50×0.5	75	50	0.5	0.79	层高 3.5m 以下
通贯龙骨		QU38×12×1.2	38	12	1.2	0.58	层高 3.5 ~ 6.0m
加强龙骨		QU75×40×1.5	75	40	1.5	1.77	
沿顶、沿地龙骨	Q100	QU102×40×0.5	102	40	0.5	1.13	层高 6.0m 以下
竖龙骨		QC100×45×0.8	100	45	0.8	1.43	
通贯龙骨		QU 38×12×1.2	38	12	1.2	0.58	
加强龙骨		QU 100×40×1.5	100	40	1.5	2.06	

表 4-8 常用吊顶龙骨的名称、产品规格尺寸

名　称	产品代号	规格尺寸 /mm			用钢量	吊点间距 /mm	吊顶类型
		宽度	高度	厚度			
主龙骨（承载龙骨）	D38	38	12	1.2	0.56kg/m	900 ~ 1200	不上人
	D50	50	15	1.2	0.92kg/m	1200	上人
	D60	60	30	1.5	1.53kg/m	1500	上人
次龙骨（覆面龙骨）	D25	25	19	0.5	0.13kg/m		
	D50	50	19	0.5	0.41kg/m		
L 型龙骨	L35	15	35	1.2	0.46kg/m		
T16—40 暗式轻钢吊顶龙骨	D-1 型吊顶	16	40		0.9kg/m²	1250	不上人
	D-2 型吊顶	16	40		1.5kg/m²	750	不上人、防火
	D-3 型吊顶	DC+T16—40 龙骨构成骨架			2.0kg/m²	900 ~ 1200	上人
	D-4 型吊顶	T16—40 配纸面石膏板			1.1kg/m²	1250	不上人
	D-5 型吊顶	DC+T16—40 配铝合金吊顶板			2.0kg/m²	900 ~ 1200	上人
主龙骨（轻钢）	60(CS60)	60	27	1.5	1.37kg/m	1200	上人
主龙骨（轻钢）	60(C60)	60	27	0.63	0.61kg/m	850	不上人
铝合金 T 型主龙骨	D32	25	32				不上人
铝合金 T 型次龙骨	D25	25	25			900 ~ 1200	
铝合金 T 型边龙骨	D25	25	25				

表4-9　铝合金吊顶龙骨的规格和性能

名　称	铝合金中龙骨	铝合金小龙骨	铝合金边龙骨	大龙骨（轻钢）	配　件
断面及规格 /mm	69	70	71	72	龙骨等的连接件
截面面积 /cm²	0.775	0.555	0.555	0.87	
单位质量 /(kg/m)	0.21	0.15	0.15	0.77	
长度 /m	3(或 0.6 的倍数)		3(或 0.6 的倍数)	2	
力学性能	抗拉强度 210MPa，伸长率 8%				

2. 主要机具

主要机具包括电锯、无齿锯、射钉枪、手锯、手刨子、钳子、螺丝刀、扳手、方尺、钢尺、钢水平尺等。

3. 作业条件

(1) 结构施工时，应在现浇砼楼板或预制砼楼板缝处按设计要求间距预埋 $\phi 6$ ~ $\phi 10$ 钢筋混吊杆，设计无要求时按大龙骨的排列位置预埋钢筋吊杆，一般间距为 900 ~ 1200mm。

(2) 当吊顶房间的墙柱为砖砌体时，应在顶棚的标高位置沿墙和柱的四周预埋防腐木砖，沿墙间距为 900 ~ 1200mm。

(3) 安装完顶棚内的各种管线及通风道，确定好灯位、通风口及各种露明孔口位置。

(4) 各种材料全部配套备齐。

(5) 顶棚罩面板安装前应做完墙、地湿作业工程项目。

(6) 搭好顶棚施工操作平台架子。

(7) 轻钢骨架顶棚在大面积施工前，应做样板间，对顶棚的起拱度、灯槽、通风口的构造处理、分块及固定方法等应经试装并鉴定认可后方可大面积施工。

4. 施工工艺

弹线→安装大龙骨吊杆→安装大龙骨→安装中龙骨→安装小龙骨→安装罩面板→安装压条→刷防锈漆。

(1) 弹线。根据楼层标高线，用尺竖向量至顶棚设计标高，沿墙、柱四周弹顶棚标高。并沿顶棚的标高水平线，在墙上划好分档位置线。

(2) 安装大龙骨吊杆。在弹好顶棚标高水平线及龙骨位置线后，确定吊杆下端头的标高，按大龙骨位置及吊挂间距，将吊杆无螺栓丝扣的一端与楼板预埋钢筋连接固定。

(3) 安装大龙骨。

①配装好吊杆螺母。

②在大龙骨上预先安装好吊挂件。

③安装大龙骨：将组装吊挂件的大龙骨，按分档线位置使吊挂件穿入相应的吊杆螺母，拧好螺母。

④大龙骨相接：装好连接件，拉线调整标高、起拱和平直。

⑤安装洞口附加大龙骨，按照图集相应节点构造设置连接卡。

⑥固定边龙骨，采用射钉固定，设计无要求时射钉间距为 1000mm。

(4) 安装中龙骨。

①按已弹好的中龙骨分档线，放中龙骨吊挂件。

②吊挂中龙骨：按设计规定的中龙骨间距，将中龙骨通过吊挂件吊挂在大龙骨上，设计无要求时，间距一般为 500 ～ 600mm。

③当中龙骨长度需多根延续接长时，用中龙骨连接件，在吊挂中龙骨的同时相连，调直固定（见插图 4-6）。

(5) 安装小龙骨。

①按已弹好的龙骨分档线，卡装小龙骨吊挂件。

②吊挂小龙骨：按设计规定的小龙骨间距，将小龙骨通过吊挂件吊挂在中龙骨上，设计无要求时，间距一般为 500 ～ 600mm。

③当小龙骨长度需多根延续接长时，用小龙骨连接件连接，在吊挂小龙骨的同时，将相对端头相连接，并先调直后固定。

④当采用 T 型龙骨组成轻钢骨架时，小龙骨应在安装罩面板时，每装一块罩面板先后各装一根卡档小龙骨（见插图 4-7）。

(6) 安装罩面板（见插图 4-8）。在已装好并经验收的轻钢骨架下面，按罩面板的规格，拉缝间隙进行分块弹线，从顶棚中间顺中龙骨方向开始先装一行罩面板，作为基准，然后向两侧分行安装。固定罩面板的自攻螺钉间距为 200 ～ 300mm。

(7) 刷防锈漆。轻钢骨架罩面板顶棚焊接处未做防锈处理的表面（如预埋件、吊挂件、连接件、钉固附件等），在交工前应刷防锈漆。此工序应在封罩面板前进行。轻钢骨架纸面石膏板顶棚允许偏差见表 4-10。

表 4-10　轻钢骨架纸面石膏板顶棚允许偏差表

项次	项类	项目	允许偏差 /mm	检验方法
1	龙骨	龙骨间距	2	尺量检查
2		龙骨平直	3	尺量检查
3		起拱高度	± 10	拉线尺量
4		龙骨四周水平	± 5	尺量或水准仪检查
5	罩面板	表面平整	2	用 2m 靠尺检查
6		接缝平直	3	拉 5m 线检查
7		接缝高低	1	用直尺或塞尺检查
8		顶棚四周水平	± 5	拉线或用水准仪检查

5. 质量标准

按 GB 50210—2001《建筑装饰装修工程质量验收规范》第 6.2.7 ～ 6.3.11 条执行。

6. 成品保护

(1) 轻钢骨架及罩面板安装应注意保护顶棚内的各种管线。轻钢骨架的吊杆、龙骨不准固定在通风管道及其他设备件上。

(2) 轻钢骨架、罩面板及其他吊顶材料在入场存放、使用过程中应严格管理，保证不变形、不受潮、不生锈。

(3) 施工顶棚部位已安装的门窗，已施工完毕的地面、墙面、窗台等应注意保护，防止污损（见插图 4-9）。

(4) 已装轻钢骨架不得上人踩踏,其他工种吊挂件不得吊于轻钢骨架上。

(5) 为了保护成品,罩面板安装必须在棚内管道试水、保温等一切工序全部验收后进行。

7. 常见质量问题及解决方式

(1) 吊顶不平。主龙骨安装时吊杆调平不认真,会造成各吊杆点的标高不一致。施工时应认真操作,检查各吊杆点的紧挂程度,并拉通线检查标高与平整度是否符合设计要求和规范标准的规定。

(2) 轻钢龙骨局部节点构造不合理。吊顶轻钢骨架在留洞、灯具口、通风口等处,应按图纸上的相应节点构造设置龙骨及连接件,使构造符合图纸上的要求,以保证吊挂的刚度。

(3) 轻钢骨架吊固不牢。顶棚的轻钢骨架应吊在主体结构上,并应拧紧吊杆螺母,以控制及固定设计标高。顶棚内的管线、设备件不应吊固在轻钢骨架上。

(4) 罩面板切块间缝隙不直。罩面板规格有偏差、安装不正都会造成这种缺陷。施工时应注意板块规格,拉线找正、安装固定时保证平整对直。

(5) 压缝条、压边条不严密。未选择平直加工条,材料规格不一致。使用时应经过选择,操作拉线,找正后固定、压粘。

(6) 颜色不均匀。石膏板、矿棉板吊顶要注意板块的色差,以防颜色不均匀的质量弊病。

二、轻钢龙骨纸面石膏板隔墙工程

1. 施工工艺

墙位放线→墙基施工→安装沿地、沿顶龙骨→安装竖向龙骨→固定各种洞口及门→安装一侧石膏板→暖卫水电等钻孔下管、穿线→安装隔音棉→安装另一侧石膏板→接缝处理→连接固定设备、电气设备→墙面装饰→踢脚线施工。

2. 安装要点

(1) 根据设计图纸确定的墙位,在地面放出墙位线并将其引至顶棚和侧墙。

(2) 当设计采用水泥、石材踢脚板时,墙的下端应做墙垫,如采用木踢脚板时,墙的下端可直接与地面连接,两种踢脚板均可采用凹入式或凸出式处理。墙垫制作前,先对墙垫与楼、地面接触部位进行清理,然后涂刷水泥浆结合层一道,随即做素混凝土墙垫,墙垫上表面平整,两侧应垂直。

(3) 钢龙骨安装。先将边框龙骨(沿地、沿顶和沿墙柱龙骨)与主体结构固定。固定前,在沿地、沿顶龙骨与地、顶面接触处,先要铺填一层橡胶条或沥青泡沫塑料条。边框龙骨与主体结构的固定,可采用射钉,连接射钉按中距 0.6 ~ 1m 的间距布置,水平方向不大于 0.8m,垂直方向不大于 1m。射钉射入基体的最佳深度:混凝土基体为 22 ~ 23mm,砖砌体为 30 ~ 50mm。射钉位置应避开已敷设的暗管部位。对已确定的龙骨间距,在沿地、沿顶龙骨上分档划线,竖向龙骨应由墙的一端开始排列,当隔墙上设有门窗时,应从门、窗口向一侧或两侧排列。当最后一根龙骨距离墙(柱)边的尺寸大于规定的龙骨间距时,必须增设一根龙骨。龙骨的上下端除有规定外,一般应与沿地、沿顶龙骨用铆钉或自攻螺丝固定。安装竖向龙骨，根据所确定的龙骨间距就位。当采用暗接缝时，则龙骨间距应增加3mm；当采用明接缝时，则龙骨间距按明接缝宽度确定。竖向龙骨应按要求长度预先进行切割，并应从上端切割，上下方向及冲孔位置不能颠倒，并保证冲孔高度在同一水平面上。在通常情况下，龙骨一般均不宜接长。安装门口立柱时，要根据设计确定的门口立柱形式进行组合，在安装立柱的同时，应将门口与主柱一并就位固定。当隔墙高度超过石膏板的长度时，应设水平龙骨，一般用以下连接方式。

①采用沿地、沿顶龙骨与竖向龙骨连接。

②采用卡托和角托与竖向龙骨连接。通贯横撑龙骨必须与竖向龙骨的冲孔保持在同一水平上，并卡紧固。当隔墙中设置配电盘、消防栓及各种附墙设备、吊挂件时，均应按设计要求在安装骨架时预先将连接件与骨架件连接牢固（见插图4-10）。

(4) 石膏板安装。石膏板应竖向排列，隔墙两侧的石膏板应错缝排列，隔声墙的底板与面板也应错缝排列。石膏板的安装顺序，应从板的中间向两边固定。石膏板与龙骨固定，应采用十字头自攻螺丝固定。螺丝长度：用于12mm厚石膏板的为25mm长，用于两层12mm厚石膏板的为35mm长。螺丝距石膏板边缘（即在纸面所包的板边）至少10mm，距切割的边端至少15mm。螺丝应略埋入板内，但不得损坏纸面。钉距在板的四周为250mm，在板的中部为300mm。为避免门口上角的石膏板在接缝处出现开裂，隔墙下端的石膏板不应直接与地面接触，应留有10～15mm的缝隙，隔声墙的四周应留有5mm缝隙。位于卫生间等潮湿房间的隔墙，应采用防水石膏板，其构造做法应严格按设计要求进行施工。隔墙下端应做墙垫并在石膏板下端嵌密封膏，缝宽不小于5mm。隔墙骨架上设置的各种附属设备的连接件，在石膏板安装后，应作明显标记（见图4-1）。骨架隔墙面板安装的允许偏差见表4-11。

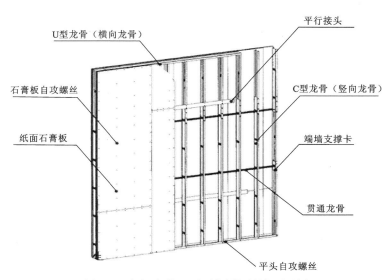

图4-1　轻钢龙骨纸面石膏板隔墙施工图例

表 4-11　骨架隔墙面板安装的允许偏差

项次	项目	允许偏差 /mm	检验方法
1	立面垂直度	3	用 2m 托线板检查
2	表面平整度	2	用 2m 靠尺和塞尺检查
3	接缝高低差	0.5	用 2m 直尺或塞尺检查
4	阴阳角方正	2	拉 5m 线，不足 5m 拉通线用钢直尺检查

3. 石膏板隔墙安装接缝处理

(1) 凡墙面损坏暴露石膏部分，应先将浮灰扫净，用 10% 浓度的 107 胶水溶液涂刷一遍，干燥后进行修补及嵌缝。如有局部破坏，应进行修复。

(2) 石膏板墙面接缝处理主要有无缝处理和控制缝处理。无缝处理是采用石膏腻子和接缝纸带抹平。当隔墙长度约 12m 时，应设置控制缝，控制缝处理应按有关操作规程进行。

无缝处理操作步骤：刮嵌缝腻子，将缝内浮土清除干净，用小刮刀把腻子嵌入板缝，与板面填实刮平，粘贴接缝美纹纸；待缝内腻子终凝，用稠度较稀的底层腻子在接缝处薄薄刮一层，宽约 60mm，厚约 1mm，随即用贴纸器粘贴接缝纸，用刮刀由上而下沿一个方向用力刮平压实，赶出腻子与纸带间的气泡；紧接着在纸带上刮一层宽 80mm 左右，厚约 1mm 的腻子，将接缝纸带埋入腻子层中；待腻子凝固后，再用刮刀将腻子填满楔形槽与板抹平。

4. 质量要求

墙体安装前，应检查龙骨和板材的质量。凡翘曲变形、缺棱掉角、受潮发霉或规格不符合要求者，未经采取措施，均不得使用。使用的胶黏剂、腻子和接缝带，应有产品制造日期、使用说明和材质合格证明。

隔墙工程的质量，应符合下列规定：骨架与墙体结构的连接应牢固，无松动现象；粘贴或用螺丝固定罩面板，表面应平整，粘贴不得脱层；板材表面不得有污染、折裂、缺棱、掉角、锤伤等缺陷；板材铺设方向应正确，安装牢固，接缝严实、光滑，表面平整；板与板之间及板与主体结构之间应黏结密实、牢固、接缝平整；粘贴的踢脚板，不得有大面积空鼓；质量标准应符合设计要求及国家最新颁布的验收规范和质量检验评定标准。

5. 常见质量问题

(1) 墙体收缩变形及板面裂缝。原因是竖向龙骨紧顶上下龙骨，没留伸缩量；超过 2m 的墙体未做控制变形缝，造成墙面变形。隔墙周边应留 3mm 的空隙，这样可以减少因温度和湿度影响产生的变形和裂缝。

(2) 轻钢骨架连接不牢固。原因是局部节点不符合构造要求，安装时局部节点未严格按施工图纸规定处理；钉固间距、位置、连接方法不符合设计要求。

(3) 墙体罩面板不平。此问题多由两个原因造成：一是龙骨安装横向错位，二是石膏板厚度不一致。

(4) 明凹缝不均。原因是纸面石膏板

拉缝未很好掌握尺寸；施工时应注意板块分档尺寸，以保证板间拉缝一致。

三、矿棉板吊顶施工工艺

1. 施工准备

(1) 技术准备。

编制轻钢骨架活动罩面板顶棚工程施工方案，并对工人进行书面技术及安全交底。

(2) 材料要求。

①轻钢龙骨分 U 型和 T 型龙骨两种。

②轻钢骨架主件为中、小龙骨；配件有吊挂件、连接件、插接件。

③零配件：有吊杆、花篮螺栓、射钉、自攻螺钉。

④按设计要求选用罩面板、铝压缝条。

(3) 主要机具。

①电动机具：电锯、无齿锯、手枪钻、射钉枪、冲击电锤、电焊机。

②手动机具：拉铆枪、手锯、手刨子、钳子、螺丝刀、扳手、钢尺、钢水平尺、线坠等。

(4) 作业条件。

①吊顶工程在施工前应熟悉施工图纸及设计说明。

②吊顶工程在施工前应熟悉现场。

③施工前应按设计要求对房间的净高、洞口标高和吊顶内的管道、设备及其支架的标高进行交接检验。

④对吊顶内的管道、设备的安装及水管试压进行验收。

⑤吊顶工程在施工中应做好各项施工记录，收集好各种有关文件。

⑥应有材料进场验收记录和复验报告、技术交底纪录。

⑦板安装时室内湿度不宜大于 70%。

2. 关键质量要点

(1) 材料的关键要求。

①按设计要求选用龙骨和配件及罩面板，材料品种、规格、质量应符合设计要求。

②吊顶工程中的预埋件、钢筋吊杆和型钢吊杆应进行防锈处理。

(2) 技术关键要求。

弹线必须准确，经复验后方可进行下道工序。安装龙骨应平直牢固，龙骨间距和起拱高度应在允许范围内。

(3) 质量关键要求。

①吊顶龙骨必须牢固、平整。利用吊杆或吊筋螺栓调整拱度。安装龙骨时应严格按放线的水平标准线和规方线组装周边骨架。受力节点应装订严密、牢固、保证龙骨的整体刚度。龙骨的尺寸应符合设计要求，纵横拱度均匀，互相适应。吊顶龙骨严禁有硬弯，如有，必须调直后再进行固定。

②吊顶面层必须平整。施工前应弹线，中间按平线起拱。长龙骨的接长应采用对接方式，相邻龙骨接头要错开，避免主龙骨向一边倾斜。龙骨安装完毕，应经检查合格后再安装饰面板。吊挂件必须安装牢固，严禁松动变形。龙骨分格的几何尺寸必须符合设计要求和饰面板的模数。饰面板的品种、规格符合设计要求，外观质量必须符合材料质量要求。

③大于 3kg 的重型灯具、电扇及其他重型设备严禁安装在吊顶工程的龙骨上。

3. 施工工艺

顶棚标高弹水平线→画龙骨分档线→

29

安装水电管→安装主龙骨→安装次龙骨→安装罩面板→安装压条。

(1) 弹线。

用水准仪在房间内每个墙(柱)角上测出水平点(若墙体较长,中间也应适当抄几个点),弹出水准线(水准线距地面一般为 500mm),从水准线量到吊顶设计高度加上 12mm(一层石膏板的厚度),用粉线沿墙(柱)弹出水准线,即为吊顶次龙骨的下皮线。同时,按吊顶平面图,在混凝土顶板弹出主龙骨的位置。主龙骨应从吊顶中心向两边分,最大间距为 1000mm,并标出吊杆的固定点,吊杆的固定点间距为 900 ~ 1000mm。如遇到梁和管道固定点大于设计和规程要求,应增加吊杆的固定点。

(2) 固定吊挂杆件。

采用膨胀螺栓固定吊挂杆件。采用 $\phi 8$ 的吊杆,还应设置反向支撑。吊杆可以采用冷拔钢筋和盘圆钢筋,但采用盘圆钢筋时应用机械将其拉直。吊杆的一端 L30×30×3 角码焊接(角码的孔径应根据吊杆和膨胀螺栓的直径确定),制作好的吊杆应做防锈处理,吊杆用膨胀螺栓固定在楼板上,用冲击电锤打孔,孔径应稍大于膨胀螺栓的直径。

(3) 在梁上设置吊挂杆件。

①吊挂杆件应通直并有足够的承载能力。当预埋的杆件需要接长时,必须搭接焊牢,焊缝要均匀饱满。

②吊杆距主龙骨端部距离不得超过 300mm,否则应增加吊杆。

③吊顶灯具、风口及检修口等应设附加吊杆。

(4) 安装边龙骨。

边龙骨的安装应按设计要求弹线,沿墙(柱)上的水平龙骨线把 L 型镀锌轻钢条用自攻螺丝固定在预埋木砖上;如为混凝土墙(柱),可用射钉固定,射钉间距应不大于吊顶次龙骨的间距。

(5) 安装主龙骨。

①主龙骨应吊挂在吊杆上,主龙骨间距为 900 ~ 1000mm,主龙骨分为轻钢龙骨和 T 型龙骨。轻钢龙骨可选用 UC50 中龙骨和 UC38 小龙骨。主龙骨应平行房间长向安装,同时应起拱,起拱高度为房间跨度的 1/300 ~ 1/200。主龙骨的悬臂段不应大于 300mm,否则应增加吊杆。主龙骨的接长应采取对接方式,相邻龙骨的对接接头要相互错开。主龙骨挂好后应基本调平。

②跨度大于 15m 以上的吊顶,应在主龙骨上,每隔 15m 加一道大龙骨,并垂直主龙骨焊接牢固。

③大的造型顶棚,造型部分应用角钢或扁钢焊接成框架,并应与楼板连接牢固。

(6) 安装次龙骨。

次龙骨分明龙骨和暗龙骨两种。暗龙骨吊顶,即安装罩面板时将次龙骨封闭在棚内,在顶棚表面看不见次龙骨。明龙骨吊顶,即安装罩面板时,次龙骨明露在罩面板下,在顶棚表面能够看见次龙骨。次龙骨应紧贴主龙骨安装。次龙骨间距 300 ~ 600mm。次龙骨分为 T 型烤漆龙骨、T 型铝合金龙骨和各种条形扣板厂家相配合的专用龙骨。用 T 型镀锌铁片连接件把次龙骨固定在主龙骨上时,次龙骨的两端应搭在 L 型边龙骨的水平翼缘上,条形扣板有专用的阴角线做边龙骨。

(7) 矿棉板安装。

安装时，应注意板背面的箭头方向和白线方向一致，以保证花样、图案的整体性；饰面板上的灯具、烟感器、喷淋头、风口篦子等设备的位置应合理、美观，与饰面的交接应吻合、严密 (见插图 4–11、插图 4–12)。

4. 矿棉板吊顶容易出现的质量通病及预防措施

(1) 主龙骨、次龙骨纵横方向线条不平直。

原因分析：

①主龙骨、次龙骨受扭折，虽经修整，仍不平直。

②挂铅线或镀锌铁丝的射灯位置不正确，拉牵力不均匀。

③未拉通线全面调整主龙骨、次龙骨的高低位置。

④测吊顶的水平线有误差，中间平面起拱度不符合规定。

预防措施：

①凡是受扭折的主龙骨、次龙骨一律不宜采用。

②挂铅线的钉位，应按龙骨的走向每间隔 1.2m 射一支钢钉。

③拉通线，逐条调整龙骨的高低位置和线条平直。

④四周墙面的水平线应测量正确，中间按平面起拱度 1/300 ~ 1/200 来设置。

(2) 吊顶造型不对称，罩面板布局不合理。

原因分析：

①未在房间四周拉十字中心线。

②未按设计要求布置主龙骨、次龙骨。

③铺安罩面板流向不正确。

预防措施：

①按吊顶设计标高，在房间四周的水平线位置拉十字中心线。

②按设计要求布设主龙骨、次龙骨。

③中间部分先铺整块罩面板，余量应平均分配在四周最外边一块。

四、石膏线施工工艺

1. 施工准备

在安装前，首先应该将墙面处理干净，画出基准线。

2. 施工工艺

按尺寸将石膏线裁切好，在固定前应将石膏线背面涂上石膏黏结剂，按基准线粘贴好，注意石膏线接缝和对角要按花型和线条衔接好，用腻子补平，待腻子干后用细砂纸轻轻抹平扫净，最后粉刷涂料两遍。

3. 常见质量问题及预防措施

(1) 侧看石膏线有波浪纹，有起伏。

原因分析：墙面不平整或石膏线本身有质量问题。

预防措施：墙面重新找平，更换石膏线。

(2) 石膏线拼接处不平整，接痕明显。

原因分析：两根石膏线不在同一水平面上，石膏线切口不平整，石膏线花纹图案拼接不上。

预防措施：两根石膏线应在同一水平面上，石膏线切口要平整，按石膏线花纹规律进行拼接。

小/贴/士

1. 轻钢龙骨吊顶：装饰过程中的天花板，特别是造型天花板，都是用轻钢龙骨做框架，然后覆上石膏板做成的。轻钢龙骨吊顶按承重分为上人轻钢龙骨吊顶和不上人轻钢龙骨吊顶。轻钢龙骨按龙骨截面可分为 U 型龙骨和 C 型龙骨，按规格可以分为 D60 系列、D50 系列、D38 系列、D25 系列。

2. 矿棉板：一般指矿棉装饰吸声板。以粒状棉为主要原料加入其他添加物高压蒸挤切割制成，不含石棉，防火吸音性能好。表面一般有不规则孔或微孔等，表面可涂刷各种色浆。矿棉板主要是以矿物纤维棉为原料制成，最大的特点是具有很好的隔声、隔热效果，广泛用于各种建筑吊顶，如宾馆、饭店、剧场、商场、办公场所、播音室、演播厅，计算机房及工业建筑等。该产品能控制和调整混响时间，改善室内音质，降低噪音，改善生活环境和劳动条件。同时，该产品的不燃性能均能满足建筑设计的防火要求。

本/章/小/结

本章简要阐述了建筑装饰中常用的石膏制品的种类、特点及装饰部位；着重介绍了轻钢龙骨石膏板吊顶、轻钢龙骨石膏板隔墙及矿棉板吊顶的施工工艺的流程、常见的质量问题及预防措施。

思考与练习

1. 简述装饰施工中常用石膏制品的种类。

2. 简述轻钢龙骨石膏板吊顶施工工艺。

3. 简述轻钢龙骨石膏板隔墙施工工艺。

4. 简述矿棉板吊顶施工工艺。

5. 简述轻钢龙骨石膏板吊顶常见质量问题及预防措施。

6. 简述轻钢龙骨石膏板隔墙常见质量问题及预防措施。

7. 简述矿棉板吊顶常见质量问题及预防措施。

第五章
涂料与施工工艺

章节导读

涂料的概念、种类；装饰工程中常用涂料的品种；乳胶漆施工工艺、常见质量问题及预防措施；饰面施涂混色油漆施工工艺、常见质量问题及预防措施；聚酯漆施工工艺、常见质量问题及预防措施；外墙涂料施工工艺、常见质量问题及预防措施；真石漆施工工艺、常见质量问题及预防措施。

第一节

涂料的概念

涂料是指用不同的施工工艺涂覆在物件表面，经干燥固化后形成粘附牢固、具有一定强度的、连续的固态薄膜，是对被涂物具有保护、装饰或其他特殊功能（绝缘、防锈、防霉、耐热等）的一类液体或固体材料。因早期的涂料大多以植物油为主要原料，故又称作油漆。现在合成树脂已几乎全部取代了植物油，故称为涂料。

涂料的作用：保护、装饰和掩饰产品的缺陷，提升产品的价值。涂料一般有四种基本成分：成膜物质（树脂）、颜料、溶剂和添加剂。

第二节

常用涂料的种类

1. 油性涂料

油性涂料是指传统的以干性油为主要成分的涂料，种类繁多。这种涂料的耐老化性差，使用寿命较短，但涂层致密，容易保持清洁，目前仍用于门窗、家具的涂装。

2. 过氯乙烯涂料

过氯乙烯涂料是以过氯乙烯树脂为基料，掺入增塑剂、稳定剂、填充料和颜料等，经过混炼溶解于有机溶剂中的一种建筑涂料。这种涂料光泽好，有相当好的耐老化性、耐污性和耐碱性。涂膜干燥快，有一定的抗冲击性、硬度、附着力和耐磨性。可用于建筑物的内外墙面及地面装饰。

3. 氯化橡胶涂料

氯化橡胶涂料以氯化的天然橡胶或合成橡胶为成膜物质，以煤焦溶剂为溶剂，加入颜料和助剂配制而成。这种涂料的耐酸碱性、耐水性较好，有防霉、难燃等特点。它的耐久性也优于油性涂料。与其他溶剂型涂料不同，它所形成的涂层有一定的透气性，涂刷后基层的水分仍能通过涂层散发出去，所以可以用于未完全干透的抹灰面。它的耐污性很好，且涂层容易清洗，适于建筑物墙面的装饰。

4. 氯 – 偏共聚乳液涂料

它是以氯乙烯与偏氯乙烯共聚乳液为基料，加入填充料、颜料等加工而成的一种水乳型建筑涂料。它具有无味、干燥快、不燃、易施工等特点。涂层坚固光洁，有良好的防潮、防霉、耐磨、耐酸碱、耐化学腐蚀等优点，可作为建筑物内外墙面及地面的装饰。

5. 环氧树脂涂料

环氧树脂涂料能使混凝土表面装饰成瓷砖状，涂层易于清洁，抗细菌、耐水、耐溶剂和耐化学药品，有特别好的耐磨性，它以环氧树脂为黏结剂，故有很强的附着力。

玻璃纤维增强的无溶剂环氧涂料，具有优良的耐化学药品性、抗菌性、耐冲击性、耐磨性和耐热性。无溶剂型环氧磁漆抗流挂性好，不收缩，有良好的化学性能，耐磨，无缩孔。

6. 聚氨酯涂料

水溶性的聚氨酯乳胶已达到普通溶剂型涂料同样优良的性能，它有特别好的耐磨性，作为混凝土表面的涂料，既可室内用，也可室外用，对颜料有极好的分散性，故可调成各种鲜艳色彩。水溶性聚氨酯也可用于涂饰顶棚、地面，有良好的耐磨性和弹性。聚氨酯也可制成溶剂型涂料，1 h内表面即可干燥，第二天可在涂膜表面上行走，但要一周后才能硬化。

第三节
涂料的品种

1. 木器漆（见插图 5-1）

(1) 硝基清漆。硝基清漆是一种由硝化棉、醇酸树脂、增塑剂及有机溶剂调制而成的透明漆，属挥发性油漆，具有干燥快、光泽柔和等特点。硝基清漆分为亮光、半哑光和哑光三种，可根据需要选用。硝基漆也有缺点：高湿天气易泛白、丰满度低，硬度低。

手扫漆，属于硝基清漆的一种，是由硝化棉，各种合成树脂，颜料及有机溶剂调制而成的一种非透明漆。此漆专为人工施工而配制，更具有快干特征。

硝基清漆的主要辅助剂如下。

天那水：它是由酯、醇、苯、酮类等有机溶剂混合而成的一种具有香蕉气味的无色透明液体，主要起调合硝基漆及固化作用。

化白水：也称为防白水，术名为乙二醇单丁醚。在潮湿天气施工时，漆膜会有发白现象，适当加入稀释剂量 10% ~ 15% 的硝基磁化白水即可消除。

(2) 聚酯漆。它是用聚酯树脂为主要成膜物制成的一种厚质漆。聚酯漆的漆膜丰满，层厚面硬。聚酯漆同样拥有清漆品种，称为聚酯清漆。聚酯漆施工过程中需要进行固化，这些固化剂的份量占了油漆总份量的三分之一。这些固化剂也称为硬化剂，其主要成分是 TDI (甲苯二异氰酸酯)。这些处于游离状态的 TDI 会变黄，不但使漆面变黄，同样也会使邻近的墙面变黄，这是聚酯漆的一大缺点。目前市面上已经出现了耐黄变聚酯漆，但也只能做到耐黄，还不能防止完全变黄。另外，超出标准的游离 TDI 还会对人体造成伤害。游离 TDI 对人体的危害主要是致敏和刺激作用，包括造成疼痛流泪、结膜充血、咳嗽胸闷、气急哮喘、红色丘疹、斑丘疹、接触性过敏性皮炎等症状。国际上对于游离 TDI 的限制标准是控制在 0.5% 以下。

(3) 聚氨酯漆。聚氨酯漆即聚氨基甲酸酯漆。它漆膜强韧，光泽丰满，附着力强，耐水耐磨、耐腐蚀性。被广泛用于高级木器家具，也可用于金属表面。其缺点主要有遇潮起泡，漆膜易粉化等，与聚酯漆一样，它同样存在着变黄的问题。聚氨酯漆的清漆品种称为聚氨酯清漆。

2. 内墙漆

内墙漆主要可分为水溶性漆和乳胶漆。

(1) 水溶性漆。水溶性漆是水稀释漆的一种，主要是由水溶性的合成树脂 (如三聚氰胺、聚丙烯酸酯、醇酸树脂、环氧酯) 和颜料等制成的，多用作金属制品的烘漆。此外，还有用牛皮胶，颜料等制成的水粉漆，广泛用于建筑工程。

(2) 乳胶漆。乳胶漆即是乳液性涂料，按照基材的不同，分为聚醋酸乙烯乳液和丙烯酸乳液两大类。乳胶漆以水为稀释剂，是一种施工方便、安全、耐水洗、透气性好的漆种，它可根据不同的配色方案调配出不同的色泽。乳胶漆的制作成分中基本上由水、颜料、乳液、填充剂和各种助剂组成 (见插图 5-2)。

目前市面上所谓含有大量甲醛的乳胶漆，其实是水溶性漆，一些不法厂商就是用劣质水溶性漆假冒乳胶漆，所以，选择正品内墙漆和保持通风，是防止污染的有效办法。

3. 外墙漆

外墙乳胶漆基本性能与内墙乳胶漆差不多，但漆膜较硬，抗水能力更强。外墙乳胶漆一般用于外墙，也可以用于洗手间等较潮湿的地方。外墙乳胶漆可以内用，但内墙乳胶漆不能外用。

4. 防火漆

防火漆是由成膜剂、阻燃剂、发泡剂等多种材料制造而成的一种阻燃涂料。由于目前家居中大量使用木材、布料等易燃材料，所以，防火漆能够有效保证安全。

涂料的品种及应用范围见表 5-1。

表 5-1 涂料的品种及应用范围

品　种	主　要　用　途
醇酸漆	一般金属、木器、家庭装修、农机、汽车、建筑等的涂装
丙烯酸乳胶漆	内外墙、皮革、木器家具、地坪涂装
溶剂型丙烯酸漆	汽车、家具、电器、塑料、电子、建筑、地坪涂装
环氧漆	金属防腐、地坪、汽车底漆、化学防腐
聚氨酯漆	汽车、木器家具、装修、金属防腐、化学防腐、绝缘涂料、仪器仪表的涂装
硝基漆	木器家具、装修、金属装饰
氨基漆	汽车、电器、仪器仪表、木器家具、金属防腐
不饱和聚酯漆	木器家具、化学防腐、金属防腐、地坪
酚醛漆	绝缘、金属防腐、化学防腐、一般装饰
乙烯基漆	化学防腐、金属防腐、绝缘、金属底漆、外用涂料

第四节　涂料施工工艺、常见问题及预防措施

一、乳胶漆施工工艺

1. 施工准备

(1) 技术准备。

了解设计要求，熟悉现场实际情况。施工前对施工班组进行书面技术和安全交底。

(2) 材料要求。

大白粉、可赛银、建筑石膏粉、胶黏剂等所有材料应满足设计要求及国家有关技术标准。

(3) 主要机具。

机械设备：手压泵或电动喷浆机、电动搅拌器。

主要工具：刷子、排笔、开刀、胶皮刮板、塑料刮板 0 号及 1 号砂纸、50 ～ 80 目铜丝箩、浆灌、大浆桶、小浆桶、大小水桶、胶皮管、钳子、铅丝、腻子槽、腻子托板、扫帚、擦布、棉丝等。

(4) 作业条件。

①室内有关抹灰工种的工作已全部完成，墙面应基本干透，基层抹灰面的含水率不大于 8%。

②室内木工、水暖工、电工的施工项目均已完成，预埋件均已安装，管洞修补好，门窗玻璃安完，一遍油漆已刷完。

③冬期施工室内温度不宜低于 5℃，相对湿度为 60%，并在采暖条件下进行，室温保持均衡，不得突然变化。同时应设专人负责测试和开关门窗，以利通风和排除湿气。

④做好样板间，并经检查鉴定合格后，方可组织大面积刷漆施工。

2. 关键质量要点

(1) 材料的关键要求。

①应有使用说明、储存有效期和产品合格证，品种、颜色应符合设计要求。

②材料选用必须符合室内环境污染控制规范 (GB 50325—2002) 要求，并具备国家环境检测机构出具的有关有害物质限量等级检测报告。

(2) 技术关键要求。

①基层腻子应刮实、磨平达到牢固，无粉化、起皮和裂缝。

②应涂刷均匀、黏结牢固，无透底、起皮和返锈。

③后一遍涂料必须在前一遍涂料干燥后进行。

(3) 质量关键要求。

①残缺处应补齐腻子，砂纸打磨到位。应按照规程和工艺标准去操作。

②基层腻子应平整、坚实、牢固，无粉化、起皮和裂缝。

③溶剂型涂料涂饰涂刷均匀、黏结牢固，不得漏涂、起皮和返锈。

④油漆施工的环境温度不宜低于10℃，相对湿度不宜大于60%。

3. 职业健康安全关键要求

(1) 涂刷作业的时候操作工人应采取相应的保护措施，如戴防毒面具、口罩、手套等。以免危害工人的肺、皮肤等。

(2) 施工室内应保持良好通风，防止中毒和火灾发生。

4. 环境关键要求

施工过程应符合《民用建筑工程室内环境污染控制规范》(GB 50325—2001)。

5. 施工工艺

基层处理→刷胶水→填补缝隙、局部刮腻子→石膏轻质隔墙、吊顶拼缝处理→满刮腻子→刷乳胶漆→砂纸打磨→刷乳胶漆→找腻子→砂纸打磨→刷乳胶漆。

(1) 基层处理。混凝土墙及抹灰表面的浮砂、灰尘、疙瘩等要清除干净，黏附着的隔离剂、应用碱水 (火碱 : 水 =1:10) 清刷墙面，然后用清水冲刷干净。如有油污应彻底清除。

(2) 刷胶水。混凝土墙面在刮腻子前应先刷一遍胶水 (重量比为水 : 乳液 =5:1)，以增强腻子与基层表面的黏结性，应刷均匀一致，不得有遗漏处。

(3) 填补缝隙、局部刮腻子。用石膏腻子将墙面缝隙及坑洼不平处分遍找平。操作时要横平竖齐，填实抹平，并将多余腻子收净，待腻子干燥后用砂纸磨平，并把浮尘扫净。如还有坑洼不平处，可再补找一遍石膏腻子。

(4) 石膏板面接缝处理。接缝处应用嵌缝腻子填塞满，上糊一层玻璃网格布、麻布或绸布条，用乳液或胶黏剂将布条粘在拼缝上，粘条时应把布拉直、糊平，糊完后刮石膏腻子时要盖过布的宽度。

(5) 满刮腻子。根据墙体基层的不同和施工等级要求的不同，刮腻子的遍数和材料也不同，一般情况为三遍。腻子的配合比为：聚醋酸乙烯乳液 (即白乳胶):滑石粉或大白粉 :20% 羧甲基纤维素溶液 =1:5:3.5。刮腻子时应横竖刮，并注意接槎和收头时腻子要刮净，每遍腻子干后应磨砂纸，将腻子磨平，磨完后将浮尘清理干净。如面层要涂刷带颜色的浆料时，则腻子亦要掺入适量与面层带颜色相协调的颜料。

(6) 刷第一遍乳胶漆。刷前应先将门窗口圈 20cm 用排笔刷好，如墙面和顶棚为两种颜色时应在分色线处用排笔齐线并刷 20cm 宽以利接槎，然后再大面积刷喷浆。刷的顺序应按先顶棚后墙面，先上后下的顺序进行。如喷浆时喷头距墙面宜为

20 ～ 30cm，移动速度要平稳，使涂层厚度均匀。如顶板为槽型板时，应先喷凹面四周的内角，再喷中间平面。其浆料配合比与调制方法如下。

①调制大白浆。将大白浆破碎后放入容器中，加清水拌合成浆，再用 50 ～ 60 目的铜丝箩过滤。将羧甲基纤维素放入缸内，加水搅拌使之完全溶解。其配合比为羧甲基纤维素：水 =1:40(重量比)。聚醋酸乙烯乳液加水稀释与大白粉拌合，乳液掺量为大白粉重量的 10%。将以上三种浆液按大白粉：乳液：纤维素 =100:13:16 混合搅拌后，过 80 目铜丝箩，均匀后即成大白浆。

②配可赛银浆。将可赛银粉末放入容器内，加清水溶解搅匀后即为可赛银浆。

(7) 复找腻子。第一遍浆干透后，对墙面上的麻点、坑洼、刮痕等用腻子重新复找刮平，干透后用细砂纸轻磨，并把粉尘扫净，达到表面光滑平整。

(8) 刷第二遍乳胶漆。所用乳胶漆料与操作方法同第一遍乳胶漆。刷乳胶漆遍数由刷乳胶漆等级决定，机械喷乳胶漆可不受遍数限制，以达到质量要求为准。

(9) 乳胶漆交活。待第二遍干后，用细砂纸将粉尘、凸点等轻轻磨掉，并打扫干净，即可刷交活乳胶漆。交活乳胶漆应比第二遍的胶量适当增大一点，防止刷乳胶漆的涂层掉粉，这是必须做到和满足的项目。

6. 质量标准

质量标准主控项目主要包括以下几项。

①选用乳胶漆的品种、型号和性能应符合设计要求。

②选用乳胶漆的颜色、图案应符合设计要求。

③乳胶漆应涂饰均匀、黏结牢固、不得漏涂、透底、起皮和掉粉。

④乳胶漆工程的基层处理应符合如下条件：建筑物的混凝土或抹灰层基层在涂饰前应涂刷抗碱封闭底漆；混凝土或抹灰基础涂刷溶剂型涂料时，含水率不得大于 8%；涂刷乳液型时，含水量不得大于 8%；木材基层的含水量不得大于 8%。基层腻子应平整、坚实、牢固、无粉化、无起皮和裂缝；内墙腻子的黏结强度应符合《建筑室内用腻子》(JG/T 298—2010) 的规定。

7. 成品保护

(1) 乳胶漆工序与其他工序要合理安排，避免刷后其他工序又进行修补工作。

(2) 刷乳胶漆时室内外门窗、玻璃、水暖管线、电气开关盒、插座和灯座及其他设备不刷乳胶漆的部位，及时用废报纸或塑料薄膜遮盖好。

(3) 乳胶漆活完工后应加强管理，认真保护好墙面。

(4) 为减少污染，应事先将门窗口圈用排笔刷好后，再进行大面积的乳胶漆的施涂工作。

(5) 刷乳胶漆前应对已完成的地面面层进行保护，防止落下的乳胶漆造成污染。

(6) 移动乳胶漆桶等施工工具时严禁在地面上拖拉，防止损坏地面。

(7) 乳胶漆膜干燥前，应防止尘土沾污和热气侵袭。

(8) 拆架子或移动高凳时应注意保护好已刷乳胶漆的墙面。

8. 安全环保措施

(1) 高度作业超过 2m 应按规定搭设脚手架，施工前要检查是否牢固。使用的人字梯应四角落地，摆放平稳，梯脚应设防滑橡皮垫和保险链。人字梯上铺设脚手板，脚手板两端搭设长度不得少于 20 cm，脚手板中间不得两人同时操作。梯子挪动时，作业人员必须下来，严禁站在梯子上踩高跷式挪动。人字梯顶部铰轴不准站人，不准铺设脚手板。人字梯应当经常检查，发现开裂、腐朽、楔头松动、缺档等现象时，不得使用。

(2) 禁止穿硬底鞋、拖鞋、高跟鞋在架子上工作，架子上工人不得集中在一起，工具要搁置稳定，以防坠落伤人。

(3) 在两层脚手架上操作时，应尽量避免在同一垂直线上工作。必须同时作业时，下层操作人员必须戴安全帽。

(4) 抹灰时应防止砂浆掉入眼内，采用竹片或钢筋固定八字靠尺板时，应防止竹片或钢筋回弹伤人。

(5) 夜间临时用的移动明灯，必须用安全电压。机械操作人员须培训持证上岗，现场一切机械设备，非操作人员一律禁止乱动。

9. 质量记录

(1) 材料应有合格证、环保检测报告。

(2) 工程验收应有质量验评资料。

10. 容易出现的质量问题及预防措施

(1) 刷痕严重。

原因分析：

①选用的漆刷过大过小或刷毛过硬，或漆刷保管不好造成刷毛不齐。

②涂料的黏度太高而稀释剂的挥发速度又太快。

③木制品刷涂中，没有顺木纹方向垂直操作。

④被涂的饰面对涂料吸收能力过强导致涂刷困难。

⑤涂料混进水分，使涂料流通性差。

预防措施：

①据现场尽量采用全套的漆刷，漆刷必须柔软，刷毛平齐，不齐的漆刷不用，刷漆时用力均匀，动作轻巧。

②调整涂料黏度，用配套的稀释剂调节。应按木纹方向进行施工。

③先用黏度低的涂料封底，然后进行正常刷涂。

④选取用的涂料应有很好的流通性、挥发速度适当。若涂料上混入水，应用滤纸吸出后再用。

⑤处理：用水刷纸轻轻打磨平整，清理干净后再补刷涂料。

(2) 交叉污染。

原因分析：

①施工方未做成品保护或保护不到位，质量检查不到位，不细心。

②施工人员成品保护意识差，施工马虎。

③逆向施工（如门窗的铰链先安装，后上油漆）。

预防措施：

①施工前，将所有会产生交叉污染的部位均保护到位，且做到保护严密不遗漏。

②质量员检查质量时，加大力度，仔

细周到，加强施工人员的成品保护意识，经常对他们的施工技术、质量意识进行培训。

③按施工工序的先后顺序施工。

(3) 钉眼明显。

原因分析：

①纹钉太大。

②钉眼未描涂或描钉眼的腻子颜色与板面颜色不一致。

预防措施：

①根据施工要求尽量选用较小规格的纹钉或尽量将纹钉使用在较为隐蔽处，纹钉必须顺木纹固定。

②板面漆施工前，必须采用与板面颜色一致的腻子描钉眼。

(4) 泛白、泛碱。

原因分析：基层潮湿。

预防措施：等基层干燥后刷乳胶漆。

(5) 涂膜脱落。

原因分析：

①基层处理不当，表面有油垢、水气或化学药品等，每遍涂膜太厚。

②基层潮湿。

预防措施：

①基层面应清理干净，砂纸打磨后产生的灰尘也应清扫干净。

②控制每遍漆膜的厚度。

③基层干燥后再刷乳胶漆。

(6) 螺钉锈蚀。

原因分析：

①用容易锈蚀的螺丝。

②螺丝钉外露。

③防锈漆没有将螺钉完全涂抹。

预防措施：

①用不生锈的不锈钢螺丝钉。

②固定螺丝钉，使每个螺钉均嵌入板内 0.5 ~ 0.7mm。

③点防锈漆时，使每个螺钉均涂抹严实。

(7) 漆膜太薄。

原因分析：油漆遍数不够。

预防措施：严格按施工规范及油漆使用说明刷涂料。

(8) 收口不到位。

原因分析：

①施工不认真，工作马虎。

②质量检查不认真。

预防措施：

①加强对施工人员的质量意识培训，技术交底到位。

②认真、全面、及时地对施工质量进行检查。

(9) 阴阳角不顺直。

原因分析：油漆工在阴阳角施工时，没有进行弹线控制。

预防措施：在每个阴阳角施工时，必须先弹线进行控制，同时用靠尺作辅助工具，保证阴阳角顺直。

(10) 面层不平整。

原因分析：

①基层没找平。

②基层已找平，但涂料刷涂不均匀。

预防措施：

①基层面施工后，用 3m 靠尺先仔细进行检查，保证基层平整后再刷涂料。

②刷涂料时，均匀涂刷，不遗漏。

(11) 线条不顺宜、接缝隙高、表面粗糙。

41

原因分析：

①基层不好。

②线条的材料不好或特殊要求定做前没放样。

③线条安装的质量差、油漆工修边不仔细、敷衍了事。

预防措施：

①基层必须验收合格后可进行线条安装，特殊造型的线条必须先放样后定做，材料进场，按放样的结果验收，不合格的剔除。

②严格控制安装质量，达不到要求的坚决返工。

③加强油漆工的质量意识培训，加强检查及奖罚力度。

11. 检验标准

薄涂料、厚涂料、复合涂料的涂饰质量和检验方法分别见表5-2、表5-3和表5-4。

表5-2　薄涂料的涂饰质量和检验方法

项次	项目	普通涂饰	高级涂饰	检验方法
1	颜色	均匀一致	均匀一致	观察
2	泛碱、咬色	允许少量轻微	不允许	
3	流坠、疙瘩	允许少量轻微	不允许	
4	砂眼、刷纹	允许少量轻微砂眼、刷纹通顺	无砂眼，无刷纹	
5	装饰线、分色线直线度允许偏差	2mm	1mm	拉5m线，不足5m拉通线，用钢直尺检查

表5-3　厚涂料的涂饰质量和检验方法

项次	项目	普通涂饰	高级涂饰	检验方法
1	颜色	均匀一致	均匀一致	观察
2	泛碱、咬色	允许少量轻微	不允许	
3	点状分布	—	疏密均匀	

表5-4　复合涂料的涂饰质量和检验方法

项次	项目	质量要求	检验方法
1	颜色	均匀一致	观察
2	泛碱、咬色	不允许	
3	喷点疏密程度	均匀,不允许连片	

二、饰面施涂混色油漆施工工艺

1. 施工准备

(1) 技术要求。

施工前技术交底人员必须对施工班组进行木饰面施涂油漆施工的书面技术交底。

(2) 材料要求。

涂料：硝基漆。

(3) 主要机具。

主要机具有油刷、排笔、铲刀。

(4) 作业条件。

①施工环境应有良好的通风，抹灰工程、地面工程、木装修工程、水暖电气工程等全部完工后，环境比较干燥，相对湿度不大于60%；需装饰木饰面的结构表面含水率不得大于8%～12%。室内湿度一般不低于10℃。

②做样板间，经业主及监理公司检查鉴定合格后，方可组织班组进行大面积施工。

③施工前应对木门窗等材质及木饰面板外形进行检查，不合格者应更换。木材制品含水率不大于8%～12%。

④操作前应认真进行工序交接检验工作，不符合规范要求的，不准进行油漆施工。

⑤施工前各种材料必须先报验，经业主及监理确认，进行封样后才能采购。已报验样品在大批量材料进场时，必须经过业主及监理公司验收，出具有关书面验收单后才能出库使用。

2. 关键质量要点

(1) 材料的关键要求。

①应有使用说明、储存有效期和产品合格证，品种、颜色应符合设计要求。

②油漆、稀释剂等材料选用必须符合《民用建筑工程室内环境污染控制规范》(GB 50325—2001) 和《室内装饰装修材料溶剂型木器涂料中有害物质限量》

(GB 18581—2009) 要求，并具备国家环境检测机构出具的有关有害物资限量等级检测报告。

(2) 技术关键要求。

①基层腻子应刮实、磨平，达到牢固、无粉化、起皮和裂缝。

②溶剂型涂饰应涂刷均匀、黏结牢固，不得漏涂、无透底、起皮和返锈。

③后一遍油漆必须在前一遍油漆干燥后进行。

(3) 质量关键要求。

①合页槽、上下冒头、榫头和钉孔、裂缝、节疤以及边棱残缺处应补齐腻子，砂纸打磨要到位。应认真按照规程和工艺标准操作。

②基层腻子应平整、坚实、牢固，无粉化、起皮和裂缝。

③油漆涂饰应涂刷均匀、黏结牢固，无透底、起皮和返锈。

④一般油漆施工的环境温度不宜低于+10℃，相对湿度不宜大于60%。

3. 施工工艺

基层处理→搓色→刮腻子→打砂纸→喷刷第一遍底子油→打砂纸→刷第二遍底子油→打砂纸→喷刷第三遍底子油→打砂纸→喷刷第四遍底子油→打砂纸→喷刷第一遍油漆→打砂纸→喷刷第二遍油漆→打砂纸→喷刷第三遍油漆→打砂纸→喷刷油漆清活交工。

(1) 基层处理。在施涂前，应除去木质表面的灰尘、油污胶迹、木毛刺等，对缺陷部位进行填充、磨光、脱色处理。

(2) 刷底油。严格按涂刷次序涂刷，

（3）刮腻子。将裂缝、钉孔、边棱残缺处嵌批平整。上下冒头，榫头等处均应补到。

（4）磨砂纸。腻子要干透，磨砂纸时不要将涂膜磨穿，保护好棱角，注意不要留松散腻子痕迹。磨完后应打扫干净，并用潮布将散落的粉尘擦净。

（5）刷第一遍油漆。油漆黏度稀薄均匀，门、窗及木饰面刷完后要仔细检查，看有无漏刷处，最后将活动扇做好临时固定。

（6）打砂纸。待油漆干透后，用砂纸打磨。

（7）刷第二遍油漆。刷漆同第一遍油漆。如木门窗有玻璃，用潮布或废报纸将玻璃内外擦干净，应注意不得损坏玻璃四角油灰和八字角（如打玻璃胶应待胶干透）。打砂纸要求同上。使用新砂纸时，需将两张砂纸对磨，把粗大砂粒磨掉，防止划破油漆膜。

（8）刷最后一遍油漆。要注意油漆不流不坠、光亮均匀、色泽一致。油灰（玻璃胶）要干透，要仔细检查，固定活动门（窗）扇，注意成品保护。

（9）冬期施工。室内应在采暖条件下进行，室温保持均衡，温度不宜低于10℃，相对湿度不宜大于60%。设专人负责开、关门窗，以利排湿通风。

4. 质量标准

（1）主控项目。

①溶剂型涂料涂饰工程所选用涂料的品种型号和性能应符合设计要求。

检验方法：检查产品合格证、性能、环保检测报告和进场验收记录。

②溶剂型涂料工程的颜色、光泽应符合设计要求。

检验方法：观察。

③溶剂型涂饰工程应涂刷均匀、黏结牢固，不得漏涂、透底、起皮和返锈。

检验方法：观察、手摸检查。

④基层腻子应平整、坚实、牢固，无粉化、起皮和裂缝。

（2）一般项目。

木饰表面施涂溶剂型涂料的一般项目见表5-5。

5. 成品保护

（1）刷油漆前应首先清理完施工现场的垃圾及灰尘，以免影响油漆质量。

（2）每遍油漆刷完后，所有能活动的门扇及木饰面成品都应该临时固定，防止

表5-5 木饰表面施涂溶剂型涂料的一般项目

项次	项目	涂饰	检查方法
1	颜色	均匀一致	观察
2	刷纹	无刷纹	观察
3	光泽、光滑	光泽均匀一致光滑	观察、手摸
4	裹棱、流坠、皱皮	不允许	观察
5	装饰线、分色线直线度允许偏差（不大于）	1mm	拉5m线（不足时拉通线）用尺量

要刷到刷匀。

油漆面相互黏结影响质量，必要时设置警告牌。

(3) 刷油后立即将滴在地面或窗台上的油漆擦干净，五金、玻璃等应事先用报纸等隔离材料进行保护，到工程交工前拆除。

(4) 油漆完成后应派专人负责看管，严禁摸碰。

6. 质量记录

(1) 材料应有合格证、环保检测报告。

(2) 工程验收应有质量验评资料。

7. 油漆工程常见的质量问题及预防措施

同聚酯漆施工常见的质量问题及预防措施。

三、聚酯漆的施工工艺

本工艺标准适用于工业与民用建筑中、高级室内木作木制品表面施涂聚酯着色清漆涂料工程。

1. 施工准备

(1) 材料准备。

①涂料：透明封闭底漆、透明底漆、清面漆、固化剂、调漆稀释剂等各涂层配套材料。

②其他配套辅助材料：透明腻子、透明色腻子、清洗稀释剂、色精、色粉 (如铁红、地板黄、黑烟子、红土子等) 等辅助材料。

③抛光材料：砂蜡、光蜡等。

(2) 机具设备。

①操作机具：油桶、量尺 (量程 ≥ 300mm)、电子秤或天平、搅拌棒等配漆用器具；小提桶、桶钩、腻子刮铲、牛

角刮板、橡皮刮板、托板等刮腻子用工具；铲刀、腻子刀或油灰刀、小刀片，120 目和 200 目的过滤网、120# ～ 800# 砂纸、掸灰刷、排笔、板刷、修饰刷、长柄刷、画线刷、弯头刷等各种刷子；干净棉布、棉纱；打砂子用木搓板或砂纸机或环行往复打磨器；喷枪、空气压缩机等喷漆机具；

②安全防护设施：除口罩、呼吸器等器具外；必要时应有合梯、脚手架、排风等设施。

③计量检测用具：温度计、湿度计、含水率检测仪、光度检测仪、干漆膜厚度检测器、甲醛 (甲苯) 测试器等。

(3) 作业条件。

①抹灰工程、地面工程、木作安装工程全部完成、水暖电气工程全部完成或基本完成。

②施工时环境温度一般不低于 10℃，相对湿度不宜大于 60%。

③木材的含水率不得大于 12%。

④操作前应认真进行交接检查工作，并对遗留问题进行妥善处理。

⑤施工现场环境要求清洁、通风、无尘埃；未安装玻璃前，应有防风措施，否则刮大风天气不得进行施工。

⑥施工前先做样板，经业主、监理及有关质量部门验收确定合格后，再进行大面积施工。

⑦严禁在大风、大雨、大雾天气中进行面层油漆涂料施工，其他油漆涂料工序应尽量避开上述天气环境。

⑧冬季施工：冬季室内油漆工程，应在采暖条件下进行，设专人负责测温和开关门窗，以利通风排除湿气。室温应保持

均衡稳定，不得突然变化，室内温度不得低于 10℃、相对湿度不宜大于 60%。

2. 施工工艺

基层处理→刷封闭底漆一遍→打磨→擦色→喷第一遍底漆→打磨→刮腻子→刷第二遍底漆→轻磨→修色→喷第一遍清面漆→打磨→喷第二遍清面漆→擦砂蜡或光蜡。

(1) 基层处理。

首先应仔细检查基层表面，对缺棱掉角等基材缺陷应及时修整好；对基层表面上的灰尘、油污、斑点、胶渍等应用刮刀刮除干净 (注意不要刮出毛刺)。然后采用打磨器或用木搓子垫砂布 (120 #) 顺木纹方向来回打磨，先磨线角、裁口，后磨四口平面，磨至平整光滑 (注意不得将基层表面打透底)，然后用掸灰刷将磨下的粉尘掸掉后，再用潮布进一步将粉尘彻底擦净并晾干。应特别注意钉眼的处理，打完砂纸后应用小刀片或小钉将钉眼内粉尘杂物等剔出，再用喷枪喷气将残留在钉眼内的粉尘杂物喷出。

(2) 刷封闭底漆。

操作程序：器具清洁→油漆调配→刷漆。

①器具清洁：涂刷前应将油桶、油刷等刷漆用的各种器具清洗干净，油刷应浸泡在清洗稀释剂内进行清洗。若为新油刷，则应将刷毛轻轻拍打几下，并将未粘牢的刷毛捻去后，在 120# 砂纸上来回磨刷几下，以使端毛柔软，达到减少油漆刷纹的目的。

②刷具的选用：施工时应根据涂料品种及涂刷部位选用适当的刷具。刷涂瓷漆及底漆等黏度较大的涂料，应选用刷毛弹性较大的硬毛扁刷；刷涂油性清漆应选用刷毛较薄、弹性较好的猪鬃刷。

(3) 底漆选用及调配。

①选用专门配套的封闭底漆，并按产品说明书和配比要求进行配兑，混合拌匀，且用 120 目滤网过滤后，静置 5min 方可施涂。

②底漆的稠度调配应根据油漆涂料性能、涂饰工艺 (手工刷或机械喷)、环境气候温度、基层状况等条件。

③油漆调配应注意事项。现场实际涂饰时一般应根据所使用油漆的配比要求、气候及基层表面等情况灵活掌握，同时应注意以下几点。

a. 注重油漆与固化剂、稀释剂的配比掺量。由于气候、温度和湿度等客观条件的变化，油漆与固化剂、稀释剂比例应根据实际情况及时作适当调整以达最佳效果。

b. 根据温度采用不同用途的稀释剂及辅助添加材料。如：温度 15℃以下时应选用冬用稀释剂；25℃以上应选用夏用稀释剂；30℃以上时可适当添加慢干水等。

(4) 刷漆。

①涂刷要点：油漆涂刷应按从上至下、从左至右、从外至内、从复杂到简单、先小面后大面的顺序，顺木纹方向进行，且须横平竖直、薄厚均匀、不流不坠、刷纹通顺、无漏刷。此外，须注意刷至新接头处要轻飘，即每刷快要结束时，在走刷的同时要将刷子逐渐轻轻提起，留下薄薄的刷茬接口，以免出现刷咎，同时还应注意刷封闭底漆时，线角及边框部分应连续

多刷 1 ~ 2 遍油漆；其他各遍底漆和面漆无需多刷 1 ~ 2 遍。

②涂刷顺序：刷漆时一般先刷线角、边框等实木或狭长部分，然后再刷胶合板等大面部分。

(5) 打磨。

①手工打磨方法：先将砂纸砂布平铺垫在木擦子上，并将砂布两端夹牢，然后，用木擦子平压在被打磨物上来回打磨；打磨一段时间后应停下来，将砂纸在硬处磕几下，除去堆积在磨料缝隙中的粉尘；打磨完毕要用除尘布将表面的粉尘擦去。各道腻子面上打磨要掌握："磨去多余，表面平整"、"轻磨慢打，线角分明"，不能把棱角磨圆，要该平的平，该方的方。磨完后手感要光滑绵润。

②机械打磨方法：使用风动磨腻子机时，首先检查砂纸是否已被夹子夹牢，并开动打磨器检查各活动部位是否灵活，运行是否平稳；打磨器工作的风压应在 0.5 ~ 0.7MPa；操作时双手向前推动打磨器不得重压；使用完毕用压缩空气将各部位积尘吹掉。

③打磨时应注意事项：打磨必须在基层或涂膜干实后进行，以免磨料钻进基层或涂膜内，达不到打磨的效果。涂膜坚硬不平或软硬相差较大时，必须选用磨料锋利并且坚硬的磨具打磨，避免越磨越不平。

④砂纸型号的选用：打磨所用的砂纸应根据不同工序阶段、涂膜的软硬等具体情况正确选用砂纸的型号详见表 5-6。

表 5-6　不同打磨阶段木砂纸型号的选用

打磨阶段	填补腻子层和白胚基层表面	满刮腻子、封闭底漆	底漆	面漆
砂纸型号	120# ~ 240#	240# ~ 400#	240# ~ 400#	600# ~ 800#

(6) 擦色。

①调色前应将调色用各种器具，如油桶、搅拌棒等清洗干净，对已用过的旧器具可用稀释剂进行清洗。

②调色：分厂商调制和现场调配两类。

a. 厂商调制：均为事先委托厂商按设计样板颜色要求调制或选定的成品，配套的着色剂和着色透明底漆（或面漆）两种。对于厂商供应的成品着色剂或着色透明漆，由于颜色也难以与样板完全一样，在涂饰前仍需审核校对，不能急于将购来的

涂料立即涂在物面上。一般这类成品也分深、中、浅三种颜色，现场可根据样板颜色深浅要求相互掺和进行调配。

b. 现场调配：稀释剂与色精调配（稀释剂应采用与聚酯漆配套的无苯稀释剂）；透明底漆（或面漆）与色精调配；透明腻子与色粉（如铁红、地板黄、黑烟子、红土子等）调配。注意透明腻子必须采用油性腻子，不得使用老粉（碳酸钙即大白粉）做的腻子，否则易造成发白、咬底等毛病。

③颜色调配应注意事项。

a. 要根据设计的要求，先配制各种颜

色样板，经研究审定后才能开始配料。

b. 调配颜色时首先要了解清楚各种涂料的性能，以便混合后不致发生不良反应；其次要抓住各类颜色的不同特征，掌握颜色中所含主、次颜料颜色及其数量的规律。色浆样板颜色配比确定后应注意一次调足使用数量，即为确保一个楼层或整个工程油漆颜色的一致，在调配着色剂时应注意根据所需量一次调配足够。

c. 次色和副色应慢慢间断地掺入主色，且颜料要由浅至深徐徐加入，切忌过量。通常留出一半作为备用，备用料要搅拌均匀，保持原有稠度，万一配过头可往里加入，重新仔细调配。

d. 调配油漆时，必须注意不同性质的油漆切忌互相配兑，否则会引起离析、沉淀、浮色，甚至整批材料报废。

e. 在调色过程中各容器、工具要保持干净无色。

④擦色工艺：擦色工艺分底着色和面着色两种。

底着色：指在基层表面上或在喷刷底涂层时擦涂着色剂或喷涂着色底漆。此法可避免面着色油漆着色不均及浮色发花的缺陷。

面着色：即在喷面涂层时擦涂着色剂或喷涂着色面漆。

擦色要求颜色均匀一致，自然无擦纹、无漏擦。同时应注意以下几点。

a. 基层打磨清理后应马上进行擦色，以免基层被污染。

b. 擦涂时，不要随意翻动布面，要使布的下部呈平面。

c. 擦色要快，擦色的间隔时间不要过

长，以免着色剂干燥出现接茬痕迹。

d. 颜色擦完在刷油之前不得再沾湿，以免出现痕迹。

(7) 喷第一遍底漆。

擦色后干燥 2 ~ 4h 即可喷第一遍底漆。其喷涂操作程序如下：喷涂机具清洁及调试→油漆调配→喷涂。

喷涂机具清洁及调试：喷涂前，应认真对喷涂机具进行清洗，做到压缩空气中无水分、油污和灰尘，并对机具进行检查调试，确保运行状况良好。喷涂操作手必须经过专业培训，熟练掌握喷涂技能，并经相关部门的考核合格后，方可上岗。

(8) 打磨。

底漆干燥 2 ~ 4h 后，用 240# ~ 400# 砂纸进行打磨，应磨至漆膜表面平整光滑。

(9) 刮腻子。

刮腻子的操作程序：腻子选用及调配→基层缺陷嵌补→批刮腻子二遍。

① 腻子选用及调配。应按产品说明要求优先选用专门配套的透明腻子，如"特清透明腻子"或"特清透明色腻子"等（前者主要多用于大面积满刮腻子，后者多用于修补钉眼或对基层表面进行擦色等）。透明色腻子有浅、中、深三种，修补钉眼或擦色时可根据基层表面颜色进行掺和调配。

② 基层缺陷嵌补。刮腻子前应先将拼缝处及缺陷大的地方用较硬的腻子嵌补好，如钉眼、缝孔、节疤等缺陷的部位。嵌补腻子一般宜采用与基层表面相同颜色的色腻子，且须嵌牢嵌密实。注意腻子须嵌补得比基层表面略高一些，以免干后收缩。

③ 批刮腻子。对于榉木、红樱木胶合

板等基层表面平整光滑的木制品，一般无需满刮腻子，只需在有钉眼、缝孔、节疤等缺陷的部位上嵌补腻子即可，即用腻子刮铲或小刀片将与基层表面同颜色的色腻子挤入缝孔内或用色腻子修补好有缺陷的地方。

对于硬材类或棕眼较深的胶合板（如水曲柳）等基层表面不太平整光滑的木制品，须大面积满刮腻子。此时，一般常采用透明腻子满刮二遍，即第一遍腻子刮完后干燥 1 ~ 2h，用 240# ~ 400# 砂纸打磨平整后再刮第二遍腻子。第一遍腻子主要考虑与基层结合，要刮实；第二遍腻子要刮平，可以略有麻眼，但不能有气泡（气泡处必须铲掉修补）。

此外，还应根据第二遍腻子打磨后基层表面平整光滑情况来决定是否尚需批刮第三遍腻子或复补腻子，若需要，则应在第二遍腻子刮完后干燥 1 ~ 2 h，用 240# ~ 400# 砂纸打磨平整光滑后进行。

④嵌批腻子注意事项。嵌、批腻子的要点是实、平、光，即与基层或后续涂层接触紧密、黏结牢固、表面平整光滑、减少打磨量，为面漆质量打好基础。要做到这些须注意以下几个方面。

a. 要根据基层及各层油料的特点选择适宜的腻子和嵌批工具，并注意腻子的配套性，以保持整个涂层物理及化学性能的一致性。

b. 嵌、批腻子要在涂刷底漆并干燥后进行，以免腻子中的漆料被基层过多地吸收，影响腻子附着性，导致脱落。

c. 涂刷清漆时不能依靠腻子来增加油漆的丰满度，应以刮得薄为佳，并应以刮

平缝隙、钉眼、坑洼处，修补好缺陷以及填补好木线或板材表面棕眼为宜。

d. 为避免腻子出现开裂和脱落，要尽量降低腻子的收缩率，一次填刮不要过厚，最好不要超过 0.5mm。

e. 腻子稠度和硬度要适当。

f. 批刮动作要快，特别是一些快干腻子，不宜过多地往返批刮，以免出现卷皮脱落或将腻子中的漆料挤出封住表面。

g. 腻子要补实，并做到刮平、收净刮光。

h. 熟练掌握嵌、批各道腻子的技巧和方法。

(10) 打磨。

腻子干燥 2 ~ 3h 后可用 240# ~ 400# 砂纸进行打磨。

(11) 刷第二遍底漆。

打磨清擦干净后即可刷第二遍底漆。当进度要求很急，为保证工期，上述封闭底漆及第二遍底漆亦可采用喷涂方法进行。

(12) 打磨。

底漆干燥 2 ~ 4h 后，用 400# 砂纸进行打磨。

(13) 修色。

打磨后应先仔细检查表面是否存在明显色差，对腻子疤、钉眼及板块间出现色差处应采取修色或擦色处理。修色剂应按样板色样采用专门配套的着色剂或用色精与稀释剂调配等方法进行调配。着色剂一般须经多遍调配才可达到要求，调配时应谨慎地确定着色剂的深浅程度，并将试涂小样颜色效果与样板或涂饰物表面颜色进行对比。若不对，则应反复调配，直至调

49

配出与样板色或涂饰物表面颜色略浅一些的着色剂。

(14) 喷刷第一遍面漆。

修色干燥 1 ~ 3h 并经打磨后即可喷（或刷）面漆。喷（或刷）面漆前，面漆、固化剂、稀释剂应按产品说明要求的配比混合拌匀，并用 200 目滤网过滤后，静置 5min 方可施涂。线角及边框部分需多刷 1 ~ 2 遍油漆，面漆以采用喷涂为宜。

(15) 打磨。

面漆干燥 2 ~ 4h 后，用 800# 砂纸进行打磨，但应注意以下两点：

①漆膜表面应磨得非常平滑。

②打磨前应仔细检查，若发现局部尚需找补修色的地方，应进行找补修色。

(16) 喷刷第二遍面漆。

干燥 1 ~ 3h 并经打磨后即可喷（或刷）面漆。

(17) 擦砂蜡或光蜡。

面漆干燥 8h 后即可擦砂蜡。擦砂蜡时先将砂蜡捻细浸在煤油内，使其成糊状。然后用棉布蘸取砂蜡后顺木纹方向用力来回擦。擦涂的面积由小到大，当表面出现光泽后，用干净棉布将表面残余砂蜡擦净。此时光泽还不透彻，另用棉布蘸少许煤油，

以同样方法反复擦涂至透亮为止。然后用清洁的棉纱，将残余的煤油擦净。

此外，也可视表面情况不擦砂蜡，直接喷一遍碧丽珠后，用干净棉纱或白毛巾顺木纹方向用力来回擦拭光滑。

3. 质量标准

主控项目：所选用涂料的品种、型号和性能应符合设计要求。油漆做法及颜色、光泽、图案等饰涂效果均须符合设计及选定的样板要求。应涂饰均匀，黏结牢固，严禁漏刷、透底、脱皮、返锈和斑迹。基底的质量必须符合相应规定。

一般项目：清漆的涂饰质量和检验方法应符合表 5-7 的规定。

4. 成品保护措施

(1) 在涂刷每道油漆时要注意环境卫生，刮大风天气和清理地面时不得涂刷。

(2) 油漆涂刷后，应防止水淋、尘土沾污和热空气侵袭。

(3) 刷油前首先清理好周围环境，防止尘土飞扬，影响油漆质量。

(4) 刷完每道油漆后，要把门窗用梃钩或木楔固定，避免粘坏漆皮。

(5) 注意不得磕碰和弄脏门窗扇，掉在地上的油迹要及时清擦干净。

表 5-7　清漆的涂饰质量和检验方法

序号	项目	普通油漆	高级油漆	检查方法
1	颜色	基本一致	均匀一致	观察
2	木纹	棕眼刮平、木纹清楚	棕眼刮平、木纹清晰	观察
3	光泽、光滑	光泽基本均匀、光滑无挡手感	光泽均匀一致、光滑	观察、手摸检查
4	刷纹	无刷纹	无刷纹	观察
5	裹棱、流坠、皱皮	明显处不允许	不允许	观察
6	五金、玻璃、电气	洁净	非常洁净	观察

(6) 为防止五金污染，除了操作要细和及时将小五金等污染处清理干净外，应尽量后装门锁、拉手和插销等（但可以事先把位置和门锁孔眼钻好），确保五金洁净美观。

(7) 采用机械喷涂油漆时，应将不喷涂的部位遮盖以防沾污。

5. 常见的质量问题及预防措施

(1) 发白、咬底。

原因分析：

①刮腻子时，底层使用老粉（碳酸钙即大白粉）做的腻子，易造成发白、咬底等毛病。

②清面漆直接在透明腻子上施涂。

预防措施：

①一般木材表面应选用油性腻子或涂饰过底漆后嵌批石膏腻子。

②清面漆一般在作好透明底漆的表面上施涂。

(2) 出现硬化或起颗粒现象。

原因分析：固化剂混合后的油漆时间过长。

预防措施：与固化剂混合后的油漆应3h内用完。

6. 质量记录

本工艺应具备以下质量记录：

(1) 油漆等各种配套材料出厂合格证及质量检测报告。

(2) 油漆等各种配套材料厂商营业执照以及质量、环保认证证书等资质证明材料。

(3) 前道工序交接检记录。

(4) 本分项工程质量验评表。

7. 安全保护措施

(1) 现场须有充分的通风或备有合适的呼吸保护器。

(2) 在室内使用涂料时，应打开窗户，确保充分通风。

(3) 在含有害灰尘的空气中工作时，必须带口罩。

(4) 在不能有效防止灰尘时，应戴面罩、口罩或呼吸器，在有石棉粉尘时，须使用呼吸器。

(5) 在清除过量的灰尘时，应使用真空吸尘器，不应采用人工刷和扫的办法。

(6) 在工作过程中或工作完毕后，应仔细检查工作面或现场附近有无冒烟现象。

8. 技术安全措施

(1) 聚酯涂料应储存在干燥阴凉通风处且勿靠近火源，其库房应设有消防安全及防静电设施，并配有足够的灭火器材。

(2) 从库房提取的易燃物数应限制在当时的用量以内。

(3) 施涂前应清除现场的各种易燃物品。

(4) 聚酯涂料等易燃物不应放在敞口无盖或塑料容器内。

(5) 盖上有螺纹的容器盖时，应尽快拧紧。

(6) 聚酯涂料施涂用过的棉丝、布团、油桶及残剩的油漆、稀释剂等易燃物不得随地乱扔或置于密闭的容器内，应集中置于通风良好的地方或及时妥善处理。

(7) 窗子刷油漆时，如人站在窗外操作，要戴上安全帽。

(8) 机具的安全性及临电设施等须经检查合格后方可使用。

(9) 脚手架搭设应安全合理，并经检查合格后方可使用。

9. 环保措施

(1) 聚酯漆油漆施工在工期、质量和劳动力允许的前提下应尽可能采用涂刷的方法进行，以免喷涂对周围环境的污染。

(2) 聚酯涂料施涂用过的棉丝、布团、油桶及残剩的油漆、固化剂、稀释剂等易燃物不得随地乱扔乱倒或置于密闭的容器内，应集中置于通风良好的地方或及时妥善处理。

(3) 在清除过量的灰尘时，应使用真空吸尘器，不应采用人工刷和扫的办法。

(4) 聚酯涂料等易燃物不应放在敞口无盖或塑料容器内。

四、外墙涂料施工工艺

1. 施工准备

(1) 材料准备。

①腻子：成品耐水腻子或用白水泥、合成树脂乳液等调配。

②底涂料：水性或溶剂型涂料，与面涂料有良好的配套性。

③面涂料：乳胶漆应符合《合成树脂乳液外墙涂料》(GB/T 9755—2014) 标准的规定。

(2) 工具和用品准备。

油灰刀、钢丝刷、腻子刮刀或刮板、腻子托板、砂纸、辊筒刷、排笔、油漆刷、手提电动搅拌机、过滤筛、塑料桶、匀料板、钢卷尺、粉线包、薄膜胶带、遮挡板、

遮盖纸、塑料防护眼镜、口罩、手套、工作服、胶鞋。

(3) 技术准备。

①基层检查验收：基层应平整、清洁、无浮砂、无起壳；混凝土及抹灰面层的含水率应在 10% 以下，pH 值小于 9；通常新抹的基层在通风状况良好的情况下，夏季应干燥 10 天、冬季 20 天以上；未经检验合格的基层不得进行施工。

②样板：施工面积较大时，应按设计要求做出样板，经设计、建设单位认可后，作为验收依据。

③现场：脚手架与墙面的距离适宜，架板要有足够的长度，不少于三个支点；遮挡外窗，避免施工时外窗被涂料沾污。

④人员：施工班组应有技术负责人，主要操作人员须经本工艺施工技术培训，合格者方可上岗，辅助工应有专人指导。

2. 施工工艺

基层修补、清扫处理→填补缝隙→腻子打底找平→打磨→封底漆→第一遍面涂→细部处理→第二遍面涂→检查验收→涂料清理。

(1) 基层修补、清扫处理。

①修补。施涂前对于基体的缺棱掉角处、孔洞等缺陷采用 1:3 抗裂砂浆修补，具体工艺如下。

缝隙：细小裂缝采用腻子进行修补 (修补时要求薄批而不宜厚刷)，干后用砂纸打平；对于大的裂缝，可将裂缝部位凿成 "V" 字形缝隙，清扫干净后做一层防水层，再嵌填 1:3 抗裂砂浆，干后用水泥

砂纸打磨平整。

孔洞：基层表面 3mm 以下的孔洞，采用聚合物水泥腻子进行找平，大于 3mm 的孔洞采用水泥砂浆进行修补待干后磨平。

此外，对于新的水泥砂浆表面，如急需进行涂刷时，可采用 15% ～ 20% 浓度的硫酸锌或氧化锌溶液涂刷于水泥砂浆基层表面数次，待干燥后除去表面析出的粉末和浮砂即可进行涂刷。

②清扫。尘土、粉末可使用扫帚、毛刷清扫；灰浆用铲刀除去。

(2) 腻子打底找平。

①为了修补不平整的现象，防止表面的毛细孔及裂缝，腻子的要求除了易批、易打磨外，还应具备较好的强度和持久性。在进行填补、局部刮腻子施工时，要求宜薄批而不宜厚刷。

②掌握好刮涂时工具的倾斜度，用力均匀，以保证腻子饱满。

③为避免腻子收缩过大，出现开裂和脱落，一次刮涂不要过厚，根据不同腻子的特点，厚度以 0.5mm 为宜。不要过多地往返刮涂，以免出现卷皮脱落或将腻子中的胶料挤出封住表面。

④用刮板刮涂要用力均匀，将四周的腻子收刮干净，使腻子的痕迹尽量减少。

⑤腻子施工应自上而下，先阴阳角部后大面墙部位施工，墙面阴阳角、装饰线条、造型梁等部位应找垂直 (见插图 5-3)。

(3) 打磨。

用砂布磨平做到表面平整、粗糙程度一致，纹理质感均匀。此工序要求重复检查、打磨，直到表面观感一致时为止。砂纸的粗细要根据被磨表面的硬度来定，砂纸粗了会产生砂痕，影响涂层的最终装饰效果。

①不能湿磨，打磨必须在基层或腻子干燥后进行，以免粘附砂纸，影响操作。

②手工打磨应将砂纸包在打磨器上，往复用力推动，不能只用一两个手指压着砂纸打磨，以免影响打磨的平整度。

③对于不平的表面，可将凸出部分铲平，用腻子进行填补，等干燥后再用砂纸进行打磨。要求打磨后基层的平整度达到在侧面光照下无明显批刮痕迹、无粗糙感，表面光滑。

④磨后立即清除表面灰尘，以利于下一道工序的施工。

(4) 底漆施工。

在干净的基层上，滚涂一遍封底漆，增加与基层的结合力，防止浮碱。底漆要涂刷均匀，不得漏涂。

①对基层表面处理干后，从细部大面积仔细检查，确认符合要求后再进行封闭底漆施工。

②基层封底前对门窗、空调支架金属部位进行保护，避免涂料掺入。

③基层封闭底漆施工前要严格按照规定的稀释比例进行稀释，并要求稀释时应对底漆充分搅拌，保证均匀。

④基层封闭底漆施工时应先小面后大面，从上而下均匀涂刷施工一遍。

⑤基层封底涂饰确保无漏涂、流挂、涂刷均匀。

⑥底漆施工完毕后，应及时对施工工具清洗，避免溶剂挥发后，底漆在施工工

具残留硬干。清洗后置于阴凉处保存。

(5) 第一遍面涂施工。

①在底漆施工完毕 24h 后可以进行第一遍面涂施工。

②面涂应严格按照规定的稀释，稀释剂采用厂家指定的材料和稀释比，并应充分搅拌均匀。

③涂料施工时应先小面后大面，自上而下施工。

④面涂施工时，不同颜色应使用不同施工工具，避免混色。

⑤施工时涂饰料应按分隔线或窗套等处，避免结合处出现色差。

(6) 第二遍面涂施工。

①第一遍面涂施工结束 24h 后方可进行第二遍面涂施工。

②第二遍面涂要求涂刷均匀，施工后应达到色泽一致，无流挂、漏底，阴阳角处无积料。

③涂料稀释比例大体与第一遍相同。

④如果漆面需要施工修补，应在第二遍面涂施工前尽量采用与以前批号相同的产品，避免色差。

⑤施工间隙或施工完毕后，应盖紧桶盖，以防结皮。

(7) 划分隔条、粘胶条。

首先根据设计要求进行吊垂直、套方找规矩，弹分割线，宽度为 2cm。此项工作必须严格按标高控制好，必须保证建筑物四周交圈，分隔必须平直、光滑、粗细一致等。

(8) 施工缝与施工段。

由上往下进行，根据墙体的特点每一垂直面为一个施工段，水平缝留在分隔缝上，垂直缝留在阴阳角处。

3. 质量要求

(1) 主控项目。

①涂料工程所用涂料的品种、型号和性能应符合设计要求。

检验方法：检查产品合格证书、性能检测报告和进场验收记录。

②涂料工程的颜色、图案应符合设计要求。

检验方法：观察。

③涂料工程应涂饰均匀、黏结牢固，不得漏涂、透底、起皮和掉粉。

检验方法：观察；手摸检查。

涂料工程的基层处理基层腻子应平整、坚实、牢固，无粉化、起皮和裂缝。

检验方法：观察；手摸检查；检查施工记录。

(2) 一般项目。

涂料的涂饰质量和检验方法见表 5-8。

4. 成品保护措施

(1) 成品保护的组织管理。

①在工作准备阶段，配合土建、安装对施工进行统一协调。合理安排工序，加强工种的配合，正确划分施工段，避免因工序不当或工种配合不当造成成品损坏。

②建立成品保护责任制，责任到人，派专人负责成品保护工作的监督管理。

③加强职工的质量和成品保护教育及成品保护人的岗前教育，树立工人的配合及保护意识，建立各种保护临时交接制度，做到各道工序都有人负责。

(2) 施工过程成品保护。

表 5-8　涂料的涂饰质量和检验方法

序号	项目	普通涂饰	高级涂饰	检验方法
1	颜色	均匀一致	均匀一致	观察
2	泛碱、咬色	允许少量轻微	不允许	观察
3	流坠、疙瘩	允许少量轻微	不允许	观察
4	砂眼、刷纹	允许少量轻微砂眼、刷纹通顺	无砂眼，无刷纹	观察
5	装饰线、分色线直线度允许偏差	2mm	1mm	拉 5m 线，不足 5m 拉通线，用钢直尺检查

①涂料施工过程中，工完场清，及时对散落、污染到门窗和玻璃的涂料加以清理。

②认真考虑涂刷的先后顺序，避免交叉污染。及时清理外立面上积存的建筑垃圾灰土，不要在涂料刷完后清理而造成污染。

(3) 装饰成品保护。

①不得在装饰成品上涂写、敲击、划痕。

②作业时应避免碰撞墙及墙角。

③严禁在施工现场生火、泼水，以防墙面脱皮及霉变。

④雨天禁止施工。

⑤墙面油漆涂料施工时，对门窗进行覆盖保护。

⑥外墙装饰尽量避免雨天施工，刚刷好的外墙涂料遇雨时需在墙顶覆盖防雨布。

5. 工程质量控制及检测

(1) 注意事项。

①涂料应避免阳光直射，并储存在阴凉、干燥、无冻处。底漆、面漆以及面料不同颜色应分开、分类堆放。

②施工严格按照施工说明进行，每层之间要达到规定的干燥时间，涂料均匀，厚薄一致，避免露底漏涂、多涂，控制单位耗量。

③涂料施工应在晴好天气进行，避免大风、大雾、阴雨施工。

④在雨前 6h 或雨后 24h 内严禁施工。

⑤涂料作业结束后，应注意对饰面进行必要的保护，防止外用吊篮拆除时污染涂料面，影响涂刷效果。

(2) 工程验收。

①涂料工程应待涂层完全干燥后，方可进行验收。检查数量：按面积抽查10%。

②验收时，应检查所用的材料品种，颜色应符合设计和选定的样品要求。

③施涂薄层涂料表面的质量要求如下：

a. 无掉粉、起皮；

b. 无漏刷、透底；

c. 无流坠、疙瘩；

d. 无泛碱、咬色；

e. 颜色一致，无砂眼、气孔；

f. 装饰线、分色线平直(拉 5m 经检查,偏差不大于 1mm);

g. 墙面平整、无波纹,2m 靠尺检测,偏差不大于 2mm;

h. 阴阳角方正、平直;

i. 门窗、灯具洁净。

6. 质量保证措施

(1) 外墙涂料的质量取决于三个方面:产品本身的质量、施工质量、防偷工减料措施。

(2) 保证施工质量技术措施。

①编制详细的施工方案及工艺要求标准,经监理工程师批准后,组织所有施工人员(包括管理人员及职工)进行两个层次的技术交底,即书面学习交底和现场作业交底,让每个管理人员及职工明白施工的详细作业过程及最终要求标准。

②严把过程控制关,每道工序施工时,相关技术人员、质检人员必须紧随工作面,不间断巡查指导,遇见问题及时整改纠正,确保工序施工质量。

③严格采用分期工序层层验收的办法,加强自检。

④重点加强学习,对产品的性能及操作方法要牢记心中,正确指导施工。

(3) 防偷工减料措施。

①按预算用量进料至施工现场指定仓库,经监理、建设单位代表检查后封存。按使用说明用量配漆,不定期检查。

②加强对操作工人的交底及加大巡视力度,严格按照配比施工,并要求涂刷均匀不得漏涂。

7. 常见的质量问题及预防措施

(1) 涂层表面污染:指由于灰尘等污垢附着在涂层表面上形成污斑,影响建筑物的外观。

原因分析:

①由于建筑物檐口、窗盘底部等部位没有做滴水线,女儿墙顶、阳台压顶等部位没有做内向倾斜的泛水坡,造成下雨时雨水夹带积灰顺墙面流淌下来,由于雨水的浸泡使涂层软化,从而使污染物吸附在涂层上形成表面污染。

②一些建筑物在容易受到污染的部位(如窗套、线条等)采用了白色,使得污染的部位看上去更明显。

③建筑物没有定时清洗,使污染越来越严重。

预防措施:

①窗台应设计成外挑窗台,并在外窗台两侧做挡水端;檐口、窗盘底部必须做滴水线;女儿墙顶、阳台压顶应做向内侧倾斜的泛水坡。

②对于易受污染的部位应设计成深色。

③由于环境的原因,外墙涂料表面污染很难彻底避免,应对其进行定期清洗。

(2) 涂层起皮脱落:指涂层与基层间失去应有的附着力,造成涂层成片的起皮脱落。

原因分析:

①由于工期等原因,抹灰基层未经过足够的养护期就进行涂装,基层含水率过高、pH 值太大,导致涂层与基层的附着

力降低。

②基层表面有浮浆、油污等污染物而未清除，涂层与基层黏结不牢，特别对于旧建筑物翻新工程，有的涂装队伍不管墙面基本情况怎么样，连基本的清洗都不做，直接进行涂装，结果完工后不久，就出现涂层起皮剥落现象。

③没有使用与涂料相配套的腻子、腻子黏结强度低；腻子刮得太厚；涂料一道涂装太厚或两道间隔时间太短。

预防措施：

①抹灰基层应经过足够的养护期，一般常温下应保证 2 周的养护时间，基层应干燥，含水率应小于 8%，pH 值应小于 10。

②涂装前应对基层进行清理，把基层表面的污染物清除干净。对于旧建筑物墙面，应先用水泥砂浆补平坑凹处，再用弹性腻子修补裂缝，最后把墙面清洗干净，局部刮腻子，再进行涂装。

③不能使用由白水泥、滑石粉与 107 胶水现场调制的腻子，应使用由涂料生产厂家提供的与涂料配套的腻子，或使用聚合物改性水泥腻子，且腻子层不宜太厚。

④每一道涂料应涂装均匀，不能太厚。涂装溶剂型涂料时，后一道应在前一道涂料实干后进行；涂装乳液型涂料时，后一道应在前一道涂料表干后进行。

(3) 涂层开裂：即涂层出现大量纵横交错、不规则的裂缝。涂层裂缝轻者影响建筑物外观，重者引起外墙渗漏。

原因分析：

①抹灰基层质量控制不严，由于抹灰基层开裂导致涂层开裂。

②腻子强度太低或腻子层太厚，腻子层开裂引起涂层开裂。

预防措施：

①外墙涂料施工前应对抹灰基层的平整度、裂缝等质量指标进行验收，验收合格才能施工。

②抹灰基层施工质量应严格控制，主要控制点包括：砂浆的原材料、配合比；砖墙表面要清理、修补、润湿；分层抹灰的厚度和养护；分隔缝的设置；面层要用木抹子压光，不能用铁抹子压光等。只要砂浆配比合理、施工工艺得当，抹灰基层开裂是完全可以避免的。

③应使用与涂料配套的腻子或聚合物改性水泥腻子并控制腻子层厚度。

(4) 涂层粉化：即经过一段时间后，漆膜变成粉状。

原因分析：

①涂料的耐候性差。

②涂装时温度过低，导致成膜不好。

③涂料掺水太多。

预防措施：

①对于气候条件差的地区要使用耐候性较好的外墙涂料。

②涂料施工时气温要在 5℃以上。

③涂料掺水量要根据说明书确定。

(5) 涂层变色或褪色。

原因分析：

①基层的含水率和含碱量太高。

②涂料颜色太艳，色浆易褪色。

预防措施：

①抹灰基层要有足够的干燥和"吐碱"时间，要确保基层在涂装前满足含水率和含碱量的要求。

②涂料颜色尽量选用灰色系，少用艳丽的色彩。

(6) 涂层发霉。

即涂层表面有真菌生长，影响建筑物外观。

原因分析：

①建筑物的排水系统和防雨设施不良。

②涂料的防霉性能差。

预防措施：

①檐口、窗台、女儿墙顶等部位要有防雨水的构造措施；雨水管接口要严实，不能漏水。

②尽量使用防霉性能好的涂料。

(7) 外墙涂料基层应为普通、中级、高级抹灰基层和混凝土基层，常见的基层质量通病及预防措施如下。

①基层表面不平整，有明显的接槎或有光面和麻面差别，喷刷涂料后，在光影作用下会出现颜色深浅不一，形成"花脸"。

②基层表面有油污、铁锈、脱模剂等物质时，喷、刷涂料会产生咬色、泛黄现象。因而，首先应清除基层表面的浮砂和脏物，有油污、铁锈、脱模剂时，用洗涤剂清洗干净。表面如有酥松、起砂、粉化等现象，应预先用钢丝刷清除干净，若有孔洞、凹凸不平的部位，应采用合适的腻子批嵌。使用溶剂型涂料，可用该涂料的清漆加滑石粉或大白粉配成适当稠度的腻子，并以清漆作为底漆。使用乳漆型涂料，不应使用大白粉等强度、耐水性差的腻子，不然会引起涂层连同腻子一起大片卷落下来，必须采用 107 胶、白水泥或同等腻子。

③正确掌握喷刷工艺。涂料施工应由建筑物自上而下进行，每一次涂刷以分格缝、墙面阴阳角交接处为界，不能任意留槎。喷涂施工时，应均匀喷涂，不得漏喷、虚喷或出浆挂流。刷涂、滚涂施工时，刷、滚方向长短应一致。喷刷涂料不得过厚，如喷刷二遍时，应在第一遍充分干燥时再进行第二遍。溶剂型涂料间隔为 24h。使用乳液型涂料时，可在基层满刷一遍 1:3 稀释的 107 胶水，减少对粉尘的隔离作用，增加涂料与基层的黏结力（见插图 5-4）。

8. 其他应注意的事项

(1) 涂料使用前必须充分搅拌均匀，不得随意加水加色，施工前一定要按出厂说明书指导施工。

(2) 严格掌握各种涂料允许的最低施工温度。溶剂型涂料一般在 0 ℃以上均可操作，但炎热天因溶剂挥发太快而不宜施工。乳液型涂料可随品种不同而选择，一般 8 ~ 15℃。

(3) 内外墙涂料不得混用。如果将内墙涂料用于外墙装饰上，经过各种自然因素，如风吹、雨淋，就会造成饰面的质量事故。

五、真石漆施工工艺

真石漆是一种酷似大理石、花岗石的装饰漆，主要采用各种颜色的天然石粉配制而成。真石漆装修后的建筑物，具有天然真实的自然色泽，给人以高雅、和谐、庄重之美感，适合于各类建筑物的室内外装修，特别是在曲面建筑物上装饰，可以收到生动逼真、回归自然的功效。真石漆具有防火、防水、耐酸碱、耐污染等性能，以及无毒、无味、黏结力强、永不褪色等特点，能有效地阻止外界恶劣环境对建筑物的侵蚀，延长建筑物的寿命，由于真石漆具备良好的附着力和耐冻融性能，因此特别适合在寒冷地区使用。真石漆具有施工简便、易干省时、施工方便等优点（见插图 5-5）。

1. 施工准备

(1) 主要材料。

主要材料有封底漆 T200、水泥、真石漆、胶带、面漆 T302、胶、稀释剂 T901、砂布。

(2) 主要机具。

主要机具有空压机、喷枪、手提式搅拌器、简便水平器、刷子、开刀等。

2. 作业条件

(1) 门窗按设计要求安装好，并堵抹洞口四周的缝隙。

(2) 墙面基层的要求。

① 按国家标准抹灰面标准验收合格，墙面的湿度小于 10%，抹灰面平整、无油污、无裂缝、无砂眼，角平整、顺直。

② 符合设计工艺要求，完成雨水管卡、设备洞口管道的安装，并将洞口四周用水泥砂浆抹平。

(3) 双排架子或活动吊篮，要符合

国家安全规范要求，外架排木距墙面 320cm。

(4) 要求现场提供有 380V、220V 电源。

(5) 所有的成品门窗要提前保护。检查主体墙面平整度及线条是否顺直清晰，要求基层表面平整、干燥（水泥砂浆面应保养 15 天以上），无浮灰、沥青等污渍，且 pH 小于 10，含水率小于 10%。

3. 施工工艺

墙面基层局部处理→弹线、分格、粘条→刷封闭底漆→喷真石漆→喷防水坚壁漆→局部修补→清理场地。

(1) 基层处理。

基层验收合格后，做局部地修补。首先对局部不平整的墙面进行施工，旧水泥面应铲去浮层，确保基底牢固，清除墙面的杂质。对多孔质、粗糙基面进行修补，再用砂轮磨平，后对整体墙面进行批刮，并用砂纸打磨，直至墙面平整为止。

要求：基层坚实平整、光滑、无油污、无空洞、无砂眼、角平整顺直。

(2) 弹线、分格、粘条。

根据装饰的要求，用水泥砂浆或胶带纸将基面分割成所需图形（每个分割面最好不大于 1.5 ㎡）。

(3) 刷封闭底漆。

将封闭底漆滚刷在基层上，要求涂刷均匀、无漏刷。

①中和处理：用专用中和剂将碱性墙面进行中和处理，确保施工后的墙面不泛碱，其用量大约 0.1 ~ 0.2kg/m²。

②底漆施工：将中和处理后的墙面用

59

清水冲净，待墙面干燥后，进行底漆施工，底漆用量0.15～0.20kg/m²。

③底涂层可采用刷涂、滚涂或喷涂法施工。

(4) 喷真石漆。

要求：均匀、平整、无大面积的色差、无明显接槎、无流坠等。

①单色主涂层：分两次喷涂为宜。第一道涂膜未干燥前，即可喷涂第二道。

②套色主涂层：可选用双管真石漆喷枪或单管真石漆喷枪分次喷涂。

(5) 喷面漆。

在喷漆之前，要对真石漆进行修正，达到平整、光滑、线条平直，无漏喷现象。喷面漆要求均匀、无漏刷现象，线条清晰、平直、顺直，且要求真石漆实干。待底涂层完全干燥后(一般需4～6h)，即可进行施工，根据不同的装饰要求，先进行试验喷涂，以确定施工所需的压力、喷枪口径及喷涂量，一般5kg/㎡。

(6) 检查施工质量，对局部质量问题进行修补。

(7) 清理场地，避免污染墙面。

4. 质量标准

(1) 产品的品种、颜色、质量必须符合设计要求，并按技术交底施工。

(2) 喷涂表面颜色一致，花纹、花点大小均匀，无明显接槎、漏喷、漏涂、透底、流坠等现象。

5. 成品保护

(1) 在施工中，对门窗和不施工部位进行遮挡保护。

(2) 严禁按从下往上的顺序施工，以免造成颜色污染。

(3) 拆架子或进行其他工序时，严禁碰损或蹬踩墙面。

6. 注意事项

(1) 环境温度的影响：真石漆施工的环境温度在5～35℃之间，若在5℃以下，建议不要施工，以免造成质量问题。

(2) 基层墙面的湿度影响：真石漆施工时对基层墙面相对湿度要求为含水率＜10%，pH值为7～9，否则建议不要施工。湿度会影响真石漆的黏结力，易造成脱落现象。

(3) 施工时，脚手架应距离墙面30cm左右，如距离太近，上下层脚手架间喷涂部分可能有接痕，影响装饰效果。

(4) 不喷涂部分及物件，应用挡板或纸张等隔开。

(5) 风力大于4级时不宜施工，主涂层喷涂后24h内应避免雨雪。

(6) 油性底漆、罩面漆属易燃危险品，施工时应严禁烟火。

(7) 主涂层施工完毕，工具应立即用水清洗。

(8) 油性底漆、罩面漆施工完毕，工具即用二甲苯等溶剂进行清洗。

(9) 在施工过程中，严禁在用料中随意加水稀释。

7. 质量记录

(1) 产品的出厂合格证及试验报告。

(2) 质量检验评定记录。

1. 水性漆：是一种不含有机溶剂的涂料。它是以水为稀释剂，不含有机溶剂的涂料。不含苯、甲苯、二甲苯、甲醛、游离 TDI 等有毒重金属，无毒无刺激气味，对人体无害，不污染环境，漆膜丰满、晶莹透亮、柔韧性好并且具有耐水、耐磨、耐老化、耐黄变、干燥快、使用方便等特点。适用于木器、塑料、玻璃等多种材质。

水性漆的优点：以水作溶剂，节省大量资源；消除了施工时火灾危险性；降低了对大气污染；仅采用少量低毒性醇醚类有机溶剂，改善了作业环境条件。一般的水性涂料有机溶剂（占涂料）在 10% ~ 15% 之间，而现在的阴极电泳涂料已降至 1.2% 以下，对降低污染、节省资源效果显著。水性涂料在湿表面和潮湿环境中可以直接涂覆施工；对材质表面适应性好，涂层附着力强。涂装工具可用水清洗，大大减少清洗溶剂的消耗。电泳涂膜均匀、平整、展平性好；内腔、焊缝、棱角、棱边部位都能涂上一定厚度的涂膜，有很好的防护性；电泳涂膜有最好的耐腐蚀性。

2. 艺术漆：是一种新型的艺术涂料，又被人们称为壁纸漆或者是艺术涂料，实际上就是一种把壁纸和乳胶漆的特点融合在一身的水性涂料，因其融合了乳胶漆的特点，所以这种水性涂料就具备了环保、天然无毒害的特点。艺术漆与一般墙纸不同，它能够通过各种各样的特殊工具、技法和上色工艺，创造出不同的装饰效果，使得被装饰墙面产生各种质感纹理和明暗过渡的艺术效果，能够满足消费者不同的装饰需求。

本／章／小／结

本章主要阐述了涂料的基本概念、种类；介绍了装饰工程中常用的乳胶漆、聚酯漆、外墙漆、真石漆的施工工艺、常见质量问题和预防措施。

思考与练习

1. 简述涂料概念、装饰工程中常用涂料类型及特点。

2. 简述乳胶漆的施工工艺及常见质量问题。

3. 简述木饰面施涂混色油漆施工工艺及常见质量问题。

4. 简述聚酯漆施工工艺及常见质量问题。

5. 简述外墙涂料施工工艺及常见质量问题。

6. 简述真石漆施工工艺及常见质量问题。

第六章
石材装饰材料与施工工艺

章节导读 | 石材的种类、特点及装饰部位；石材墙面施工工艺、常见质量问题及预防措施；石材地面铺装工艺、常见质量问题及预防措施；石材墙面干挂施工工艺、常见质量问题及预防措施。

第一节 石材的概念、种类、特点及装饰部位

一、石材的概念

石材是指从沉积岩、岩浆岩、变质岩的天然岩体中开采的岩石，经过加工、整形而成板状或柱状材料的总称。石材是具有建筑和装饰双重功能的材料，天然饰面石材一般指用于建筑饰面的大理石、花岗岩及部分的板石，主要指其镜面板材，也包括火烧板、亚光板、喷砂板及饰面用的块石、条石、板材。

二、石材的种类

建筑用饰面石材大致可分为：花岗石、大理石、砂石、板石、人造石材等五大类。天然石材主要产品见表 6-1。

1. 花岗石

花岗石是由地下岩浆喷出和侵入冷却结晶，以及花岗质的变质岩等形成。花岗石主要成分是二氧化硅，其含量约为 65%~85%。花岗石的化学性质呈弱酸性。花岗石的结构通常为点状结构，颗粒较为粗大（指二氧化硅），表面花纹分布较规则，硬度高（见插图 6-1）。由于花岗石形成的特殊条件和坚定的结构特点，使其具有如下独特性能。

(1) 具有良好的装饰性能，可适用公共场所及室外的装饰。

(2) 具有优良的加工性能：锯、切、

表6-1　天然石材主要产品

天然石材用途及制品					具体用途
装饰石材	饰面石材	花岗石	板材、异型制品		建筑墙面、地面的湿贴、干挂；各种异型制品及异型饰面的装饰
		大理石			
		砂岩			
		板石	裂分平面板、凸面板		墙面、地面的湿贴、盖瓦、蘑菇石
	文化石材	花岗石	片石、毛石、板材、蘑菇石等		文化墙、背景墙、铺路石、假山、瓦板
		大理石			
		砂岩			
		板石	片状板石、异型石		
		砾石	鹅卵石、风化石、冲击石		
		品石	抽象石	灵璧石、红河石、风砺石	案几、园林摆设、观赏
				太湖石、海蚀石、风蚀石	园林、公园、街景构景
			无象石	黄山石、泰山石、上水石	
			象形石	大型象形山石	风景、园林构景
				鱼、鸟、花、草、木等化石	案几、工艺品摆设
				雨花石、钟乳石	
			图案石	石中有近似图案平面板石	家具、背景墙、屏风
		宝石	玉石、宝石、彩石		首饰、工艺雕刻
建筑石材	建筑辅料用石		碎石、角石、米石		人造石材、混凝土原料
			块石、毛石、整形石		千基石、基础石、铺路石
			河海石、砺石、碎石		建筑混凝土用石
石材用品	陵墓用石		花岗石、大理石		碑石、雕刻石、环境石
	雕刻用石		花岗石、大理石、砂石		各种手法雕刻品
	工艺用石		滑石、叶蜡石、高菱石、蛇纹石等		工艺品雕刻
	生活用石		花岗石、大理石、块石、条石、异型石		石材家具、日常用石
	化学工业用石		块石、条石		酸碱、废水、废油、电镀、电解池槽
	工业原料用石		海河砂、辉长石、花岗石、大理石、白云石		铸石、玻璃、铸造、水泥原料
	农业用石		大部分硬质石类		水利用石、平衡土壤酸碱
	轻工业用石		重钙石、轻钙石、超细级碳酸钙粉		造纸、油漆、涂料填料、制药

磨光、钻孔、雕刻等。

(3) 耐磨性能好，比铸铁高 5 ~ 10 倍。

(4) 热膨胀系数小，不易变形，与铟钢相仿，受温度影响极小。

(5) 弹性模量大，高于铸铁。

(6) 刚性好，内阻尼系数大，比钢铁大 15 倍，能防震，减震。

(7) 花岗石具有脆性，受损后只是局部脱落，不影响整体的平直性。

(8) 花岗石的化学性质稳定，不易风化，能耐酸、碱及腐蚀气体的侵蚀，其化学性能与二氧化硅的含量成正相关，使用寿命可达 200 年。

(9) 花岗石具有不导电、不导磁，场位稳定等特性。

2. 大理石

大理石是由沉积岩和沉积岩的变质岩形成，通常伴随有生物遗体的纹理。主要成分是碳酸钙，其含量约为 50% ~ 75%。有的大理石含有一定量的二氧化硅，有的不含有二氧化硅，呈弱碱性。颗粒细腻（指碳酸钙），表面条纹分布一般较不规则，硬度较低（见插图 6-2）。大理石的成分及结构特点使其具有如下性能。

(1) 优良的装饰性能：大理石不含有辐射且色泽艳丽、色彩丰富，被广泛用于室内墙、地面的装饰。

(2) 优良的加工性能：锯、切、磨光、钻孔、雕刻等。

(3) 大理石的耐磨性能良好，不易老化，其使用寿命一般在 50 ~ 80 年左右。

(4) 在工业上，大理石得到了广泛应用，如：用于原料、净化剂、冶金溶剂等。

(5) 大理石具有不导电、不导磁、场位稳定等特性。

3. 砂石

砂岩又称砂粒岩，是由于地球的地壳运动，砂粒与胶结物（硅质物、碳酸钙、黏土、氧化铁、硫酸钙等）经长期巨大压力压缩黏结而形成的一种沉积岩。主要成分为砂粒（二氧化硅），含量在 65% 以上，呈弱酸性。砂石的颗粒均匀，质地细腻，结构疏松，因此吸水率较高（在防护时的造价较高），具有隔音、吸潮、抗破损、耐风化、耐褪色、水中不溶解、无放射性等特点。砂石不能磨光，属亚光型石材，故显露出自然形态。砂岩在装饰中显示出素雅、温馨，又不失华贵的一种装饰风格。根据这类石材的特性，常用于室内外墙面装饰、家私、雕刻艺术品及园林建造用料。砂石的硬度与其成因有必然的内在联系。有些优质的砂岩，结构非常紧密，其硬度甚至超过花岗石。在耐用性上，砂岩可以与大理石，花岗石相媲美。许多在一二百年前用砂岩建成的建筑至今风采依旧、魅力不减（见插图 6-3）。

4. 板石

板石也是一种沉积岩，其形成与砂石相同。成分主要为二氧化硅，成弱酸性。板石的结构表现为片状或块状，颗粒细微，粒度在 0.001 ~ 0.9mm 之间通常为隐晶结构，较为密实，且大多数是定向排列，岩石劈理十分清晰，发育厚度均一，硬度适中，吸水率较小，其使用寿命一般在 100 年左右。板石的颜色多以单色为主，如灰色、黄色、绿灰色、绿色、青色、黑色褐红色、红色、紫红色等。由于颜色单一纯真，在装饰上来说，给人以素雅大方之感。板石一般不再磨光，显出自然形态，形成了自然美感。因此，砂石与板石的文化色彩优于大理石和花岗石，其装饰也常用于一些富有文化内涵的场所（见插图6-4）。

根据板石的成分可将板石分为如下三大类型。

(1) 碳酸盐型板石：其成分二氧化硅含量小于40%、三氧化二铝含量小于10%、氧化钙含量小于15%、氧化镁含量小于10%、三氧化二铁含量为3%～7%。

(2) 黏土型板石：其成分主要是绢云母、伊利石、绿泥石、高岭土等黏土矿物，它们占板石矿物成分的80%以上，其二氧化硅含量大于50%，三氧化二铝含量大于12%，氧化钙含量小于10%、氧化镁含量小于5%，其三氧化二铁含量高于碳酸盐型板石。

(3) 炭质、硅质板石：起矿物成分介于黏土型板石和碳酸盐型板石之间，由于硅化程度较强，二氧化硅含量高，石质相当坚硬，颜色较深。

5. 人造石

人造石材，多指仿天然石材的人造石材。人造石材具有天然石材的质感，色彩、花纹都可以按设计要求做，且质量轻、强度高、耐蚀和抗污染性能好。可以制作出曲面、弧形等天然石材难以加工出来的几何形体；钻孔、锯切和施工都较方便，是居室装饰中较理想的装饰材料。根据制造工艺一般分为以下几种类型。

①树酯型人造石材。树酯型人造石材是以不饱和聚酯树脂为胶结剂，与天然大理石碎石、石英砂、方解石、石粉或其他无机填料按一定的比例配合，再加入催化剂、固化剂、颜料等外加剂，经混合搅拌、固化成型、脱模烘干、表面抛光等工序加工而成。使用不饱和聚酯的产品光泽好、颜色鲜艳丰富、可加工性强、装饰效果好；这种树脂黏度低，易于成型，常温下可固化。成型方法有振动成型、压缩成型和挤压成型。室内装饰工程中采用的人造石材主要是树脂型的（见插图6-5）。

②复合型人造石材。复合型人造石材采用的黏结剂中，既有无机材料，又有机高分子材料。其制作工艺是：先用水泥、石粉等制成水泥砂浆的坯体，再将坯体浸于有机单体中，使其在一定条件下聚合而成。对板材而言，底层用性能稳定而价廉的无机材料，面层用聚酯和大理石粉制作。无机胶结材料可用快硬水泥、普通硅酸盐水泥、铝酸盐水泥、粉煤灰水泥、矿渣水泥以及熟石膏等。有机单体可用苯乙烯、甲基丙烯酸甲酯、醋酸乙烯、丙烯腈、丁二烯等，这些单体可单独使用，也可组合使用。复合型人造石材制品的造价较低，但它受温差影响后聚酯面易产生剥落或开裂。

③水泥型人造石材。水泥型人造石材是以各种水泥为胶结材料，砂、天然碎石粒为粗细骨料经配制、搅拌、加压蒸养、打磨和抛光后制成的人造石材。配制过程中，混入色料，可制成彩色水泥石。水泥型石材的生产取材方便，价格低廉，但其装饰性较差。水磨石和各类花阶砖即属此

类 (见插图 6-6)。

④烧结型人造石材。烧结型人造石材的生产方法与陶瓷工艺相似，是将长石、石英、辉绿石、方解石等粉料和赤铁矿粉，以及一定量的高龄土共同混合，一般配比为石粉 60%，黏土 40%，采用混浆法制备坯料，用半干压法成型，再在窑炉中以 1000℃左右的高温焙烧而成。烧结型人造石材的装饰性好，性能稳定，但需经高温焙烧，因而能耗大，造价高。

由于不饱和聚酯树脂具有黏度小，易于成型、光泽好、颜色浅、容易配制成各种明亮的色彩与花纹、固化快、常温下可进行操作等特点，因此在上述石材中，目前使用最广泛的是以不饱和聚酯树脂为胶结剂而生产的树脂型人造石材，其物理、化学性能稳定，适用范围广，又称聚酯合成石。

石材的物理特性。考查石材的物理特性由以下几方面入手：颜色、光泽度 (以反射率 R 表示)、硬度 (相对硬度和绝对硬度 (静态硬度 HK、动态硬度 HS))、密度 (以 kg/m³ 表示)、吸水率、耐磨性、强度、抗冻性、电绝缘性、耐酸碱性、放射性。

三、石材的命名方法

石材的命名方法主要有以下几种方式。

(1) 地名 + 颜色 (印度红、卡拉拉白、莱阳绿、天山蓝)。

(2) 形象命名 (雪花、碧波、螺丝转、木纹、浪花、虎皮)。

(3) 形象 + 颜色 (琥珀红、松香红、黄金玉)。

(4) 人名 (官职) + 颜色 (关羽红、贵妃红、将军红)。

(5) 动植物 + 颜色 (芝麻白、孔雀绿、菊花红)。

四、天然石材的统一编号

天然石材的编号形式为：英文 + 数字① + 数字② + 数字③ + 数字④。

(1) 英文部分：花岗石用 G，大理石用 M，板石用 S。

(2) 数字部分：①、②为我国各省、自治区、直辖市行政区域代码，③、④为我国各省、自治区、直辖市所编的石材品种序号。

五、石材铺装部位

石材主要用于加工成各种型材、板材，做建筑物的室内外墙面、地面、台、柱，门窗口线、踢脚线，还常用于纪念性建筑物如碑、塔、雕像等材料。石材具有不同纹理，有良好的光洁度，给人以富丽庄重之感。

六、石材的选择和安装

(1) 因花岗石成分以二氧化硅为主，具有良好的耐酸碱性、耐候性，应用广泛，但市场上呈绿色和粉色的品种存在严重的褪色现象，而白色和浅色的花岗石含氧化铁过高，在湿贴条件下和潮湿的环境中使用要采取一定的防护措施。

(2) 质地密实、孔隙小、无裂纹、浅色调的大理石可以谨慎地应用于室外，而质地疏松、孔隙大、吸水率高、裂纹多，色彩艳丽的品种不能用于室外。

(3) 石材由于本身存在微孔 (石材晶体之间的微小缝隙称之为微孔) 而有着天然

的透气性，保持石材的天然透气性至关重要。由于石材本身的吸水性和吸潮现象，容易造成石材的水斑和锈斑，而有机硅化合物特有的憎水性能可以有效地减少水对石材的危害，保护石材有保持石材的透气性、填堵石材的微孔、封闭石材的微孔三种方法。

①市场上防护剂分为硅酸盐类防护剂、有机硅低聚物类防护剂、有机氧化类防护剂、丙烯酸类防护剂。

②对石材防护剂的评价主要从防水性能、耐碱性能、耐酸性能、渗透性能、防污性能等几方面考虑。

七、石材的病变及成因

1. 石材的病变

石材的病变一般分为化学病变(锈蚀、酸雨、溶蚀、白华)，物理病变(冻融、应力、渗水)和生物病变(苔藓、地衣、草木附生)。

2. 原因分析

(1) 水斑：石材表面湿润含水，使石材表面产生整体或部分暗沉现象。

(2) 白化：石材表面或填缝处有白色粉末析出的现象。

(3) 锈黄：一是原始材料本身含不稳定铁矿物产生的基础性锈黄，二是石材加工过程中处理不当所产生的锈黄，三是安装后配件生锈的污染。

(4) 污斑：茶、咖啡、酱油、墨水等污渍长时间滞留在石材表面。

(5) 泛碱：石材表面出现粉末状、细丝状、粒状、蜂窝状的白色结晶或颗粒。

(6) 石灰剥蚀：水泥砂浆中的石灰膏通过砌缝、孔隙、微裂纹挂在石材板面外

形成白色的"流泪"或"挂泪"。

(7) 苔藓植物破坏：表现为石材变黑、变乌。

(8) 龟裂：因自然力作用使石材风化、裂纹加大或脱离原粘贴层掉下的一种现象。

八、石材清洗

1. 物理清洗法

(1) 水清洗法(水浸泡、低压喷水、高压喷水、水蒸气喷射、雾化水淋)。

(2) 离子喷射法。

(3) 激光清洗。

(4) 抛丸清洗。

2. 化学清洗法

(1) 表面活性剂。

(2) 化学溶剂。

(3) 酸碱络和反应。

(4) 生物化学清洗。

大理石清洗切忌使用酸性清洗剂，非使用不可时，要加水稀释。

第二节　石材施工工艺、常见问题及预防措施

一、石材墙面施工工艺

1. 施工准备

(1) 技术准备。

编制室内外墙面、柱面和门窗套的大理石、磨光花岗石饰面板装饰工程施工方案，并对工人进行书面技术及安全交底。

(2) 材料准备。

①水泥：32.5级普通硅酸盐水泥应有出厂证明、试验单，若出厂超过三个月应

按试验结果使用。

②白水泥：32.5 级白水泥。

③砂子：粗砂或中砂，用前过筛。

④大理石、磨光花岗岩：按照设计图纸要求的规格、颜色等备料，但表面不得有隐伤、风化等缺陷。不宜用易褪色的材料包装。

⑤其他材料：如熟石膏、铜丝或镀锌铅丝、铅皮、硬塑料板条、配套挂件，应配备适量与大理石或磨光花岗岩等颜色接近的各种石渣和矿物颜料、胶和填塞饰面板缝隙的专用塑料软管等。

(3) 主要机具。

主要机具有磅秤、铁板、半截大桶、小水桶、铁簸箕、平锹、手推车、塑料软管、胶皮碗、喷壶、合金钢扁錾子、合金钢钻头、操作支架、台钻、铁制水平尺、方尺、靠尺板、底尺、托线板、线坠、粉线包、高凳、木楔子、小型台式砂轮、裁改大理石用砂轮、全套裁割机、开刀、灰板、木抹子、铁抹子、细钢丝刷、笤帚、大小锤子、小白线、铅丝、擦布或棉丝、老虎钳子、小铲、盒尺、钉子、红铅笔、毛刷、工具袋等。

(4) 作业条件。

①办理好结构验收，水电、通风、设备安装等应提前完成，准备好加工饰面板所需的水、电源等。

②内墙面弹好 50cm 水平线（室内墙面弹好 ±0.00 和各层水平标高控制线）。

③脚手架或吊篮提前支搭好，宜选用双排架子（室外高层宜采用吊篮，多层可采用桥式架子等），其横竖杆及拉杆等应离开门窗口角 150 ～ 200mm。架子步高要符合施工规程的要求。

④有门窗套的必须把门框、窗框立好。同时要用 1:3 水泥砂浆将缝隙塞严密。铝合金门窗框边缝所用嵌缝材料应符合设计要求，且塞堵密实并事先粘贴好保护膜。

⑤大理石、磨光花岗岩等进场后应堆放于室内，下垫方木，核对数量、规格，并预铺、配花、编号等，以备正式铺贴时按号取用。

⑥大面积施工前应先放出施工大样，并做样板，经质检部门鉴定合格后，还要经过设计、甲方、施工单位共同认定验收。方可组织班组按样板要求施工。

⑦对进场的石料应进行验收，颜色不均匀时应进行挑选，必要时进行试拼编号。

2. 关键质量要点

(1) 材料的关键要求。

水泥应为 32.5 级普通硅酸盐水泥。石材的表面光洁、方正、平整、质地坚固，没有缺棱、掉角、暗痕和裂纹等缺陷。室内选用花岗岩应作放射性能指标复验。

(2) 技术关键要求。

弹线必须准确，经复验后方可进行下道工序。基层处理抹灰前，墙面必须清扫干净，浇水湿润；基层抹灰必须平整；贴块材应平整牢固，无空鼓。

(3) 质量关键要求。

①清理预做饰面石材的结构表面，施工前认真按照图纸尺寸核对结构施工的实际情况，同时进行吊直、套方、找规矩，弹出垂直线水平线，控制点要符合要求。并根据设计图纸和实际需要弹出安装石材的位置线和分块线。

②施工安装石材时，严格按配合比计

量，掌握适宜的砂浆稠度，分次灌浆，防止造成石板外移或板面错动，以致出现接缝不平、高低差过大的现象。

③冬期施工时，应做好防冻保温措施，以确保砂浆不受冻，其室外温度不得低于5℃，但寒冷天气不得施工。防止空鼓、脱落和裂缝。

(4) 环境关键要求。

在施工过程中应防止噪声污染，在施工场界噪声敏感区域宜选择使用低噪声的设备，也可以采取其他降低噪声的措施。切割石材时应湿作业，防止粉尘污染。

3. 施工工艺

(1) 薄型小规格块材 (边长小于 40cm) 工艺流程。

基层处理→吊垂直、套方、找规矩、贴灰饼→抹底层砂浆→弹线分格→石材刷防护剂→排块材→镶贴块材→表面勾缝与擦缝。

①进行基层处理和吊垂直、套方、找规矩，其他可参见镶贴面砖施工要点有关部分。要注意同一墙面不得有一排以上的非整材，并应将其镶贴在较隐蔽的部位。

②在基层湿润的情况下，先刷胶界面剂素水泥浆一道，随刷随打底；底灰采用1:3 水泥砂浆，厚度约12mm，分两遍操作，第一遍约5mm，第二遍约7mm，待底灰压实刮平后，将底子灰表面划毛。

③石材表面处理：石材表面充分干燥 (含水率应小于 8%) 后，用石材防护剂进行石材六面体防护处理，此工序必须在无污染的环境下进行，将石材平放于木枋上，用羊毛刷蘸上防护剂，均匀涂刷于石材表面，涂刷必须到位，第一遍涂刷完间隔 24h 后用同样的方法涂刷第二遍石材防护剂，如采用水泥或胶黏剂固定，间隔48h 后对石材黏结面用专用胶泥进行拉毛处理，拉毛胶泥凝固硬化后方可使用。

④待底子灰凝固后便可进行分块弹线，随即将已湿润的块材抹上厚度为 2 ~ 3mm 的素水泥浆，内掺水重20%的界面剂进行镶贴，用木锤轻敲，用靠尺找平找直。

(2) 普通型大规格块材 (边长大于40cm) 的工艺流程如下。

施工准备 (钻孔、剔槽)→穿铜丝或铅丝与块材固定→绑扎、固定→吊垂直、找规矩、弹线→石材刷防护→安装石材→分层灌浆→擦缝。

(3) 大规格块材安装方法如下。

①钻孔、剔槽：安装前先将饰面板按照设计要求用台钻打眼，事先应钉木架使钻头直对板材上端面，在每块板的上、下两个面打眼，孔位打在距板宽的两端 1/4 处，每个面各打两个眼，孔径为 5mm，深度为 12mm，孔位距石板背面以 8mm 为宜。如大理石、磨光花岗岩，板材宽度较大时，可以增加孔数。钻孔后用云石机轻轻剔一道槽，深 5mm 左右，连同孔眼形成象鼻眼，以备埋卧铜丝之用。若饰面板规格较大，如下端不好拴绑镀锌钢丝或铜丝时，亦可在未镶贴饰面的一侧，采用手提轻便小薄砂轮，按规定在板高的 1/4 处上、下各开一槽 (槽长约 3 ~ 4cm，槽深约 12mm，与饰面板背面打通，竖槽一般居中，亦可偏外，但以不损坏外饰面和不泛碱为宜)，将镀锌铅丝或铜丝卧入槽内，便可拴绑与

钢筋网固定。此法亦可直接在镶贴现场做。

②穿铜丝或镀锌铅丝：把备好的铜丝或镀锌铅丝剪成 20cm 左右长，一端用木楔粘环氧树酯将铜丝或镀锌铅丝进孔内固定牢固，另一端将铜丝或镀锌铅丝顺孔槽弯曲并卧入槽内，使大理石或磨光花岗石板上、下端面没有铜丝或镀锌铅丝突出，以便和相邻石板接缝严密。

③绑扎钢筋：首先剔出墙上的预埋筋，把墙面镶贴大理石的部位清扫干净。先绑扎一道竖向 $\phi 6$ 钢筋，并把绑好的竖筋用预埋筋弯压于墙面。横向钢筋为绑扎大理石或磨光花岗石板材所用，如板材高度为 60cm 时，第一道横筋在地面以上 10cm 处与主筋绑牢，用作绑扎第一层板材的下口固定铜丝或镀锌铅丝；第二道横筋绑在 50cm 水平线上 7～8cm，比石板上口低 2～3cm 处，用于绑扎第一层石板上口固定铜丝或镀锌铅丝，再往上每 60cm 绑一道横筋即可。

④弹线：首先将要贴大理石或磨光花岗石的墙面、柱面和门窗套用大线坠从上至下找出垂直。应考虑大理石或磨光花岗石板材厚度、灌注砂浆的空隙和钢筋网所占尺寸，一般大理石、磨光花岗石外皮距结构面的厚度应以 5～7cm 为宜。找出垂直后，在地面上顺墙弹出大理石或磨光岗石等外廓尺寸线，此线即为第一层大理石或花岗岩等的安装基准线。编好号的大理石或花岗岩板等在弹好的基准线上画出就位线，每块留 1mm 缝隙（如设计要求拉开缝，则按设计规定留出缝隙）。

⑤石材表面处理：石材表面充分干燥（含水率应小于 8%）后，用石材防护剂进行石材六面体防护处理，此工序必须在无污染的环境下进行，将石材平放于木方上，用羊毛刷蘸上防护剂，均匀涂刷于石材表面，涂刷必须到位，第一遍涂刷完间隔 24h 后用同样的方法涂刷第二遍石材防护剂，如采用水泥或胶黏剂固定，间隔 48h 后对石材黏结面用专用胶泥进行拉毛处理，拉毛胶泥凝固硬化后方可使用。

⑥基层准备：清理预做饰面石材的结构表面，同时进行吊直、套方、找规矩，弹出垂直线水平线。并根据设计图纸和实际需要弹出安装石材的位置线和分块线。

⑦安装大理石或磨光花岗石：按部位取石板并舒直铜丝或镀锌铅丝，将石板就位，石板上口外仰，右手伸入石板背面，把石板下口铜丝或镀锌铅丝绑扎在横筋上，绑时不要太紧，可留余量，只要把铜丝或镀锌铅丝和横筋拴牢即可。把石板竖起，便可绑大理石或磨光花岗石板上口铜丝或镀锌铅丝，并用木楔子垫稳，块材与基层间的缝隙一般为 30～50mm。用靠尺板检查调整木楔，再拴紧铜丝或镀锌铅丝，依次向另一方进行。柱面可按顺时针方向安装，一般先从正面开始。第一层安装完毕再用靠尺板找垂直，水平尺找平整，方尺找阴阳角方正，在安装石板时发现石板规格不准确或石板之间的空隙不符，应用铅皮垫牢，使石板之间缝隙均匀一致，并保持第一层石板上口的平直。找完垂直、平直、方正后，用碗调制熟石膏，把调成粥状的石膏贴在大理石或磨光花岗石板上下之间，使这两层石板结成一整体，木楔处可粘贴石膏，再用靠尺检查有无变形，等石膏硬化后方可灌浆（如设计有嵌缝塑

料软管者，应在灌浆前塞放好）。

⑧灌浆：把配合比为1:2.5水泥砂浆放入半截大桶加水调成粥状，用铁簸箕舀浆徐徐倒入，注意不要碰大理石，边灌边用橡皮锤轻轻敲击石板面使灌入砂浆排气。第一层浇灌高度为15cm，不能超过石板高度的1/3；第一层灌浆很重要，因为锚固石板的下口铜丝要固定饰面板，所以要轻轻操作，防止碰撞和猛灌。如发生石板外移错动，应立即拆除，重新安装。

⑨擦缝：全部石板安装完毕后，清除所有石膏和余浆痕迹，用麻布擦洗干净，并按石板颜色调制色浆嵌缝，边嵌边擦干净，使缝隙密实、均匀、干净、颜色一致。

(4) 柱子贴面：安装柱面大理石或磨光花岗石，其弹线、钻孔、绑钢筋和安装等工序与镶贴墙面方法相同，要注意灌浆前用木方子钉成槽形木卡子，双面卡住大理石板，以防止灌浆时大理石或磨光花岗石板外胀。

季节施工注意事项如下。

①夏期安装室外大理石或磨光花岗石时，应有防止暴晒的可靠措施。

②冬期施工灌缝砂浆应采取保温措施，砂浆的温度不宜低于5℃。灌注砂浆硬化初期不得受冻。气温低于5℃时，室外灌注砂浆可掺入能降低冻结温度的外加剂，其掺量应由试验确定。冬期施工，镶贴饰面板宜供暖也可采用热空气或带烟囱的火炉加速干燥。采用热空气时，应设通风设备排除湿气，并设专人进行测温控制和管理，保温养护7～9天。

4. 质量标准

(1) 主控项目。

①饰面板（大理石、磨光花岗石）的品种、规格、颜色、图案，必须符合设计要求和有关标准的规定。

②饰面板安装必须牢固，严禁空鼓，无歪斜、缺棱掉角和裂缝等缺陷。

③石材的检测必须符合国家有关环保规定。

(2) 一般项目。

①表面：平整、洁净，颜色协调一致。

②接缝：填嵌密实、平直，宽窄一致，颜色一致，阴阳角处板的压向正确，非整砖的使用部位适宜。

③套割：用整板套割吻合，边缘整齐；墙裙、贴脸等上口平顺，突出墙面的厚度一致。

④坡向、滴水线：流水坡向正确；滴水线顺直。

⑤饰面板嵌缝应密实、平直、宽度和深度应符合设计要求，嵌缝材料色泽应一致。

⑥大理石、磨光花岗石允许偏差项目见表6-2。

5. 成品保护

(1) 要及时清擦干净残留在门窗框、玻璃和金属饰面板上的污物，宜粘贴保护膜，预防污染、锈蚀。

(2) 认真贯彻合理施工顺序，其他工种的活应做在前面，防止损坏、污染石材饰面板。

(3) 拆改架子和上料时，严禁碰撞石材饰面板。

(4) 饰面完活后，易破损部分的棱角处要钉护角保护，其他工种操作时不得划

表 6-2　大理石、磨光花岗石允许偏差

项次	项目		允许偏差 /mm		检验方法
			大理石	磨光花岗石	
1	立面垂直	室内	2	2	用 2m 托线板和尺量检查
		室外	3	3	
2	表面平整		1	1	用 2m 靠尺和楔形塞尺检查
3	阳角方正		2	2	用 20cm 方尺和楔形塞尺检查
4	接缝平直		2	2	拉 5m 小线，不足 5m 拉通线和尺量检查
5	墙裙上口平直		2	2	拉 5m 小线，不足 5m 拉通线和尺量检查
6	接缝高低		0.3	0.5	拉钢板短尺和楔形塞尺检查
7	接缝宽度偏差		0.5	0.5	拉 5m 小线和尺量检查

伤和碰坏石材。

(5) 在刷罩面剂未干燥前，严禁下渣土和翻架子脚手板等。

(6) 已完工的石材饰面应做好成品保护 (见插图 6-7)。

6. 安全环保措施

(1) 操作前检查脚手架和跳板是否搭设牢固，高度是否满足操作要求，合格后才能上架操作，凡不符合安全规定之处应及时修整。

(2) 禁止穿硬底鞋、拖鞋、高跟鞋在架子上工作，架子上人不得集中在一起，工具要搁置稳定，以防坠落伤人。

(3) 在两层脚手架上操作时，应尽量避免在同一垂直线上工作。必须同时作业时，下层操作人员必须戴安全帽，并应设置防护措施。

(4) 脚手架严禁搭设在门窗、暖气片、水暖等管道上，禁止搭设飞跳板，严禁从高处往下乱扔东西。

(5) 夜间施工临时用的移动照明灯，必须用安全电压。机械操作人员须培训持证上岗，现场一切机械设备，非机械操作

人员一律禁止乱动。

(6) 材料必须符合环保要求，无污染。

(7) 雨后、春暖解冻时应及时检查外架，防止沉陷出现险情。

(8) 外架必须满搭安全网，各层设围栏，出入口应搭设人行通道。

7. 质量记录

(1) 大理石、磨光花岗石等材料的出厂合格证、检测报告。

(2) 水泥的凝结时间、安定性能和抗压强度的复验收记录。

(3) 工程质量验评资料。

(4) 预埋件 (或后置埋件)、连接节点、防水层等隐蔽工程项目的验收记录。

(5) 采用粘贴法施工的黏结强度检验记录。

8. 石材墙面施工常见质量问题及预防措施

(1) 接缝不平、纹理不顺、色差不均。

原因分析：基层处理不好，施工操作没有按要点进行，材质没有严格挑选，分次灌浆过高。

预防措施：

①施工前对原材料要严格挑选，并进行角度检查，规格尺寸如有偏差，应磨边修正。

②施工前一定要检查基层是否符合要求，偏差大的一定要事先剔凿或修补。

③根据墙面排列图进行试拼，对好颜色，调整花纹，使板与板之间上下左右纹理通顺，颜色协调。试拼后逐块编号，然后对号安装。

④施工时按操作要点进行。

(2) 开裂。

原因分析：

①常见的沉降缝尚未处理妥当。

②基础沉降不均，或沉降尚未稳定。

③安装前没有严格检查暗裂（尤其是大理石没有补好裂缝），灌浆后水泥浆在缝隙渗出。

预防措施：

①严格按照沉降缝操作规程处理。

②墙、柱面等承重结构镶贴饰面板材时，最后在结构沉降稳定后进行。在顶部和底部，安装板材时，应留一定缝隙。以防止结构压缩，板材直接承受重压被压开裂。

③安装前必须严格检查，不得有裂缝、缺棱掉角等缺陷，以防安装后发生板面开裂。

④墙面修补，可用 509 胶水（无色）掺色修补，色浆的颜色应尽量与修补原石材颜色接近。

(3) 墙面腐蚀、空鼓脱落。

原因分析：墙面腐蚀主要是大理石。因大理石主要成分是碳酸钙和氧化钙，空气中二氧化硫气体和水汽与大理石中的碳酸钙发生作用，在大理石表面生成微粒的石膏。石膏易溶于水，且硬度低，使磨光的大理石表面逐渐失去光泽，产生麻点、开裂和剥落。

预防措施：

①大理石不宜作室外墙面饰材，特别是不宜在工业区附近的建筑物上采用。

②室外大理石墙面压顶部位，要认真处理，保证基层不渗透水。操作时横竖接缝必须严密，灌浆饱满。

③将空鼓脱落的大理石拆下，重新铺贴。

(4) 外墙板缝漏浆"淌鼻涕"污染墙面。

原因分析：

①砂浆搅拌不均匀，太稀或灌浆不密集等产生固化不实。

②砂浆衔接与板缝平衡，砂浆产生缝隙。

③基面凹凸不平，灌浆厚度超过30mm 未掺瓜子片，使砂浆收缩较大。

④厚度小于 10mm 不采用粘贴（复浆）法，而是采取清水泥浆灌注或干泥促凝，清水泥固化后，遇水即溶。

⑤封顶和嵌缝不密实，遇雨缝隙进水、积水、淌水而漏浆"淌鼻涕"。

预防措施：

①注意避免上述原因，严格按照操作规程施工，达到既没有空鼓，又不会漏浆。

② 墙面安装完毕清理后开缝 5mm×5mm(宽 × 深) 打硅胶。

(5) 墙面污染、碰损。

原因分析：主要是板材在搬运、保管中不妥当，操作中不及时清洗砂浆等脏物造成，安装好后没有认真做好成品保护。

预防措施：

①在搬运过程中，要避免正面边角先着地或一角先着地，以防止正面棱角受损伤。

②由于大理石不能用酸冲洗，受到的污染不易擦洗掉，因此，大理石灌浆时，要防止接缝处漏浆造成污染，也要防止酸碱类化学药品、有色液体等直接接触大理石表面造成污染。花岗石虽可酸洗后用清水冲，能去除污染，但有时也有些痕迹，光泽度和花纹受损，故也尽量避免污染。不论大理石还是花岗石，都不要用草绳包装，草绳受潮污染无法洗涤。

③板材缺棱掉角的修补。缺棱处宜用环氧树脂胶或各类云石膏黏结剂修补，环氧树脂胶配比如下：6101 环氧树脂：苯二甲酸二丁酯：乙二胺：白水泥颜料=100:20:10:100，再加适量颜料。调的色彩应和板材原石相近。修补后待黏结剂凝固硬化后，用手提磨光机（分 60 ～ 3000 目磨片）磨光磨平。

掉角撕裂的板材，先将黏结面清洗干净，干燥后，在两个黏结面上均涂上 0.5mm 厚黏结剂，粘贴后，养护必须适时。黏结剂配比好后必须及时用完。裂痕可以采用 502 胶黏剂，在黏结面上滴 502 胶后，在 15℃温度下养护 24h 即可。但凡断裂分开的不宜用 502 胶粘合，因 502 胶遇水即溶解，同时遇大理石（如邵阳黑等）会泛黄。

二、石材地面铺装工艺

1. 铺装程序

试拼→弹线→试排→基层清理→铺砂浆→铺贴石材→灌缝、擦缝→养护→打蜡。

2. 常见质量问题及预防措施

(1) 板面色泽深浅不一，图案纹理差异大。

原因分析：

①石材本身存在质量问题。

②未根据使用面积认真计算，铺贴后因数量不够而二次采购。

③未认真进行挑选、试拼，造成在同一区域内色泽、纹理差异大。

预防措施：

①严把材料采购关，确保石材质量。

②根据使用面积，按颜色、规格、尺寸分别计算其需用数量，并考虑适当数量的损耗。派专人进行复核，确定无误后，方可送往厂家进行加工。

③铺贴前应根据石材的色泽、图案试拼编号，将颜色基本一致而数量较大的石材，铺贴在较大的使用面积上，少量颜色有差异者铺在小面积上或灯光较暗的房间、楼梯间及边角等处，以保证整体观感效果。

(2) 面层空鼓。

原因分析：

①板材未经过湿润与冲洗，板材背面石粉或浮灰形成了与水泥砂浆间的隔离层。

②黏结层水泥砂浆配合比不合适或砂浆不饱满及水泥浆铺过薄或不均匀，在砂浆低凹处形成空鼓。

③基层清理不干净或湿润不够，造成黏结层的水泥砂浆与基层黏结不牢固。

预防措施：

①认真清理基层表面的浮灰、油质、杂物，若基层表面过于光滑，则应进行凿毛处理。基层必须具有粗糙、洁净和潮湿的表面，以保证结合层与基层结合牢固。

②基层与板材铺贴前必须湿润，板材背面必须冲刷干净，不得有灰尘或污物。

③黏结层水泥砂浆的比例宜为 1:3（体积比）。水泥应选用普通硅酸盐水泥，水泥净浆的铺设厚度应接近石材饰面层标高，铺贴后用橡皮锤敲实后，以砂浆从缝中挤出为宜。铺贴 24h 后，应及时覆盖保湿，以减少水分的蒸发，保证石材与砂浆黏结牢固。

(3) 石材表面不平整，接缝缝隙大小不均匀。

原因分析：

①石材本身存在质量缺陷，板面不平整，石材尺寸不准。

②操作工艺不当，铺贴后成品保护未做好，过早上人。

预防措施：

①不合格的石材不允许进场，对进场的石材，应严格检查验收手续，需复试的原材料进场后必须进行相应复试检测，合格后方可用于工程。用于工程的石材仍要进行严格筛选，凡有翘曲变形、拱背、裂缝、掉角、厚薄不一、宽窄不方正等质量缺陷的板材一律不得使用。

②地面铺贴前应进行挑选，板材在铺贴前要通过测试排查出板块间的缝隙大小，在试排的基础上，弹出互相垂直的十字线，对每块板材按位置进行编号，铺贴时先铺贴十字线中间的一块，从此块处向两侧和后退方向挂线铺贴，边铺贴边注意缝隙的宽度。

③新铺砌的房间应临时封闭，禁止行人进入和堆放物品。必要人员进入时，要穿软底鞋，并且轻踏在一块板材上。

(4) 缺棱掉角。

原因分析：

运输装卸过程中相互碰撞或铺贴后未采取成品保护措施，受车压或重物拖运碰掉棱角。

预防措施：

①板材必须立放，光面相对，板块的背面应支垫木方，木方与板块之间衬垫软胶皮，运输过程中要轻装轻卸，防止碰撞。

②采取切实措施，做好成品保护，花岗岩、大理石地面上严禁走重车，不准在上面拖运管材等物品。

三、石材墙面干挂施工工艺

1. 施工准备

(1) 技术准备。

编制室内、外墙面干挂石材饰面板装饰工程施工方案，并对工人进行书面技术及安全交底。

(2) 材料准备。

①石材：根据设计要求，确定石材的品种、颜色、花纹和尺寸规格，并严格控制、检查其抗折、抗拉及抗压强度，吸水率、耐冻融循环等性能。花岗岩板材的弯曲强度应经法定检测机构检测确定。

②合成树酯胶黏剂：用于粘贴石材背面的柔性背衬材料，要求具有防水和耐老化性能。

③用于干挂石材挂件与石材间黏结固

定，用双组分环氧型胶黏剂，按固化速度分为快固型 (K) 和普通型 (P)。

④中性硅酮耐候密封胶，应进行粘合力的试验和相容性试验。

⑤玻璃纤维网格布：石材的背衬材料。

⑥防水胶泥：用于密封连接件。

⑦防污胶条：用于石材边缘防止污染。

⑧嵌缝膏：用于嵌填石材接缝。

⑨罩面涂料：用于大理石表面防风化、防污染。

⑩不锈钢紧固件、连接铁件应按同一种类构件的 5% 进行抽样检查，且每种构件不少于 5 件。膨胀螺栓、连接铁件、连接不锈钢针等配套的铁垫板、垫圈、螺帽及与骨架固定的各种设计和安装所需要的连接件的质量，必须符合要求。

(3) 主要机具。

主要机具有台钻、无齿切割锯、冲击钻、手枪钻、力矩扳手、开口扳手、嵌缝枪、专用手推车、长卷尺、盒尺、锤子、各种形状钢凿子、靠尺、水平尺、方尺、多用刀、剪子、铅丝、弹线用的粉线包、墨斗、小白线、笤帚、铁锹、开刀、灰槽、灰桶、工具袋、手套、红铅笔等。

(4) 作业条件。

①石材的质量、规格、品种、数量、力学性能和物理性能要符合设计要求，要进行表面处理工作，同时应符合现行行业标准《天然石材产品放射性防护分类控制标准》。

②搭设双排脚手架。

③水电及设备、墙上预留预埋件已安装完，垂直运输机具均事先准备好。

④外门窗已安装完毕，安装质量符合要求。

⑤对施工人员进行技术交底时，应强调技术措施、质量要求和成品保护，大面积施工前应先做样板，经质检部门鉴定合格后，方可组织班组施工。

⑥安装系统隐蔽项目已经验收。

2. 关键质量要点

(1) 材料的关键要求。

①块材的表面应光洁、方正、平整、质地坚固，不得有缺棱、掉角、暗痕和裂纹等缺陷。石材的质量、规格、品种、数量、力学性能和物理性能要符合设计要求，要进行表面处理工作。

②膨胀螺栓、连接铁件、连接不锈钢针等配套的铁垫板、垫圈、螺帽及与骨架固定的各种设计和安装所需要的连接件的质量，必须符合国家现行有关标准的规定。

③饰面石材板的品种、规格、形状、平整度、几何尺寸、光洁度、颜色、图案和防腐必须符合设计要求，要有产品合格证。

(2) 技术关键要求。

①对施工人员进行技术交底时，应强调技术措施、质量要求和成品保护。

②弹线必须准确，经复验后方可进行下道工序。固定的角钢和平钢板应安装牢固，并应符合设计要求。

(3) 质量关键要求。

①清理预做饰面石材的结构表面，施工前认真按照图纸尺寸，核对结构施工的实际情况，同时进行吊直、套方、找规矩，弹出垂直线、水平线，控制点要符合要求。

并根据设计图纸和实际需要弹出安装石材的位置线和分块线。

②与主体结构连接的预埋件应在结构施工时按设计要求埋设。预埋件应牢固，位置准确。应根据设计图纸进行复查。当设计无明确要求时，预埋件标高差不应大于 10mm，位置差不应大于 20mm。

③面层与基底应安装牢固，粘贴用料、干挂配件必须符合设计要求和国家现行有关标准的规定。

④石材表面平整、洁净，拼花正确，纹理清晰通顺，颜色均匀一致，非整板部位安排适宜，阴阳角处的板压向正确。

⑤缝格均匀，板缝通顺，接缝填嵌密实，宽窄一致，无错位。

3. 施工工艺

挂线→支底层饰面板托架→在围护结构上打孔、下膨胀螺栓→上连接铁件→底层石材安装→石板上孔抹胶及插连接钢针→调整固定→顶部面板安装→贴防污条、嵌缝→清理表面，刷罩面剂。

(1) 工地收货。收货要设专人负责管理，要认真检查材料的规格、型号是否正确，与料单是否相符，发现石材颜色明显不一致的，要单独码放，以便退还给厂家。如有裂纹、缺棱掉角的，要修理后再用，严重的不得使用。还要注意石材堆放地要夯实，垫 10cm×10cm 通长方木，让其高出地面 8cm 以上，方木上最好钉上橡胶条，让石材按 75° 立放斜靠在专用的钢架上，每块石材之间要用塑料薄膜隔开，靠紧码放，防止粘在一起和倾斜。

(2) 石材表面处理。石材表面充分干燥 (含水率应小于 8%) 后，用石材护理剂

进行石材六面体防护处理，此工序必须在无污染的环境下进行，将石材平放于木方上，用羊毛刷蘸上防护剂，均匀涂刷于石材表面，涂刷必须到位，第一遍涂刷完间隔 24h 后用同样的方法涂刷第二遍石材防护剂，间隔 48h 后方可使用。

(3) 石材准备。首先用比色法对石材的颜色进行挑选分类；安装在同一面的石材颜色应一致，并根据设计尺寸和图纸要求，将专用模具固定在台钻上，进行石材打孔，为保证位置准确垂直，要钉一个定型石材托架，使石板放在托架上，要打孔的小面与钻头垂直，使孔成型后准确无误，孔深为 22 ~ 23mm，孔径为 7 ~ 8mm，钻头为 5 ~ 6mm。随后在石材背面刷不饱和树脂胶，主要采用一布二胶的做法，布为无碱、无捻 24 目的玻璃丝布。石板在刷头遍胶前，先把编号写在石板上，并将石板上的浮灰及杂污清除干净，如锯锈、铁抹子，用钢丝刷、粗纱子将其除掉再刷胶，胶要随配随用，防止固化后造成浪费。要注意边角地方一定要刷好，特别是打孔部位是个薄弱区域，必须刷到。布要铺满，刷完头遍胶，在铺贴玻璃纤维网格布时要从一边用刷子找平，铺平后再刷第二遍胶。刷子沾胶不要过多，防止流到石材下面给嵌缝带来困难，出现质量问题。

(4) 基层准备。清理预做饰面石材的结构表面，同时进行吊直、套方、找规矩，弹出垂直线、水平线，并根据设计图纸和实际需要弹出安装石材的位置线和分块线。

(5) 挂线。按设计图纸要求，石材安装前要事先用经纬仪打出大角两个面的

竖向控制线，最好弹在离大角 20cm 的位置上，以便随时检查垂直挂线的准确性，保证顺利安装。竖向挂线宜用 $\phi 1.0 \sim \phi 1.2$ 的钢丝，下边沉铁随高度而定，一般 40cm 以下高度沉铁重量为 8 ~ 10kg，上端挂在专用的挂线角钢架上，角钢架用膨胀螺栓固定在建筑大角的顶端，一定要挂在牢固、准确、不易碰动的地方，并要注意保护和经常检查，在控制线的上、下作出标记。

(6) 支底层饰面板托架。把预先加工好的支托按上平线支在将要安装的底层石板上面。支托要支承牢固，相互之间要连接好，也可和架子接在一起，支架安好后，顺支托方向铺通长的 50mm 厚木板，木板上口要在同一水平面上，以保证石材上下面处在同一水平面上。

(7) 在围护结构上打孔，下安膨胀螺栓。在结构表面弹好水平线，按设计图纸及石材钻孔位置，准确地弹在围护结构墙上并作好标记，然后按点打孔，打孔可使用冲击钻，上 $\phi 12.5$ 的冲击钻头，打孔时先用尖錾子在预先弹好的点上凿上一个点，然后用钻打孔，孔深 60 ~ 80mm，若遇到结构里的钢筋，可以将孔位在水平方向移动或往上抬高，要连接铁件时利用可调余量调回。成孔要求与结构表面垂直，成孔后把孔内的灰粉用小勺掏出，将本层所需的膨胀螺栓全部安装就位。

(8) 上连接铁件。用设计规定的不锈钢螺栓固定角钢和平钢板。调整平钢板的位置，使平钢板的小孔正好与石板的插入孔对正，固定平钢板，用扳手拧紧。

(9) 底层石材安装。把侧面的连接铁

件安好，便可把底层面板靠角上的一块就位。方法是用夹具暂时固定，先将石材侧孔抹胶，调整铁件，插固定钢针，调整面板固定。依次按顺序安装底层面板，待底层面板全部就位后，检查一下各板水平是否在一条线上，如有高低不平的要进行调整；低的可用木楔垫平；高的可轻轻适当退出点木楔，退出面板上口顺一条水平线上为止；先调整好面板的水平与垂直度，再检查板缝，板缝宽应按设计要求，板缝均匀，将板缝嵌紧被衬条，嵌缝高度要高于 25cm。其后用 1:2.5 的用白水泥配制的砂浆，灌于底层面板内 20cm 高，砂浆表面上设排水管。

(10) 石板上孔抹胶及插连接钢针。把 1:1.5 的白水泥环氧树脂掺入固化剂、促进剂，用小棒将配好的胶抹入孔中，再把长 40mm 的 $\phi 4$ 连接钢针通过平板上的小孔插入直至面板孔，上钢针前检查其有无伤痕，长度是否满足要求，钢针安装要保证垂直。

(11) 调整固定。面板暂时固定后，调整水平度，如板面上口不平，可在板底的一端下口的连接平钢板上垫一相应的双股铜丝垫，若铜丝粗，可用小锤砸扁，若高，可把另一端下口用以上方法垫一下。调整垂直度，并调整面板上口的不锈钢连接件的距墙空隙，直至面板垂直。

(12) 顶部面板安装。顶部最后一层面板除了一般石材安装要求外，安装调整后，在结构与石板缝隙里吊一通长 20mm 厚木条，木条上平为石板上口往下 250mm，吊点可设在连接铁件上，可采用铅丝吊木条，木条吊好后，即在石板与墙面之间的空隙里塞放聚苯板，聚苯板条要略宽于空隙，以便填塞严实，防止灌浆时漏浆，造成蜂窝、孔洞等，灌浆至石板口下 20mm 作为压顶盖板之用。

(13) 贴防污条、嵌缝。沿面板边缘贴防污条，应选用 4cm 左右的纸带型不干胶带，边缘要贴齐、贴严，在大理石板间缝隙处嵌弹性泡沫填充条 (棒)，填充条 (棒) 也可用 8mm 厚的高连发泡片剪成 10mm 宽的条，填充条 (棒) 嵌好后离装修面 5mm，最后在填充条 (棒) 外用嵌缝枪中把中性硅胶打入缝内，打胶时用力要均，走枪要稳而慢。如胶面不太平顺，可用不锈钢小勺刮平，小勺要随用随擦干净，嵌底层石板缝时，要注意不要堵塞流水管。根据石板颜色可在胶中加适量矿物质颜料。

(14) 清理大理石、花岗石表面，刷罩面剂。把大理石、花岗石表面的防污条掀掉，用棉丝将石板擦净，若有胶或其他黏结牢固的杂物，可用开刀轻轻铲除，用棉丝醮丙酮擦干净。在刷罩面剂的施工前，应掌握和了解天气趋势，阴雨天和 4 级以上风力不得施工，防止污染漆膜；冬期、雨季可在避风条件好的室内操作，刷在板块面上。罩面剂按配合比在刷前半小时兑好，注意区别底漆和面漆，最好分阶段操作。配置罩面剂要搅匀，防止成膜时不匀，涂刷要用 3 寸羊毛刷，沾漆不宜过多，防止流挂，尽量少回刷，以免有刷痕，要求无气泡、不漏刷，要刷得平整有光泽。

4. 石材施工的排版下料与石材防污

(1) 石材施工的排版下料。本项工程有不少石材装饰面积，并且有浅色石材，例如国产白麻、水晶云石等。不论哪一种石材施工，首先要提高环保、节约资源意识，减少石材资源的浪费。

(2) 石材的防污处理。这是石材湿贴中非常重要的环节，石材防污可在加工厂进行，也可以在货到工地后进行，石材防污要六面防污。等第一遍防污液干好后再进行第二遍防污液涂刷。进行两次防污处理后的石材方可进行安装施工，安装时如再进行切割，其切割边必须再进行防污处理后才准予安装。石材防污的目的是防止石材汽碱退色、变色，特别是地面石材，要防止落地物的污染。

(3) 认真核对现场实际尺寸，对照施工图要求，绘制石材下料排版图，将石材编号，特别是重点部位，例如：大堂、门厅等重要位置的石材，颜色、花纹必须一致。有了石材下料排版图，加工厂在加工时可以把好选材第一关。加工好的石材要进行编号，石材进场后，经验收合格，安装前先进行一次预排，在确认无误后再按顺序、按规范进行安装 (见插图 6-8)。

5. 质量标准

(1) 主控项目。

①饰面石材板的品种、规格、形状、平整度、几何尺寸、光洁度、颜色、图案和防腐必须符合设计要求，要有产品合格证。

②面层与基层应安装牢固；粘贴用料、干挂配件必须符合设计要求和国家现

行有关标准的规定，碳钢配件需要做防锈、防腐处理。焊接点应作防腐处理。

③饰面板安装工程的预埋件（或后置埋件）、连接件的数量、规格、位置、连接方法和防腐处理必须符合设计要求。后置埋件的现行拉拔强度必须符合设计要求。饰面板安装必须牢固。

(2) 一般项目。

①表面平整、洁净；拼花正确，纹理清晰通顺，颜色均匀一致；非整板部位安排适宜，阴阳角处的板压向正确。

②缝格均匀，板缝通顺，接缝填嵌密

实，宽窄一致，无错位。

③突出物周围的板采取整板套割，尺寸准确，边缘吻合整齐、平顺，墙裙、贴脸等上口平直。

④滴水线顺直，流水坡向正确、清晰美观。

⑤室内、外墙面干挂石材允许偏差见表6-4。

6. 成品保护

(1) 要及时清擦干净残留在门窗框、玻璃和金属饰面板上的污物，如密封胶、手印、尘土、水等杂物，宜粘贴保护膜，

表6-4 室内、外墙面干挂石材允许偏差表

项次	项目		允许偏差 /mm		检验方法
			光面	粗磨面	
1	立面垂直	室内	2	2	用2m托线板和尺量检查
		室外	4	4	
2	表面平整		1	2	用2m托线板和塞尺检查
3	阳角方正		2	3	用20cm方尺和塞尺检查
4	接缝垂直		2	3	用5m小线和尺量检查
5	墙裙上口平直		2	3	用5m小线和量尺检查
6	接缝高低		1	1	用钢板短尺和塞尺检查
7	接缝宽度		1	2	用尺量检查

预防污染、锈蚀。

(2) 认真贯彻合理施工顺序，少数工种的活应做在前面，防止破坏、污染外挂石材饰面板。

(3) 折改架子和上料时，严禁碰撞外挂石材饰面板。

(4) 外饰面完活后，易破损部分的棱角处要钉护角保护，其他工种操作时不得划伤面漆或碰坏石材。

(5) 在室外刷罩面剂未干燥前，严禁

下渣土和翻架子脚手板等。

(6) 已完工的外挂石材应设专人看管，遇有损害成品的行为，应立即制止，并严肃处理。

7. 安全环保措施

(1) 进入施工现场必须戴好安全帽，系好风紧口。

(2) 高空作业必须佩带安全带，上架子作业前必须检查脚手板搭放是否安全可靠，确认无误后方可上架进行作业。

(3) 施工现场临时用电线路必须按用电规范布设，严禁乱接乱拉，远距离电缆线不得随地乱拉，必须架空固定。

(4) 小型电动工具，必须安装"漏电保护"装置，使用时应经试运转合格后方可操作。

(5) 电器设备应有接地、接零保护，现场维护电工机具移动应先断电后移动，下班或使用完毕后必须拉闸断电。

(6) 电源、电压须与电动机具的铭牌电压相符，电动机具移动应先断电后移动，下班或使用完毕后必须拉闸断电。

(7) 施工时必须按施工现场安全技术交底进行。

(8) 施工现场严禁扬尘作业，清理打扫时必须洒少量水湿润后方可打扫，并注意对成品的保护，废料及垃圾必须及时清理干净，装袋运至指定堆放地点，堆放垃圾必须进行围挡。

(9) 切割石材的临时用水，必须有完善的污水排放措施。

(10) 对施工中噪声大的机具，尽量安排在白天 (或夜晚 22:00 点前) 操作，防止噪声扰民。

8. 质量记录

(1) 大理石、花岗石、紧固件、连接件等出厂合格证，国家有关环保检测报告。

(2) 本分项工程质量验评表。

(3) 三性试验报告单等。

(4) 设计图、计算书、设计更改文件等。

(5) 石材的冻融性试验记录。

(6) 后置埋件的拉拔实验记录。

(7) 埋件、固定件、支撑件等安装记录及隐蔽工程验收记录。

9. 常见质量问题及预防措施

(1) 接缝不平，板面纹理不顺，色泽不匀。

原因分析：

①对板材质量未进行严格挑选，安装前试拼不认真。

②基层处理不好，墙面偏差较大。

预防措施：

①安装前先检查基层墙面垂直平整情况，偏差较大的应事先剔凿或修补，使基层面与石材表面的距离不得小于 5cm，并将基层墙面清扫干净。

②安装前应在基层弹线，在墙面上弹出中心线、水平线，在地面上弹出石材面线，柱子应先测量出中心线以及柱与柱之间的水平通线，并弹出墙表线。

③事先将有缺边掉角、裂缝和局部污染变色的石材板材挑出，完好的石材应进行套方检查，规格尺寸若有偏差，应磨边修正。

④安装前应进行试拼，对好颜色，调整花纹，使板与板之间上下左右纹理通顺，颜色协调，缝平直均匀，试拼后由上至下逐块编写镶贴顺序，然后对号入座。

⑤安装顺序是根据事先找好的中心线、水平通线和墙面进行试拼编号，然后在最下一行两头用块材找平找直。拉上横线，再从中间或一端开始安装，随时用拖线板靠直靠平保证板与板交接处四角平整。

(2) 石材墙面开裂。

原因分析：

①除了石材的暗缝或其他隐伤等缺陷以及凿洞开槽外,受到结构沉降压缩外力后,由于外力超过块材软弱处的强度,导致石材墙面开裂。

②石材板镶贴在外墙面或紧贴厨房、厕所、浴室等潮气较大的房间时,安装粗糙,板缝灌浆不严,侵蚀气体或潮湿空气透入板缝,使边接件遭到锈蚀,产生膨胀,给石材一种向外的推力。

③石材镶贴墙面、柱面时,上、下空隙较小,结构受压变形,石材饰面受到垂直方向的压力。

预防措施:

①在墙、柱等承重结构面上安装石材时,应待结构沉降稳定后进行,在石材顶部和底部留有一定的缝隙,以防结构压缩饰面,导致墙面直接被压开裂。

②安装石材接缝处,缝隙应在 0.5 ~ 1mm 之间,嵌缝要严密,灌浆要饱满,块材不得有裂缝、缺棱掉角等缺陷,以防止腐蚀性气体和潮湿空气侵入,锈蚀紧固件,引起板面裂缝。

③采用 107 胶白水泥浆掺色修补,色浆的颜色应尽量与修补的石材表面接近。

常见的施工质量通病及预防措施总结见表 6-5。

表 6-5　常见的施工质量通病及预防措施

序号	通病名称	预防方法
1	接缝不平、板面纹理不顺、色泽不匀	事前控制水平线与垂直线,要规方,安装中严格吊靠,灌浆中随灌随纠正偏位凸凹。试拼合格后,严格编号,按编号顺序铺贴
2	开裂	在承重结构部位铺贴时,顶部和底部应留有缝隙,板与板接缝处落缝要严格,特别是在有腐蚀气体环境中,灌缝应有措施,防止有害气体侵入
3	墙面腐蚀空臌脱落	应选择介于大理石和花岗岩之间的大理石铺贴外墙面,如汉白玉等,其他大理石不宜铺贴外墙面。室外大理石压顶部位,要认真操作缝隙灌浆,防止有水渗入板底
4	墙面碰损污染	搬运中防止单角着力或着地,切割中注意力点和翘曲受力。堆放中不宜和有色物质掺放在一起,以免染色,对浅色大理石,可用白水泥砂浆灌浆,防止透底污染表面

石材墙面装饰施工质量及检验标准见表 6-6。

表 6-6　材施工允许偏差

项次	项目		允许偏差 /mm		检验方法
			大理石	磨光花岗岩	
1	立面垂直	室内	2	2	用 2m 托线板和尺量检查
		室外	3	3	

续表

项次	项目	允许偏差 /mm		检验方法
		大理石	磨光花岗岩	
2	表面平整	1	1	用 2m 托线板和塞尺检查
3	阳角方正	2	2	用 200mm 方尺和塞尺检查
4	接缝平直	2	2	用 5m 小线和尺量检查
5	墙裙上口平直	2	2	用 5m 小线和尺量检查
6	接缝高低	0.3	0.5	用钢板短尺和塞尺检查
7	接缝宽度	0.5	0.5	用尺量检查

每平方米石材的表面质量和检验方法见表 6-7。

表 6-7　每平方米石材的表面质量和检验方法

项次	项目	质量要求	检验方法
1	明显划伤和长度 > 100mm 的轻微划伤	不允许	观察
2	长度 ≤ 100mm 的轻微划伤	≤ 8 条	用钢尺检查
3	擦伤总面积	≤ 500mm^2	用钢尺检查

小／贴／士

1. 天然石材放射等级划分：按放射性水平大小，天然石材分为 A、B、C 三类。三类石材适用的范围分别是：A 类，使用范围不受任何限制；B 类，不可用于住宅、老年公寓、托儿所、医院和学校等建筑的内饰面（但可用于上述建筑的外饰面及其他一切建筑物的内外饰面）；C 类，只可用于建筑物的外饰面及室外其他用途。

2. 天然石材保养：云石、花岗石、水磨石、石灰石等多数都含有碳酸钙。虽然这些石材表面上虽十分坚硬，但是它们并非是"无孔不入"的。实际上，所有的这些石材都是有毛细孔的，并易受到湿气、污垢、水、酸碱、细菌的侵蚀。尤其在露天下，更会受到阳光的暴晒、雨水的冲击、大风的吹刮，从而产生风化。所以，石材离不开保养。

石材的保养方法很多，主要有打蜡、晶面处理，以及日常简单的清扫、清洗除污，铺设门口垫、地毯等。

本／章／小／结

　　本章着重阐述了石材种类、特点及装饰部位，石材墙面、地面湿贴施工工艺，石材墙面干挂施工工艺。就常见质量问题进行分析，并提出有效预防措施，对石材的施工过程的质量控制有很好的借鉴作用。

思考与练习

1. 简述装饰工程中常用石材的种类及特点。

2. 简述石材干挂施工工艺的施工要点。

3. 简述石材湿贴施工工艺的施工要点。

4. 简述石材施工过程中常见的问题及预防措施。

第七章
陶瓷装饰材料与施工工艺

章节导读

陶瓷的概念；装饰工程常用陶瓷装饰材料分类方法；市场常见瓷砖类型；地砖的施工工艺、常见的质量问题及预防措施；内墙砖的施工工艺、常见的质量问题及预防措施；马赛克的施工工艺、常见的质量问题及预防措施；外墙砖的施工工艺、常见质量问题及预防措施。

第一节
陶瓷基本常识

一、陶瓷的概念和种类

陶瓷是陶器与瓷器两大类产品的总称。陶器通常有一定的吸水率，断面粗糙无光，不透明，敲之声音粗哑，有的无釉，有的施釉；瓷器的坯体致密，基本上不吸水，半透明，通常都施有釉层。

一般可按如下方法将陶瓷产品分为几大类。

1. 陶器

(1) 粗陶器：如盆、罐、砖、瓦、管等。

(2) 精陶器：如日用精陶、美术陶器、釉面砖等。

2. 炻器

炻器：如青瓷、卫生陶瓷、化工陶瓷、低压电瓷、地砖、锦砖（马赛克）。

3. 瓷器

(1) 细瓷：如日用细瓷（长石瓷、绢云母瓷、骨灰瓷）、美术瓷、高压电瓷、高频装置瓷等。

(2) 特种陶瓷：如氧化物瓷、氮化物瓷、压电陶瓷、磁性瓷、金属陶瓷等。

二、陶瓷的原料

陶瓷工业中使用的原料品种繁多。从

它的来源来说，一种是天然矿物原料，一种是通过化学方法加工处理的化工原料。这里只介绍天然矿物原料的主要品种、性能及在陶瓷工业中的主要用途。

天然矿物原料大致可分为下列几类。

(1) 可塑性原料（包括低可塑性原料）——软质黏土和硬质黏土。

(2) 瘠性原料——石英、石英砂、黏土熟料、废砖粉等。

(3) 熔剂原料——长石、硅灰石、石灰石和白云石、滑石等。

(4) 辅助原料——锆英石、电解质等。

三、装饰工程常用陶瓷装饰材料分类

1. 墙地砖

按吸水率分为：瓷质砖、炻瓷砖、细炻砖、炻质砖、陶质砖。

按用途分为：外墙砖、内墙砖、地砖、广场砖、工业砖等（见插图 7-1 ~ 7-3）。

按成型分为：干压成型砖、挤压成型砖、可塑成型砖。

按烧成分为：氧化性瓷砖、还原性瓷砖。

按施釉分为：有釉砖、无釉砖。

按品种分为：釉面陶土砖、通体砖、釉面瓷质砖、抛光砖、玻化砖、马赛克。

2. 生活用具

洁具类：手盆、坐便器、浴缸、蹲便器、小便池。

餐具类：碗、碟、盘、杯。

装饰工艺品类：花盆、雕塑。

四、瓷砖质量鉴别方法

(1) 看：主要是看瓷砖的釉面是否光滑、干净，是否有划痕、色斑、缺边、缺角等缺陷。

(2) 听：轻轻敲击瓷砖，若声音清脆，则证明瓷砖的瓷化程度高、品质优良；若声音混哑，则证明瓷砖的瓷化程度低。

(3) 量：用尺子仔细测量瓷砖的四边及对角线长度，与厂家所提供的尺寸相对比，判断其规格是否一致。

(4) 铺：拿出几块样砖，在平整的地面试铺，看砖与砖之间的缝隙是否平直，倒角是否均匀，是否有弓背现象。

五、市场常见瓷砖类型

1. 微晶石

微晶石也是一种人造石，是由含氧化硅的矿物在高温作用下，其表面玻化而形成的一种人造石材。主要成分是氧化硅，偏酸性，结构非常致密，其光度和耐磨度都优于花岗石和大理石，不易出质量问题。由于微晶石硬度太高，且有微小气泡孔存在，不利于翻新研磨处理（见插图 7-4）。

2. 玻化砖

玻化砖也称为通体砖、玻化石、抛光砖，专业的名称是瓷质玻化石，是由石英砂、泥烧制而成，然后用磨具打磨光亮，表面如镜面般透亮光滑，呈弱酸性。

玻化砖色彩艳丽柔和，没有明显色差。高温烧结、完全瓷化生成了莫来石等多种晶体，理化性能稳定，耐腐蚀、抗污性强，厚度相对较薄，抗折强度高，砖体轻巧，可减少建筑物荷重，无有害元素（见插图 7-5）。

3. 釉面砖

釉面砖是在胚体表面加釉烧制而成

的瓷砖，主体又分陶体和瓷体两种。用陶土烧制出来的瓷砖背面呈红色，瓷土烧制出来的瓷砖背面呈灰白色。釉面砖表面可以做各种图案和花纹，比抛光砖的色彩和图案更加丰富。因为其表面是釉料，所以耐磨性不如抛光砖和玻化砖。釉面砖的鉴别除了尺寸外还要看吸水率。一般好的砖，液压机好，压制的密度高，烧制温度高，吸水率也就小。釉面砖一般用于厨房和卫生间，色彩图案丰富，防滑性能好。釉面砖一般不是很大，是装修中最常见的一种砖，根据光泽的不同分釉面砖和哑光釉面砖（见插图7-6）。

4. 仿古砖

仿古砖最早源自于欧洲的上釉砖，又称为泛古砖、古典砖、复古砖。仿古砖是从彩釉砖演化而来的，实质上是上釉的瓷质砖。与普通的釉面砖相比，其差别主要表现在釉料的色彩上面。仿古砖属于普通瓷砖，与瓷片基本是相同的，所谓仿古，指的是砖的效果，应该叫仿古效果的瓷砖，仿古砖并不难清洁；唯一不同的是在烧制过程中，仿古砖的技术含量要求相对较高，经液压机压制后，再经千度高温烧结，强度变高且具有极强的耐磨性，经过精心研制的仿古砖兼具了防水、防滑、耐腐蚀的特性。仿古砖仿造以往的样式做旧，用带着古典的独特韵味体现岁月的沧桑、历史的厚重，仿古砖能通过样式、颜色、图案、营造出怀旧的氛围（见插图7-7）。

5. 陶瓷锦砖

陶瓷锦砖又名马赛克，规格多，薄而小，质地坚硬，耐酸、耐碱、耐磨、不渗水，抗压力强，不易破碎，色彩多样，用途广泛。它是用优质瓷土烧制而成，一般做成18.5mm×18.5mm×5mm、39mm×39mm×5mm的小方块，或边长为25mm的六边形等。这种制品出厂前已将各种图案反贴在牛皮纸上，每张大小约30cm见方，称作一联，其面积约0.093m²，每40联为一箱，每箱约3.7m²。施工时将每联纸面向上，贴在半凝固的水泥砂浆面上，用长木板压面，使之粘贴平实，待砂浆硬化后洗去牛皮纸，即显出表面图案（见插图7-8）。

第二节　陶瓷材料的施工工艺、常见的质量问题及预防措施

一、地面瓷砖施工工艺（见插图7-9）

1. 材料要求

水泥：32.5级以上普通硅酸盐水泥或矿渣硅酸盐水泥。

砂：粗砂或中砂，含泥量不大于3%，过8mm孔径的筛子。

瓷砖：进场验收合格后，在施工前应进行挑选，将有质量缺陷的先剔除，然后将面砖按大中小三类挑选后分别码放。

2. 主要机具

主要机具包括小水桶、半裁桶、笤帚、方尺、平锹、铁抹子、大杠尺、筛子、窄手推车、钢丝刷、喷壶、橡皮锤、小线、云石机、水平尺等。

3. 作业条件

地面防水层已经做完，室内墙面湿作业已经做完；楼地面垫层已经做完；穿楼

地面的管洞已经堵严塞实；墙上四周弹好+50cm 水平线；复杂的地面施工前，应绘制施工大样图，并做出样板间，经检查合格后，方可大面积施工。

4. 铺地面瓷砖的工艺流程

基层处理→找标高、弹线→铺找平层→弹铺砖控制线→铺砖→勾缝、擦缝→养护→踢脚板安装。

(1) 基层处理、定标高。

将基层表面的浮土或砂浆铲掉，清扫干净，有油污时，应用 10% 火碱水刷净，并用清水冲洗干净。根据 +50cm 水平线和设计图纸找出板面标高。

(2) 弹控制线。

先根据排砖图确定铺砌的缝隙宽度，一般为：缸砖 10mm；卫生间、厨房通体砖 3mm；房间、走廊通体砖 2mm。根据排砖图及缝宽在地面上弹纵、横控制线。注意该十字线应与墙面抹灰时控制房间方正的十字线平行，同时注意开间方向的控制线应与走廊的纵向控制线平行，不平行时应调整至平行，以避免在门口位置的分色砖出现大小头。

排砖原则：开间方向要对称 (垂直门口方向分中)；非整砖尽量排在远离门口及隐蔽处，如暖气罩下面；为了排整砖，可以用分色砖调整；与走廊的砖缝尽量对上，对不上时可以在门口处用分色砖分隔。根据排砖原则画出排砖图。有地漏的房间应注意坡度、坡向。

(3) 铺贴瓷砖。

为了找好位置和标高，应从门口开始，纵向先铺 2 ~ 3 行砖，以此为标筋拉纵横水平标高线，铺时应从里向外退着操作，人不得踏在刚铺好的砖面上，每块砖应跟线。

操作程序是：找平层上洒水湿润，均匀涂刷素水泥浆 (水灰比为 0.4 ~ 0.5)，涂刷面积不要过大，铺多少刷多少。

结合层拌合：干硬性砂浆，配合比为 1:3(体积比)，应随拌随用，初凝前用完，防止影响黏结质量。干硬性程度以手捏成团，落地即散为宜。一般采用水泥砂浆结合层，厚度为 10 ~ 25mm。铺设厚度以放上面砖时高出面层标高线 3 ~ 4mm 为宜，铺好后用大杠尺刮平，再用抹子拍实找平 (铺设面积不得过大)。铺贴时，砖的背面朝上抹黏结砂浆，铺砌到已刷好的水泥浆找平层上，砖上棱略高出水平标高线，找正、找直、找方后，砖上面垫木板，用橡皮锤拍实，从内退着往外铺贴，做到面砖砂浆饱满、相接紧密、结实。与地漏相接处，用云石机将砖加工成与地漏相吻合的形状。铺地砖时最好一次铺一间，大面积施工时，应采取分段、分部位铺贴。铺完二至三行，应随时拉线检查缝格的平直度，如超出规定应立即修整，将缝拨直，并用橡皮锤拍实。此项工作应在结合层凝结之前完成。

(4) 勾缝、擦缝。

勾缝：用 1:1 的水泥细砂浆勾缝，缝内深度宜为砖厚的 1/3，要求缝内砂浆密实、平整、光滑。随勾随将剩余水泥砂浆清走、擦净。面层铺贴应在 24h 后进行勾缝、擦缝的工作，并应采用同品种、同标号、同颜色的水泥，或用专门的嵌缝材料。

擦缝：如设计要求缝隙很小时，则要

求接缝平直，在铺实修好的面层上用浆壶往缝内浇水泥浆，然后将干水泥撒在缝上，再用棉纱团擦揉，将缝隙擦满。最后将面层上的水泥浆擦干净。

(5) 养护。铺完砖 24h 后，洒水养护，时间不应小于 7 天。

5. 铺贴地面瓷砖的质量标准

(1) 主控项目。面层所有板块的品种、质量必须符合设计要求。面层与下一层的结合（黏结）应牢固，无空鼓。

(2) 一般项目。砖面层的表面应洁净、图案清晰，色泽一致，接缝平整，深浅一致，周边顺直。板块无裂纹、掉角和缺棱等缺陷。楼梯踏步和台阶板块的缝隙宽度应一致，齿角应整齐；楼层梯段相邻踏步高度不应大于 10mm；防滑条应顺直。面层邻接处的镶边用料及尺寸应符合设计要求，边角应整齐、光滑。面层表面的坡度应符合设计要求，不倒泛水、不积水，与地漏、管道结合处应严密牢固，无渗漏。砖面层的允许偏差应符合《建筑装饰装修工程质量验收规范》的规定：表面平整度为 2mm；平直缝格宽度为 3mm；接缝高低不超过 0.5mm；踢脚线上口平直，板块间隙宽度为 2mm。

6. 地面瓷砖的成品保护

(1) 在铺贴板块操作过程中，对已安装好的门框、管道都要加以保护，如在门框上钉装保护铁皮，运灰车采用窄车等。

(2) 切割地砖时，不得在刚铺贴好的砖面层上操作。

(3) 刚铺贴的砂浆抗压强度达 1.2MPa 时，方可上人进行操作，但必须注意油漆、

砂浆不得存放在板块上，铁管等硬器不得碰坏砖面层。喷浆时要对面层进行覆盖保护。

7. 常见质量问题及预防措施

(1) 板块空鼓。基层清理不净、洒水湿润不均、水泥浆结合层刷的面积过大、风干后起隔离作用、上人过早影响黏结层强度等因素都是导致空鼓的原因。

(2) 板块表面不洁净。主要是做完面层之后，成品保护不够，例如将油漆桶放在地砖上、在地砖上拌合砂浆、刷浆时不覆盖砖面层等，都会造成面层被污染。

(3) 有地漏的房间倒坡。做找平层砂浆时，没有按设计要求的泛水坡度进行弹线找坡。因此必须在找标高、弹线时找好坡度，抹灰饼和冲筋时，抹出泛水。

(4) 地面铺贴不平，出现高低差。对地砖未进行预先选挑，砖的薄厚不一致造成高低差，或铺贴时未严格按水平标高线进行控制。

(5) 地面标高错误。多出现在厕浴间，原因是防水层过厚或结合层过厚。

(6) 厕浴间泛水过小或局部倒坡。地漏安装过高或 +50cm 线不准。

二、内墙砖施工工艺

1. 施工准备

(1) 水泥：32.5 级普通硅酸盐水泥。应有出厂证明或复试单，若出厂超过三个月，应按试验结果使用。

(2) 白水泥：32.5 号级水泥。

(3) 砂子：粗砂或中砂，用前过筛。

(4) 面砖：面砖的表面应光洁、方正、平整；质地坚固，其品种、规格、尺寸、色泽、图案应均匀一致，必须符合设计规

定，不得有缺棱、掉角、暗痕和裂纹等缺陷。其性能指标均应符合现行国家标准的规定，釉面砖的吸水率不得大于10%。

(5) 107胶和矿物颜料等。

2. 主要机具

主要机具有孔径5mm筛子、窗纱筛子、水桶、木抹子、铁抹子、中杠、靠尺、方尺、铁制水平尺、灰槽、灰勺、毛刷、钢丝刷、笤帚、锤子、小白线、擦布或棉丝、钢片开刀、小灰铲、云石机、勾缝溜子、线坠、盒尺等。

3. 作业条件

(1) 将墙面基层清理干净，窗台、窗套等事先砌堵好。

(2) 按面砖的尺寸、颜色进行选砖，并分类存放备用。

(3) 大面积施工前应先放大样，并做出样板墙，确定施工工艺及操作要点，并向施工人员做好交底工作。样板墙完成后必须经质检部门鉴定合格后，还要经过设计方、甲方和施工单位共同认定，方可组织班组按照样板墙要求施工。

4. 施工工艺

基层处理→吊垂直、套方、找规矩→贴灰饼→抹底层砂浆→弹线分格→排砖→浸砖→镶贴面砖→面砖勾缝与擦缝。

(1) 基层处理。首先将凸出墙面的混凝土剔平，对大钢模施工的混凝土墙面应凿毛，并用钢丝刷满刷一遍，再浇水湿润。如果基层混凝土表面很光滑时，亦可采取如下的"毛化处理"办法，即先将表面尘土、污垢清扫干净，用10%的火碱水将板面的油污刷掉，随之用清水将碱液冲净、晾干，然后在1:1的水泥细砂浆内掺水重20%的107胶喷至墙面或用笤帚将砂浆甩到墙上，其甩点要均匀，终凝后浇水养护，直至水泥砂浆疙瘩全部黏到混凝土光面上，并有较高的强度(用手掰不动)为止。

(2) 吊垂直、套方、找规矩、贴灰饼：根据面砖的规格尺寸设点、做灰饼。

(3) 抹底层砂浆。先刷一道掺水重10%的107胶水泥素浆，紧接着分层分遍抹底层砂浆(常温时采用配合比为1:3的水泥砂浆)，每一遍厚度宜为5mm，抹后用木抹子搓平，隔天浇水养护；待第一遍六至七成干时，即可抹第二遍，厚度约8~12mm，随即用木杠刮平、木抹子搓毛，隔天浇水养护，若需要抹第三遍时，其操作方法同第二遍，直到把底层砂浆抹平为止。

(4) 弹线分格。待基层灰六至七成干时，即可按图纸要求进行分段分格弹线，同时亦可进行面层贴标准点的工作，以控制出墙尺寸及垂直度、平整度。

(5) 排砖。根据大样图及墙面尺寸进行横竖向排砖，以保证砖缝隙均匀，符合设计图纸要求，注意大墙面要排整砖，以及在同一墙面上的横竖排列，均不得有一行以上的非整砖。非整砖行应排在次要部位，如窗间墙或阴角处等，但也要注意一致和对称。如遇有突出的卡件，应用整砖套割吻合，不得用非整砖随意拼凑镶贴。

(6) 浸砖。釉面砖和外墙面砖镶贴前，首先要将面砖清扫干净，放入净水中浸泡2h以上，取出待表面晾干或擦干净后方可使用。

(7) 镶贴面砖。镶贴应自下而上进行，

从最下一层砖下皮的位置线先稳好靠尺，以此托住第一皮面。在面砖外皮上口拉水平通线，作为镶贴的标准。

在面砖背面宜采用 1:2 的水泥砂浆镶贴，砂浆厚度为 6 ~ 10mm，贴上后用灰铲柄轻轻敲打，使之附线，再用钢片开刀调整竖缝，并用小杠通过标准点调整平面和垂直度。

(8) 面砖勾缝与擦缝。面砖铺贴拉缝时，用 1:1 水泥砂浆勾缝，先勾水平缝再勾竖缝，勾好后要求凹进面砖外表面 2 ~ 3mm。若横竖缝为干挤缝，或小于 3mm 者，应用白水泥配颜料进行擦缝处理。面砖缝子勾完后，用布或绵丝蘸稀盐酸擦洗干净。

5. 质量标准

(1) 保证项目。饰面砖的品种、规格、颜色、图案必须符合设计要求和符合现行标准的规定。饰面砖镶贴必须牢固，无歪斜、缺棱、掉角和裂缝等缺陷。

(2) 基本项目。表面平整、洁净，颜色一致，无变色、起碱、污痕，无显著的光泽受损处，无空鼓。接缝填嵌密实、平直，

宽窄一致，颜色一致，阴阳角处压向正确，非整砖的使用部位适宜。用整砖套割吻合，边缘整齐；墙裙、贴脸等突出墙面的厚度一致。流水坡向正确，滴水线顺直。

(3) 允许偏差项目见表 7-1。

6. 成品保护

(1) 要及时清理干净残留在门窗框上的砂浆。

(2) 认真贯彻合理的施工顺序，少数工种 (水、电、通风、设备安装等) 的施工应做在前面，防止损坏面砖。

(3) 油漆粉刷不得将油浆喷滴在已完工的饰面砖上，如果面砖上部为外涂料或水刷石墙面，宜先做外涂料或水刷石，然后贴面砖，以免污染墙面。若需先做面砖时，完工后必须采取贴纸或塑料薄膜等措施，防止污染 (见插图 7-10)。

(4) 注意不要碰撞墙面。

7. 常见质量问题及预防措施

饰面工程是建筑装饰施工中重要的产品形成过程，但在饰面产品形成过程中存在陶瓷材料饰面及石质材料饰面的质量通病。陶瓷饰面砖用于建筑物外饰面，对建

表 7-1　瓷砖、马赛克和面砖饰面施工的允许偏差

项次	项目	允许偏差 /mm	检查方法
		瓷砖、马赛克、面砖	
1	立面垂直	2	用 2m 托线板检查
2	表面平整	2	用 2m 靠尺和楔形塞尺检查
3	阳角方正	2	用 20cm 方尺检查
4	接缝平直	2	拉 5m 线检查，不足 5m 拉通线检查
5	墙裙上口平直	2	
6	接缝高低	0.5	用直尺和楔形塞尺检查
7	接缝宽度	+0.5	用直尺检查

筑起保护和装饰两种作用，但若施工不妥，易出现空鼓、脱落、分格缝不匀、墙面不平整、墙面污染、颜色不均等通病。

(1) 空鼓、脱落。

原因分析：

①由于贴面砖的墙饰面层质量大，使底子灰与基层之间产生较大的剪应力，粘贴层与底子灰之间也有较大的剪应力，如果再加上基层表面偏差较大，基层处理或施工操作不当，各层之间的黏结强度又差，面层即产生空鼓，甚至从建筑物上脱落。

②砂浆配合比不准，稠度控制不好，砂子中含泥量过大，在同一施工面上，采用不同配合比的砂浆，引起不同的平缩率而开裂、空鼓。

③饰面层各层长期受大气温度的影响，由表面到基层的温度梯度和热胀冷缩，在各层间也会产生应力，引起空鼓；如果面砖粘贴砂浆不饱满，面砖勾缝不严实，雨水渗透进去后受冻膨胀，更易引起空鼓、脱落。

预防措施：

①在结构施工时，外墙应尽可能按清水墙标准，做到平整垂直，为饰面施工创造条件。

②面砖在使用前，必须清洗干净，并隔夜用水浸泡，晾干后(外干内湿)才能使用。使用未浸泡的干砖，表面有积灰，砂浆不易黏结，而且由于面砖吸水性强，会把砂浆中的水分很快吸收掉，使砂浆与砖的黏结力大为降低；若面砖浸泡后没有晾干，面砖表面附水，使贴面砖时产生浮动，从而导致面砖空鼓。

③粘贴面砖砂浆要饱满，但使用砂浆

过多，面砖又不易贴平；如果多敲，会造成浆水集中到面砖底部或溢出，收水后形成空鼓，特别在垛子、阳角处贴面砖时更应注意，否则容易产生阳角处不平直和空鼓，导致面砖脱落。

④在面砖粘贴过程中，宜做到一次成活，不宜移动，尤其是砂浆收水后再纠偏挪动，最容易引起空鼓。粘贴砂浆一般可采用 1:0.2:2 混合砂浆，并做到配合比准确，砂浆在使用过程中更不要随便掺水和加灰。

⑤做好勾缝。勾缝用 1:1 水泥砂浆，砂过窗纱筛，分两次进行，头一遍用一般水泥砂浆勾缝，第二遍按设计要求的色彩配制带色水泥砂浆，勾成凹缝，凹进面砖深度约 3mm。相邻面砖不留缝的拼缝处，应用同面砖相同颜色的水泥浆擦缝，擦缝时对面砖上的残浆必须及时清除，不留痕迹。

(2) 分格缝不匀，墙面不平整。

原因分析：

①施工前没有按照图纸尺寸核对结构施工实际情况，进行排砖分格和绘制大样图。

②各部位放线贴灰饼不够，控制点少。

③面砖质量不好，规格尺寸偏差较大，施工中没有严格选砖，再加上操作不当，造成分格缝不均匀，墙面不平整。

预防措施：

①施工前应根据设计图纸尺寸，核实结构实际偏差情况，决定面砖铺贴厚度和排砖模数，画出施工大样图。一般要求横缝应与旋脸、窗台相平，竖向要求阳角窗口处都是整砖，如方格者按整块分匀，确

定缝子大小做分格条。根据大样图尺寸，对各窗心墙、砖垛等处要事先测好中心线、水平分格线、阴阳角垂直线，对偏差较大不符合要求的部位要事先剔凿修补，以作为安装窗框、做窗台、腰线等依据，防止贴面砖时在这些部位产生分格缝不匀、排砖不整齐等问题。

②基层打完底后用混合砂浆粘在面砖背后作灰饼，外墙要挂线，阴阳角上要双面挂直，灰饼的黏结层不小于 10mm，间距不大于 1.5m，并要在底子灰上从上到下弹上若干水平线，在窗口处弹上垂直线，作为贴成砖时的控制标志。

③铺贴面砖操作时应保持面砖上口平直，贴完一行砖后，应将上口灰刮平，不平处用小木片或竹签等垫平，放上分格条再贴第二行砖。垂直缝应以底子灰弹线为准，随时检查核对，铺贴后将立缝处的灰浆清理干净。

④面砖使用前应先进行剔选。凡外形歪斜、缺棱掉角、翘曲、龟裂和颜色不匀者均应挑出，用套板按面砖规格分大、中、小进行分类堆放，分别使用在不同部位；有缺陷的则不能使用，以免由于面砖本身质量问题造成排砖缝子不直、分格缝不匀和颜色不均等现象。

(3) 墙面污染。

原因分析：

对面砖保管和墙面完活后的成品保护不好；施工操作中没有及时清除砂浆，造成墙面污染。

预防措施：

①从开始贴面砖起，不得从脚手架上和室内向外倒脏水、垃圾。操作人员应严格做到活完顺手清。面砖勾缝时应自上而下进行，拆脚手架时应注意不要碰坏墙面。

②用草绳或者有色纸张包装的面砖，运输和保管期间要防止雨淋或受潮。

③面砖墙面完工后，如受砂浆、水泥浆水等沾污，用清水不容易洗刷干净时，可用 10% 的稀盐酸溶液洗刷，使盐酸与水泥浆口的氢氧化钙发生化学反应，生成极易溶于水、强度极低的氯化钙，被沾污的墙面就比较容易清洗干净。洗刷时，应由上而下用清水洗净，否则饰面容易变黄。

(4) 泛白污染。

原因分析：

①泛白污染的主要成分为碳酸钙，一般镶贴面砖的材料为水泥砂浆 (或掺入少量胶液)，水泥砂浆在水化硬化过程中，反应生成的氢氧化钙以及其他碱性水溶液，从贴缝或面砖中析出表面，在空气中的二氧化碳作用下，变成不溶于水的碳酸钙。另外，在砂浆硬化后，从贴缝和其他地方浸入雨水，雨水就会溶解砂浆里的水溶成分，并再从面砖或贴缝中析出，当析出物日积月累，逐渐扩大时，即形成非常难看的泛白现象。

②有的面砖吸水率高，如用多孔陶质面砖时，石灰水不仅要从贴缝处析出，而且会通过面砖孔隙析出表面，变成不溶解物质，出现整个面砖泛白。由于是通过面砖孔隙中析出的泛白，其泛白物质很难除掉 (表面除掉后又会析出)。

预防措施：

①做好勾缝，改变勾缝材料的性质，如掺加部分骨料，或适量的具有防水性质

的聚合物，如金属皂类等。

②用液体防水剂处理接缝，使之减小透水性。虽然防水剂从硬化了的勾缝材料外表面只能渗入 2～3mm，但对防止外部雨水浸透的效果很好。

③对陶质面砖进行防火处理。为减小陶质面砖的透水性，使泛白污染物不容易粘附在面砖表面上，可用防水剂处理面砖。

(5) 变色污染。

主要出现白度降低、泛黄、发花、变赭和发黑现象。

原因分析：

①釉面砖背面是未施釉坯体，如吸水率大，质地疏松，使溶解在液体中的各种颜色逐渐向坯体的深处渗透、扩散，直至从正面反出。

②我国釉面砖的坯体大多为白色，施釉面是透明或半透明的乳白釉，施釉厚度约为 0.5mm，且乳浊度不足，遮盖力低。

③釉面砖质地疏松，施工前浸泡又不透，粘贴时砂浆中的浆水或不洁净水从釉面砖背面渗进砖坯内，并慢慢地从透明釉面上反映出来，致使釉面砖变色。

预防措施：

①生产釉面砖时，适当增加施釉厚度，施釉厚度如果大于 1mm，阻透色效果就好。另外，提高釉面砖坯体的密实度，减小吸水率，增加乳浊度等。

②在施工过程中，浸泡釉面砖应用洁净水；粘贴釉面砖的砂浆，应使用干净的原材料进行拌制；粘贴应密实，砖缝应嵌塞严密，砖面应及时擦洗干净。

(6) 釉面砖面裂缝。

原因分析：

①釉面砖质量不好，材质松脆，吸水率大，因受潮膨胀较大而产生内应力，使砖面开裂。

②釉面砖在运输和操作过程中产生的隐性裂缝。

预防措施：

①釉面砖，特别是用于高级装饰工程中的釉面砖，应选用材质密实，吸水率小于 18% 的质量较好的釉面砖，以减少裂缝的产生。

②粘贴前釉面砖一定要用水浸泡透，将有隐伤者挑出。尽量使用和易性、保水性较好的砂浆粘贴。操作时不要用力敲击砖面，防止产生隐伤。

8. 验收标准

(1) 表面洁净，纹路一致，无划痕，无色差，无裂纹、无污染、无缺棱掉角等现象。

(2) 地砖边与墙交接处的缝隙合适，踢脚板能完全将缝隙盖住，宽度一致，上口平直。

(3) 地砖平整度用 2m 水平尺检查，误差不得超过 2mm，相邻砖高差不得超过 1mm。

(4) 地砖粘贴时必须牢固，空鼓控制在总数的 5%，单片空鼓面积不超过 10%(主要通道上不得有空鼓)。

(5) 地砖缝宽 1mm，不得超过 2mm，勾缝均匀、顺直。

(6) 水平误差不超过 3mm。

(7) 厨房、厕所的地坪不应高于室内走道或客厅地坪；如高于室内可采用过门石。

(8) 有排水要求的地砖铺贴坡度应满足排水要求。有地漏的地砖铺贴泛水 (一种极小的倾斜坡度) 方向应指向地漏，与地漏结合处应严密牢固。

三、马赛克施工工艺

1. 施工准备

(1) 材料。

水泥：32.5 级及以上的普通硅酸盐水泥或矿渣硅酸盐水泥；白水泥：32.5 级白水泥 (擦缝用)；中砂；石灰膏：使用石灰膏内不应含有未熟化的颗粒及杂质 (如使用石灰粉时要提前一周浸水泡透)；陶瓷、玻璃锦砖 (马赛克)：品种、规格、花色按设计规定，并应有产品合格证。

(2) 作业条件。

顶棚、墙柱面粉刷抹灰施工完毕。墙柱面暗装管线、电制盒及门窗安装完毕，并经检验合格。安装好的窗台板、门窗框与墙柱之间的缝隙用 1:2.5 水泥砂浆堵灌密实 (铝门窗边缝隙嵌塞材料应由设计确定)。铝门窗框应粘贴好保护膜。墙柱面清洁(无油污、浮浆、残灰等)，影响锦砖 (马赛克) 铺贴凸出的墙柱面应凿平，过度凹陷的墙柱面应用 1:2.5 水泥砂浆分层抹压找平 (先浇水湿润后再抹灰)。

2. 施工工艺

基层处理→贴灰饼、做冲筋→湿润基底→抹底层砂浆→抹中层砂浆→预排分格弹线→贴砖→润湿面纸→揭纸调缝→擦缝→擦缝清洗。

(1) 基层处理的抹底子灰基层为混凝土墙柱面时，对光滑表面基层应先打毛，并用钢丝刷满刷一遍，再淋水湿润。对表面很光滑的基层应进行"毛化处理"，即将表面尘土、污垢清理干净，浇水湿润，用 1:1 水泥细砂浆喷洒或用毛刷将砂浆甩到光滑基面上。甩点要均匀，终凝后再浇水养护，直到水泥砂浆疙瘩有较高的强度，用手搬不动为止。砖墙面基层：提前一天浇水湿润。

(2) 抹底子灰。吊垂直、找规矩，贴灰饼、做冲筋。吊垂直、找规矩时，应与墙面的窗台、腰线、阳角立边等部位砖块贴面排列方法的对称性以及室内地面块料铺贴方正等综合考虑，力求整体完美。将基层浇水湿润 (混凝土基层尚应用水灰比为 0.5 且内掺 107 胶的素水泥浆均匀涂刷)，分层分遍用 1:2.5 水泥砂浆抹底子灰 (亦可用 1:0.5:4 水泥石灰砂浆)，第一层宜为 5mm 厚，用铁抹子均匀抹压密实。待第一层干至七八成后即可抹第二层，厚度为 8 ~ 10mm，直至与冲筋大至相平，用压尺刮平，再用木抹子搓毛压实，划成麻面。底子灰抹完后，根据气温情况，终凝后淋水养护。

(3) 预排锦砖 (马赛克)、弹线。按照设计图纸色样要求，一个房间、一整幅墙柱面贴同一分类规格的砖块，砖块排列应自阴角开始，于阳角停止 (收口)；自顶棚开始，至地面停止 (收口)；女儿墙、窗顶、窗台及各种腰线部位，顶面砖块应压盖立面砖块，以防渗水，引起空鼓；如设计没有滴水线时，外墙各种腰线正面砖块宜下凸 3mm 左右，线底砖块应向内凸起 3 ~ 5mm，以利滴水。排好图案变异分界线及垂直与水平控制线。垂直控制线间距，一般以 5 块砖块宽度设一度为宜，水平控制线一般以 3 块砖块宽度设一度为宜。墙裙及踢脚线顶应弹置高度控制线。

（4）贴面。

硬底铺贴法如下。

①待底子灰终凝后（一般隔天），重新浇水湿润，将水泥膏满涂要贴砖部位，用木抹子将水泥膏打至厚度均匀一致（厚度以 1 ~ 2mm 为宜）。

②用毛刷蘸水，将砖块表面灰尘擦干净，把白水泥膏用铁抹子将锦砖（马赛克）的缝子填满（亦可把适量细砂与白水泥拌合成浆使用），然后贴上墙面。粘贴时要注意图案间花规律。砖块贴上后，应用铁抹子着力压实使其粘牢，并校正。

③锦砖（马赛克）粘贴牢固后（约 30min 后），用毛刷蘸水，把纸面擦湿，将纸皮揭去。

④检查缝子大小是否均匀，通顺，及时将歪斜、宽度不一的缝子调正并拍实。调缝顺序宜先横后竖进行（见插图 7-11）。

软底铺贴法如下。

①抹底子灰时留下 8 ~ 10mm 厚作湿灰层。

②将底灰面浇水湿润，按冲筋抹平底子灰（以当班次所能铺贴面积为准），用压尺刮平，用木抹子搓毛压实。

③待底子灰面干至八成左右，按硬底铺法进行铺贴。软底铺贴法一般适用于外墙较大面积施工，其特点是对平整度控制有利。

（5）擦缝：清干净揭纸后残留纸毛及粘贴时被挤出缝子的水泥（可用毛刷蘸清水适当擦洗）。用白水泥将缝子填满，再用棉纱或布片将砖面擦干净至不留残浆为止。

3. 质量标准

（1）保证项目。材料品种、规程、颜色、图案必须符合设计要求，质量应符合现行有关标准规定。镶贴必须牢固，无空鼓歪斜，无缺棱、掉角和裂缝等缺陷。

（2）基本项目。

①表面：观察检查和用小锤轻击检查。

合格：基本平整、洁净，颜色均匀，基本无空鼓现象。

优良：平整、洁净、色泽一致，无变色、起碱、污痕和显著的光泽受损处，无空鼓现象。

②接缝：观察检查。

合格：填嵌密实、平直，宽窄均匀，颜色无明显差异。

优良：填嵌密实、平直，宽窄均匀，颜色一致，阴阳角处的板压向正确，非整砖使用部位适宜。

③套割：观察或尺量检查。

合格：凸出物周围的砖套割基本吻合、其缝隙不超过 3mm；墙裙、贴脸等上口平顺，凸出墙面的厚度基本一致。

优良：用整砖套割吻合、边缘整齐；墙裙、贴脸等上口平顺，突出墙面的厚度一致。

④坡向、滴水线：观察检查。

合格：流水坡向基本正确；滴水线顺直。

优良：流水坡向正确；滴水线顺直。

4. 允许偏差

允许偏差见表 7-1。

5. 常见质量问题

(1) 空鼓。

原因分析：基层清洗不干净；抹底子灰时基层没有保持湿润；砖块铺贴时没有用毛刷蘸水擦净表面灰尘；铺贴时，底子灰面没有保持湿润及粘贴水泥膏不饱满和不均匀；砖块贴上墙面后没有用铁抹子拍实或拍打不均匀；基层表面偏差较大，基层施工或处理不当。

(2) 墙面脏。

原因分析：揭纸后没有将残留的纸毛、粘贴的水泥浆及时清干净；擦缝后没有将残留在砖面上的白水泥浆彻底擦干净。

(3) 缝子歪斜，块粒凹凸。

原因分析：

①砖块规格不一，没有严格挑选使用；铺贴时控制不严，没有对好缝及揭纸后没有调缝。

②底子灰不够平正，粘贴水泥膏厚度不均匀，砖块贴上墙面后没有用铁抹子均匀拍实。

6. 成品保护

(1) 门窗框上沾着的砂浆要及时清理干净。

(2) 拆架子时避免触碰已完工饰面。

(3) 对沾污的墙柱面要及时清理干净。

(4) 搬运料具时要注意避免碰撞已完工的墙柱面。

四、外墙砖施工工艺

1. 施工准备

(1) 材料要求。

水泥：32.5 级普通硅酸盐水泥。有出厂证明和复试单，若出厂超过三个月，应按试验结果使用。

砂子：中砂，用前过筛。

面砖：面砖的表面应光洁、方正、平整，质地坚固，其品种、规格、尺寸、色泽应均匀一致，必须符合设计规定。不得有缺棱、掉角、暗痕和裂纹等缺陷。

(2) 主要机具。

主要机具包括磅秤、铁板、孔径5mm 筛子、窗纱筛子、手推车、大桶、小水桶、平锹、木抹子、铁抹子、大杠、中杠、小杠、靠尺、方尺、铁制水平尺、灰槽、灰勺、米厘条、毛刷、钢丝刷、笤帚、錾子、锤子、粉线包、小白线、擦布或棉丝、钢片开刀、小灰铲、手提电动小圆锯、勾缝溜子、勾缝托灰板、托线板、线坠、盒尺、钉子、红铅笔、铅丝、工具袋等。

2. 作业条件

(1) 外架子应提前支搭和安设完成，选用双排架子，其横竖杆及拉杆等应距离墙面和门窗口角 150 ～ 200mm。架子的步高和支搭要符合施工要求和安全操作规程。

(2) 阳台栏杆、预留孔洞及排水管等应处理完毕。

(3) 墙面基层清理干净，脚手眼、窗台、窗套等事先砌堵好。

(4) 按面砖的尺寸、颜色进行选砖，并分类存放备用。

(5) 大面积施工前应先放大样，并做出样板墙，确定施工工艺及操作要点，并向施工人员做好交底工作。样板墙完成后必须经质检部门鉴定合格，还要经过设计的、甲方和施工单位共同认定，方可组织班组按照样板墙要求施工。

3. 施工工艺

基层处理→吊垂直、套方、找规矩→贴灰饼→抹底层砂浆→弹线分格→排砖→浸砖→镶贴面砖→面砖勾缝与擦缝。

(1) 基层处理：抹灰前，墙面必须清扫干净，浇水湿润。

(2) 吊垂直、套方、找规矩：大墙面和四角、门窗口边弹线找规矩，必须由顶层到底层一次进行，弹出垂直线，并决定面砖出墙尺寸，分层设点、做灰饼。横线则以楼层为水平基线交圈控制，竖向线则以四周大角和通天垛、柱子为基准线控制。每层打底时则以此次饼作为基准点进行冲筋，使其底层灰做到横平竖直。同时要注意找好凸出檐口、腰线、窗台、雨篷等饰面的流水坡度。

(3) 抹底层砂浆：先把墙面浇水湿润，然后用 1:3 水泥砂浆刮一道约 6mm 厚筋，紧跟着用同强度等级的灰与所冲的筋抹平，随即用木杠刮平，木抹搓毛，隔天浇水养护。

(4) 弹线分格：待基层灰六七成干时，即可按图纸要求进行分段分格弹线，同时亦可进行面层贴标准点的工作，以控制面层出墙尺寸及垂直度、平整度。

(5) 排砖：根据大样图及墙面尺寸进行横竖向排砖，以保证面砖缝隙均匀，符合设计图纸要求，注意大墙面、通天柱子和垛子要排整砖，以及在同一墙面上的横竖排列，均不得有一行以上的非整砖。非整砖行应排在次要部位，如窗间墙或阴角处等，但亦要注意一致和对称。如遇有凸出的卡件，应用整砖套割吻合，不得用非整砖随意拼凑镶贴。

(6) 浸砖：镶贴釉面砖和外墙面砖之前，首先要将面砖清扫干净，放入净水中浸泡 2h 以上，取出后待其表面晾干或擦干净后方可使用。

(7) 镶贴面砖：镶贴应自下而上进行，高层建筑采取措施后，可分段进行。在每一分段或分块内的面砖，均为自下而上镶贴。从最下一层砖下的位置线先稳好靠尺，以此托住第一层面砖。在面砖上口拉水平通线，作为镶贴的标准。

在面砖背面直采用 1:2 水泥砂浆镶贴，砂浆厚度为 6 ~ 10mm，贴上后用灰铲柄轻轻敲打，使之附线，再用钢片开刀调整竖缝，并用小杠通过标准点调整平面和垂直度。

女儿墙压顶、窗台、腰线等部位平面也要镶贴面砖时，除流水坡度应符合设计要求外，还应采取预面面砖压立面面砖的做法，预防向内渗水，引起空裂；同时还应采取立面中最低一排面砖必须压底平面面砖，并低出底平面面砖 3 ~ 5mm 的做法，让其超滴水线(槽)的作用，防止尿檐而引起空裂。

(8) 面砖勾缝与擦缝：面砖铺贴拉缝时，用 1:1 水泥砂浆勾缝，先勾水平缝再勾竖缝，勾好后要求凹进面砖外表面 2 ~ 3mm。若横竖缝为干挤缝，或小于 3mm 者，应用白水泥配颜料进行擦缝处理。面砖缝子勾完后，用布或棉丝蘸稀盐酸擦洗干净。

夏季镶贴室外砖，应有防止暴晒的可靠措施。

4. 质量标准

(1) 保证项目。饰面砖的品种、规格、

颜色、图案必须符合设计要求和现行标准的规定。饰面砖镶贴必须牢固，无歪斜、缺棱、掉角和裂缝等缺陷。

(2) 基本项目。表面平整、洁净，颜色一致，无变色、起碱、污痕，无显著的光泽受损处，无空鼓。接缝填嵌密实、平直，宽窄一致，颜色一致，阴阳角处压向正确，非整砖的使用部位适宜。套割：用整砖套割吻合，边缘整齐；墙裙、贴脸等凸出墙面的厚度一致。流水坡向正确，滴水线顺直 (见插图 7–12)。

饰面砖粘贴的允许偏差和检验方法见表 7–2。

5. 常见质量问题及预防措施

(1) 空鼓、脱落。

原因分析：基层表面偏差较大，基层处理或施工不当，如每层抹灰跟的太紧，面砖勾缝不严，又没有洒水养护，各层之间的黏结强度很差，面层就容易产生空鼓、脱落；砂浆配合比不准，稠度控制不好，砂子含泥量过大，在同一施工面上采用几种不同的配合比砂浆，因而产生不同的干缩，亦会空鼓。

预防措施：应在贴面砖砂浆中加适量

107 胶，增强黏结，严格按工艺操作，重视基层处理和自检工作，要逐块检查，发现空鼓的应随即返工重做。

(2) 墙面不平。

原因分析：主要是在结构施工期间，几何尺寸控制不好，造成外墙面垂直、平整度偏差大，而装修前对基层处理又不够认真。

预防措施：应加强对基层打底工作的检查，合格后方可进行下道工序。

(3) 分格缝不匀、不直。

原因分析：主要是施工前没有认真按照图纸尺寸核对结构施工的实际情况，加上分段分块弹线、排砖不细，贴灰饼控制点少，以及面砖规格尺寸偏差大，施工中选砖不细，操作不当等原因造成。

预防措施：加强管理、规范操作。

(4) 墙面脏。

原因分析：是勾完缝后没有及时擦净砂浆以及其他工种污染所致。

预防措施：可用棉丝蘸稀盐酸加 20% 的水刷洗，然后用自来水冲净；同时应加强成品保护。

表 7–2　饰面砖粘贴的允许偏差和检验方法

项次	项目	允许偏差 /mm		检验方法
		外墙面砖	内墙面砖	
1	立面垂直度	3	2	用 2m 垂直检测尺检查
2	表面平整度	4	3	用 2m 靠尺和塞尺检查
3	阴阳角方正	3	3	用直角检测尺检查
4	接缝干线度	3	2	拉 5m 线，不足 5m 拉通线，用钢直尺检查
5	接缝高低差	1	0.5	用钢直尺和塞尺检查
6	接缝宽度	1	1	用钢直尺检查

小／贴／士

1. 瓷砖填缝材料：常用的材料有白水泥、腻子粉、填缝剂、美缝剂等。这些材料中白水泥与腻子粉是传统的填缝材料，不过这两种材料在性能上都有所欠缺。常见的情况是，短时间内效果尚可，但是时间一长就会出现脱落、漏出缝隙等情况。而且，白水泥和腻子粉的防水性能不佳，导致在阴湿的地方砖缝特别容易发黑、发霉。因此，瓷砖专用填缝剂在家庭装修中使用得越来越多。填缝剂是经过特别设计的配方材料，因此它比白水泥等传统材料具有更好的黏合性，干燥之后耐磨性更好、强度高，并且吸水率低，不容易受潮与吸附污垢。美缝剂色彩丰富，颜色亮丽，包括珠光色、银色、金色等，适合与各种色彩的瓷砖搭配，白色美缝剂的白度在95%左右，表层强度高，韧性好，而且表面光洁，易擦洗，防水防潮，性价比较高。

2. 墙地砖常见的规格：地砖规格一般有1200mm×600mm、1000mm×1000mm、800mm×800mm、600mm×600mm、400mm×400mm、330mm×330mm、300mm×300mm；墙砖规格一般有800mm×400mm（加工砖）、600mm×300mm、300mm×450mm、250mm×330mm、165mm×165mm、100mm×100mm。

3. 墙砖的用量计算方法如下。

(1) 按面积计算瓷砖片数。

首先要测量出铺贴空间地和面墙面尺寸，计算出面积（长×宽）。

计算方法：

总片数 = 瓷砖铺贴面积（m²）÷（单片瓷砖的长 × 单片瓷砖的宽）

计算片数时单位应该要统一，计算后若有小数，一般采用向上取整的方法计算，还须另加上施工损耗（一般是6%～8%）。

(2) 按长度计算脚线、边线、腰线的片数。

首先测量出要贴脚线、边线、腰线的总长度值。计算方法：

总片数 = 总长度值 ÷（单片脚线、边线、腰线的长度值）。

如计算后有小数点，一般也采用向上取整的方法计算，然后加上施工损耗即可。

本／章／小／结

本章着重阐述了内墙砖、地砖、外墙砖和马赛克的铺贴工艺，并对其常见的质量问题进行了分析，提出了改进和预防的措施，有利于改善施工质量，完善施工管理。

思考与练习

1. 陶瓷的种类有哪些?

2. 装饰工程常用陶瓷装饰材料的分类方法有哪些?

3. 如何鉴别瓷砖质量?

4. 简述地砖施工工艺及常见质量问题。

5. 简述内墙砖施工工艺及常见质量问题。

6. 简述马赛克施工工艺及常见质量问题。

7. 简述外墙砖施工工艺及常见质量问题。

第八章
玻璃装饰材料与施工工艺

章节导读 装饰施工中常用玻璃制品的种类及装饰部位；各类玻璃制品的特点；平板玻璃隔断施工工艺流程、常见的质量问题及预防措施；玻璃砖隔墙施工工艺流程、常见的质量问题及预防措施。

第一节　玻璃装饰材料的种类、特点及装饰部位

玻璃是用石英砂、纯碱、长石、石灰石等为主要原料，在高温状态下熔融、成型、急冷而制成的。有些产品为改善性能，要加入一些辅助材料，如某些金属氧化物组成的溶剂、脱色剂、着色剂、乳浊剂、澄清剂、发泡剂等。建筑装饰用饰面玻璃种类繁多，既有建筑幕墙用的吸热玻璃、热反射玻璃、中空玻璃，也有室内常用的普通玻璃、夹丝玻璃、钢化玻璃等等。

1. 普通平板玻璃

普通平板玻璃又称单光玻璃和窗玻璃，具有透光、隔热、隔声、耐磨、耐气候变化的性能，起透光、挡风雨、隔音、防尘等作用，具有一定的机械强度，但性脆易碎，易伤人，紫外线通过率低。普通平板玻璃可用作建筑物的窗用玻璃、加工安全玻璃或特种玻璃的基板，也可用来制造各种装饰玻璃。主要有传统平板玻璃，浮法玻璃，磨光玻璃等。

普通平板玻璃的成品形状一般为矩形，厚度有 3mm、4mm、5mm、6mm、8mm、10mm、12mm 等，其部分规格尺寸见表 8-1。

2. 钢化玻璃

钢化玻璃又称强化玻璃，具有良好的

表 8-1　普通平板玻璃部分尺寸范围 (mm)

厚度	长度		宽度	
	最小	最大	最小	最大
3	500	1800	300	1200
4	600	2000	400	1200
5	600	2600	400	1800
6	600	2600	400	1800

机械性能和耐热抗震性能。钢化玻璃是将玻璃加热到 700℃左右，然后急速冷却，使玻璃表面形成压应力而制成的 (见插图 8-1)。为提高玻璃的强度，通常使用化学或物理的方法，在玻璃表面形成压应力，玻璃承受外力时首先抵消表层应力，从而提高了承载能力，增强玻璃自身抗风压性，抗冲击性等。钢化玻璃破碎时没有尖锐棱角碎片，不易伤人，广泛应用于汽车制造业、建筑业等。由于其机械性能强度高而被用作高层建筑的门窗、幕墙、隔断、屏蔽及橱窗等。钢化玻璃分平型和弯型两大类。

3. 毛玻璃

毛玻璃指用研磨、喷砂、溶蚀等手段制成的具有一定粗糙肌理的玻璃 (见插图 8-2)。用硅砂、金刚砂、石榴石粉等研磨材料加水研磨而制成的称为磨砂玻璃；用喷砂机将细砂喷射到玻璃表面而制成的称为喷砂玻璃；用酸溶蚀制成的称为酸蚀玻璃。毛玻璃表面粗糙，透光不透视，使室内光线不眩目、不刺眼。常常应用于建筑物的卫生间、浴室、办公室等的门窗或隔断。

4. 花纹玻璃

花纹玻璃也称压花玻璃和滚花玻璃。

"压花"是采用压延方法制造的一种平板玻璃。还有用机械加工或溶蚀等手段制成的具有浮雕花纹的雕花玻璃，增强玻璃的装饰性 (见插图 8-3)。用于屏风、门等处装饰。

5. 裂纹玻璃

裂纹玻璃是由钢化玻璃在角边用合适力撞击后，使整片玻璃呈自然裂纹，并在此前后用清玻璃胶合，使之不致散开 (见插图 8-4)。自然的裂纹增加了玻璃的肌理表现种类，给人以非常态的视觉印象。裂纹玻璃在室内设计中常应用于屏风、隔墙、台面等。

6. 彩绘玻璃

彩绘玻璃是通过一定的工艺过程，将绘画、摄影、装饰图案等绘制或印制在玻璃上，单块玻璃即可呈现完整的图案，也可多块镶拼成完整图案 (见插图 8-5)，具有绚烂夺目的艺术装饰效果。

彩绘玻璃从欧洲中世纪教堂彩色镶嵌玻璃后就有应用，现在常应用在有装饰需求的室内玻璃天花板、隔断墙、屏风、落地门窗、玻璃走廊、楼梯等处，也用作壁画装饰。

7. 彩色玻璃

彩色玻璃又称为有色玻璃或饰面玻

璃，分透明和不透明两种。透明的彩色玻璃是在玻璃原料中加入一定量的混合颜料，按平板玻璃的生产工艺加工而成（见插图 8-6）；不透明的彩色玻璃是用 4 ~ 6mm 厚的平板玻璃按照要求的尺寸切割成型，然后经过清洗、喷釉、烘烤、退火而成。彩色玻璃的颜色常见有红、黄、蓝、绿、乳白等十余种。彩色玻璃（包括彩色镶嵌玻璃）经常应用于门窗、隔断、墙面、楼梯拦板、发光吊顶（均经钢化处理的平板彩色玻璃）、地面等装饰部位。

8. 玻璃砖

玻璃砖又称特厚玻璃，分为实心玻璃砖和空心玻璃砖。实心玻璃砖是用熔融玻璃采用机械模压制成的矩形块状制品；空心玻璃砖是采用箱式模具压制而成，由两块玻璃加热熔结成整体，中间充以干燥空气，经退火，最后涂饰侧面而成（见插图 8-7）。空心砖按照砖内的空腔数目有单腔和双腔两种，后者在空腔中有一道玻璃肋。按其表面纹理，空心玻璃砖有光面和花纹面之分，玻璃砖的表面花纹常有橘皮纹、平行纹、斜条纹、花格纹、水波纹、菱形纹和钻石纹等。根据内侧做成的

各种花纹赋予它特殊的采光性，分为使外来光扩散的玻璃空心砖和使外来光向一定方向折射的指向性玻璃空心砖，按形状分为正方形、矩形及其他各种异型产品。一般规格有：115mm×115mm×80mm、145mm×145mm×80(95)mm、190mm×190mm×80(95)mm、240mm×240mm×80mm、240mm×150mm×80mm 等见表 8-2，其中 190mm×190mm×80(95)mm 的规格是常用的规格。按颜色分，有是玻璃本身着色的和在内侧面用透明着色材料涂饰的产品等。

空心玻璃砖具有抗压强度高，耐急热、急冷性能好，采光性能好，隔音、隔热、防火、耐水及耐酸碱腐蚀等多种性能，适用于宾馆、商店、饭店、住宅、体育馆、图书馆、展览厅及办公楼等场所的墙体、隔断、门厅、通道、接待台、吧台等不承受荷载的墙面处的装饰。空心玻璃砖可以内置光源，不能进行切割加工，只能利用其原有尺寸进行设计。空心玻璃砖的规格和性能见表 8-2。

9. 夹丝玻璃

夹丝玻璃也称防碎玻璃或钢丝玻璃。

表 8-2 空心玻璃砖的规格和性能

规格 /mm			抗压强度 /MPa	导热系数 /[W/(m·K)]	单块重量 /kg	隔声量 /dB	透光率 /(%)
长	宽	高					
190	190	80	6.0	2.35	2.4	40	81
240	115	80	4.8	2.50	2.1	45	77
240	240	80	6.0	2.30	4.0	40	85
300	90	100	6.0	2.55	2.4	45	77
300	190	100	6.0	2.50	4.5	45	81
300	300	100	7.5	2.50	6.7	45	85

它是将普通平板玻璃加热到红热软化状态，再将遇热处理后的铁丝网或铁丝压入玻璃中间而成，表面可以是磨光或压花的，颜色可以是透明或彩色的（见插图 8-8）。与普通平板玻璃相比，夹丝玻璃的耐冲击性和耐热性好。在外力作用和温度急剧变化时，具有破而不缺、裂而不散的优点；另外还有防盗性能，玻璃割破还有铁丝网阻挡。此种玻璃具有一定的防火性能，故也称为防火玻璃。常应用于建筑物的天窗、顶棚，以及受震动的门窗部位。彩色夹丝玻璃具有良好的装饰性，可应用于室内背景墙、阳台、楼梯、电梯间等处。

10. 夹层玻璃

夹层玻璃是在两片或多片平板玻璃之间夹一层塑料胶膜或其他材料 (PVB、SGP、EVA、PU 等)，经加热、加压、黏合而成的平面或曲面的复合玻璃（见插图 8-9）。它具有降低噪音，吸收紫外线，防爆和抵抗极强风压能力等作用。夹层玻璃常用于门窗、阳台、隔墙、幕墙、无顶盖天棚、观光电梯、楼梯拦板、平台走廊栏板、水族馆和游泳池的观察窗等，尤其适用于落地墙或窗。

11. 镭射玻璃

镭射玻璃是一类夹层玻璃，应用镭射全息膜技术，在玻璃或透明有机涤纶薄膜上涂敷一层感光层，利用激光在上刻划出任意多的几何光栅或全息光栅、同一感光点或感光面，因光源的入射角不同而出现不同的色彩变化，在同一块玻璃上可形成上多种图案（见插图 8-10）。镭射玻璃的颜色多种多样，有单层和夹层结构之分，

如半透半反单层 (5mm)、半透半反夹层 (5mm+5mm)、钢化半透半反图案夹层地砖 (8mm+5mm) 等。镭射玻璃适用于舞厅、文化娱乐场所、宾馆、酒店及各种商业场所的门面、地面和隔断墙装饰。

12. 吸热玻璃

吸热玻璃是一种可以吸收大量红外线辐射能，并保持较高透明度的平板玻璃。生产吸热玻璃的方法可以有两种，一种是在钠钙硅酸盐玻璃中加入一定量的有吸热性能的吸热剂，另一种是在玻璃表面上喷镀吸热和着色的氧化物薄膜。不同颜色的吸热玻璃，其透光率和吸热率也不同；常见的颜色为灰色、茶色和蓝色等。玻璃厚度有 2mm、3mm、5mm、6mm。吸热玻璃能吸收大量的红外线，能减少室内热量，降低室内温度，防止室内家具、日用器具、书籍等表面褪色、变质；能吸收太阳可见光，减弱光线的强度，使室内光线变得柔和，起到防止眩光的作用。吸热玻璃可用于建筑玻璃幕墙及窗玻璃。

13. 中空玻璃

中空玻璃是由两层或两层以上的平板玻璃构成，四周采用胶接、焊接或熔接的方法密封，中间充入干燥的气体，框内加入干燥剂（见插图 8-11）。

原片厚度通常为 3mm、4mm、5mm、6mm。玻璃的间距根据导热性和气压变化及对强度的要求而定。根据中空玻璃具有的隔热、保温、隔声、防结露和透光等主要特性，多用于采暖、空调、消声设施等。中空玻璃是一种重要的节能材料，广泛应用于铝合金、塑钢、木制等各类门窗和建

筑幕墙。

14.泡沫玻璃

泡沫玻璃是以玻璃碎屑为原料,加入发泡剂混合粉末,经熔融、膨胀、成型制得的轻质多孔玻璃(见插图8-12)。具有防水、防火、防静电、无毒、隔声、隔热、不燃、不腐等性能。易加工,可进行锯、切、钻、旋和钉等机械加工。泡沫玻璃可按用途分为隔热泡沫玻璃和吸声泡沫玻璃等,其色彩有白色、黄色、棕色和黑色等。泡沫玻璃可用于烟道、冷库等墙体保温和各种管道的隔热防水工程,以及公共场所的幕墙板。它与釉面钢化玻璃结合可制成玻璃预制板,也可作为墙骨架结构的填充料等。

第二节
玻璃装饰材料的施工工艺、常见的质量问题及预防措施

一、平板玻璃隔断施工工艺

1.材料配件

(1)常用于玻璃隔断的玻璃有平板玻璃、磨砂玻璃、压花玻璃、彩色玻璃、安全玻璃等。

(2)框架常选用木制材料或金属材料,要求其品种、规格及质量应符合国家现行产品标准的规定,并应有产品合格证。

(3)其他材料包括油灰,橡皮条,嵌缝条、木压条或金属压条、黏结剂和小圆钉等。

2.主要机具

主要机具包括工作台、玻璃刀、玻璃吸盘器、小钢锯、型材切割机和手提式电钻等木工装饰机具。

3.作业条件

在施工前,应先对主体结构工程进行检查,其施工质量应符合设计要求。

4.施工工艺

定位、放线→制作、安装隔断→裁割玻璃→安装玻璃→细部处理。

(1)定位、放线。根据设计及施工的要求,放出玻璃隔断的定位线,如有误差应及时调整。

(2)制作、安装隔断。根据设计要求选择合适的材料即木(金属)骨架,先在地面和立面墙上制作并安装,在此过程中要检查骨架的牢固程度和平整度,如果需要还可安装衬板及面板。

①接触砖、石、混凝土的龙骨和预埋的木楔等应做防腐处理。

②木龙骨的横截面面积及纵、横向间距,应符合设计要求。

③木骨架的横、竖龙骨,应采用半榫、胶钉连接方式。

④木骨架安装完成后,应对龙骨进行防火处理。

⑤金属骨架制作时,应避免对骨架表面的污染和损坏,骨架如采用铆钉连接,表面尽量不显露顶帽。

(3)裁割玻璃。按设计要求和实际尺寸进行裁割。一般玻璃的实际尺寸要比设计尺寸缩小3mm左右,以利于安装时进行调整。裁割后的玻璃毛边要用磨石进行抛光处理。

①如裁厚玻璃及压花玻璃时,先在要

开裁的位置涂一道煤油再进行裁割。

②过厚的玻璃应采取机械切割、磨边。

③玻璃裁割后在每块玻璃上做好标记，安装时按序号进行，避免尺寸上的误差。

(4) 安装玻璃。

①安装前，将玻璃裁口内的污垢清除干净，并沿裁口的全长均匀涂抹 1 ~ 3mm 厚的底油灰。在木骨架安装玻璃时，四周用木压条和钉子固定玻璃，钉距不得大于 300mm，安装时可在木框上裁口或挖槽。在金属骨架安装玻璃时，要用橡胶条或打硅酮密封胶来固定玻璃。无骨架玻璃安装前应先在顶面一侧固定一根固定条，地面放上两块垫块，用玻璃吸盘从另一侧进行安装，玻璃到位以后要进行临时固定，再进行校正，正确无误后才最后固定，玻璃之间应留有 10mm 的缝隙。

②隔断上框与玻璃之间应该留有缝隙，减少隔断结构变形对玻璃的影响。安装较大块玻璃 (长边大于 1500mm 或短边大于 1000mm 的) 时，必须用橡皮垫、压条和螺钉镶嵌配合固定。

安装磨砂、压花玻璃时，花纹要朝外。安装钢化玻璃时，应用钢卡子卡紧或用压条嵌固，然后用橡胶条密封。安装有机玻璃时，注意有机玻璃的可加工性，可钻孔固定，可切割成任何形状。一般先安装金属骨架和固定连接零部件，最后悬挂固定有机玻璃片。

(5) 细部处理。玻璃安装后要及时清理玻璃表面，玻璃与骨架之间的空隙应及时用胶固定。

5. 质量标准

(1) 主控项目。

①隔墙工程所用材料的品种、规格、性能。图案和颜色应符合设计要求。玻璃板隔墙应使用安全玻璃。

②砖隔墙砌筑中埋设的拉结筋必须与基体结构连接牢固，位置也应正确。

③板隔墙的安装必须牢固，玻璃板隔墙胶垫的安装应正确。

(2) 一般项目。

①隔墙表面应色泽一致、平整洁净、清晰美观。

②隔墙接缝应横平竖直，玻璃应无裂痕、缺损和划痕。

③板隔墙嵌缝及玻璃砖隔墙勾缝应密实平整、均匀顺直、深浅一致。

④隔墙安装的允许偏差和检验方法应符合《建筑装饰装修工程施工质量验收规范》的规定。

6. 成品保护

(1) 玻璃隔断安装完成后，对于进入玻璃安装完毕的需要施工的工种和人员实行登记制度，把成品保护工作落实到人。

(2) 玻璃安装完毕，挂上门锁或门插销，随手关门及锁门，以防风吹碰坏玻璃。

(3) 木龙骨及玻璃安装时，应注意保护顶棚、墙内装好的各种管线；木龙骨的天龙骨不准固定通风管道及其他设备上。

(4) 施工部位已安装的门窗，已施工完的地面、墙面、窗台等应注意保护、防止损坏。

(5) 木骨架材料，特别是玻璃材料，在进场、存放、使用过程中应妥善管理，使其不变形、不受潮、不损坏、不污染；

(6) 其他材料不得置于已安装好的木龙骨架和玻璃上。

(7) 将隔板靠在支架上，拆除货物保护箱后的两块厚木板用作支撑架，从而可以为隔板提供保护。

7. 注意事项

(1) 拼装彩色玻璃等有图案设计的玻璃隔断，禁止直接安装，应先按照拼花要求进行预拼编号，然后按编号进行，拼缝要吻合且不得错位。

(2) 玻璃安装应采用先下后上的顺序进行，以免引起安全事故。

(3) 无骨架玻璃隔墙禁止三边固定，应上下固定，以免受力引起玻璃破损。

二、玻璃砖隔墙施工工艺

1. 材料配件

玻璃砖、32.5 级或 42.5 级白色硅酸盐水泥、细砂、白灰膏、$\phi6 \sim 8mm$ 钢筋、镀锌钢膨胀螺栓、硅酮密封胶、木质或金属框体、沥青毡及硬质泡沫塑料等。

2. 主要机具

主要机具包括灰桶、大铲、托线板、线锤、小白线、水平尺、皮数杆、透明塑料胶带、橡皮锤、电焊设备、塑料十字米厘条等。

3. 作业条件

应先对主体结构工程进行检查，其施工质量应符合设计要求。与玻璃砖墙接触的建筑层面要求平整，做好防水层及外墙保护层。

4. 施工工艺

弹线、立框→选砖→排砖→挂线→砌筑→勾缝及细部处理→装饰收边。

(1) 弹线、立框。

根据设计要求，在施工部位弹出隔墙定位基准线，再弹出隔墙厚度基准线。根据设计，将木框体或金属框体用金属膨胀螺丝固定在建筑层面上。

(2) 选砖。

挑选棱角整齐、表面无裂痕、规格尺寸相同、对角线基本一致及无色差的砖。

(3) 排砖。

根据弹好的砖墙位置线，核实玻璃砖墙的长度与砖长的倍数是否吻合，因为玻璃砖是不能切割的。如果尺寸不吻合，可以通过调整上下槛、靠墙立筋的宽度；也可以调整砖缝尺度来解决。无论用哪种方法调整，要保证砖缝尺寸均匀一致，所有收边框体宽度一致，以求得好的装饰效果。

(4) 挂线。

砌筑前，应双面挂线。按隔墙厚度，在墙的两端、转角和中间点 (间距不大于 5000mm) 均应立好皮数杆，通过皮数杆挂好水平小线，按小线的水平高度逐层砌筑，使水平灰缝均匀一致，平直通顺。

(5) 砌筑。

按白水泥∶细砂 =1∶1 或白水泥∶107 胶 =100∶7(质量比) 的比例调制聚合物水泥浆，黏稠度以不流淌为好。砌筑砂浆必须密实饱满。在砌筑第一块砖体时，将与金属框腹面接触处垫入硬质泡沫塑料做胀缝材料；将与金属框两翼接触处填放沥青油毡做滑缝材料，胀缝和滑缝材料随砌筑逐层敷设到顶。

玻璃砖砌筑是按上下层十字缝 (对缝) 立砖的方式，缝隙间距为 5 ~ 10mm，自

109

下而上逐层砌筑。在每层砌筑前，一般先在玻璃砖上放置规格完全一致的木垫块或塑料十字米厘条，以保证墙体平整度和砖缝厚度一致。进行上层砌筑时，先在本层玻璃砖上平铺一层白水泥砂浆，其厚度以比木垫块或米厘条厚 1mm 为宜；然后将上层玻璃砖放在下层砖上，使玻璃砖的中间槽卡在木垫块或米厘条上，同时也要与皮数杆和水平小线找平找直。

为了保证墙体的侧向刚度，在每条砖缝内埋设钢筋，竖向钢筋与横向钢筋要绑扎或焊接牢固，钢筋与四周框架也要连接牢固。增强钢筋间隔预设应在垂直方向每两层空心玻璃砖水平布置两根钢筋；在水平方向上每三个缝至少垂直布置一根钢筋，且砖墙高度≤ 4000mm。玻璃砖体宜以 1500mm 高度为一个施工段，待胶结材料达到强度后再进行上一层的施工（见图 8-1）。

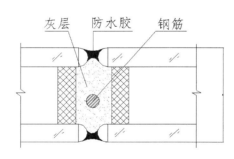

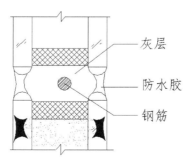

图 8-1　空心玻璃砖隔墙构造

(6) 勾缝及细部处理。

当采用凹缝时，在砂浆凝结前进行划缝，深度一般为 5 ～ 8mm（或依据设计实施），划缝 2 ～ 3h 后进行勾缝。先勾水平缝后勾竖向缝，勾缝要顺直平滑，深浅均匀。勾缝完成后，要把玻璃砖墙表面用湿布擦洗干净。待砖缝表面水汽蒸发干燥后，在所有接触部位的缝内涂抹防水胶。防水胶要确保嵌缝饱满密实，保证玻璃砖墙表面的清洁。

(7) 装饰收边。

玻璃砖墙外框需要进行饰边处理，一般有以下两种方法。

①木饰边。常用的有厚木板饰边、阶梯饰边和半圆饰边等。

②不锈钢饰边。常用的有单柱饰边，多柱饰边和不锈钢板槽饰边等。

5. 质量标准

(1) 主控项目。

①玻璃砖隔墙工程所用材料的品种、规格、性能、图案和颜色应符合设计要求。玻璃板隔墙应使用安全玻璃。

检验方法：观察；检查产品合格证书、进场验收记录和性能检测报告。

②玻璃砖隔墙的砌筑或玻璃板隔墙的安装方法应符合设计要求。

检验方法：观察。

③玻璃砖隔墙砌筑中埋设的拉结筋必须与基体结构连接牢固，位置也应正确。

检验方法：手扳检查；尺量检查；检查隐蔽工程验收记录。

④玻璃砖砌筑隔墙中应埋设拉结筋，拉结筋要与建筑主体结构或受力杆件有可

靠的连接；玻璃板隔墙的受力边也要与建筑主体结构或受力杆件有可靠的连接，以充分保证其整体稳定性，保证墙体的安全。

⑤玻璃板隔墙的安装必须牢固。玻璃隔墙胶垫的安装应正确。

检验方法：观察；手推检查；检查施工记录。

(2) 一般项目。

①玻璃隔墙表面应色泽一致、平整洁净、清晰美观。

检验方法：观察。

② 玻璃隔墙接缝应横平竖直，玻璃应无裂痕、缺损和划痕。

检验方法：观察。

③玻璃板隔墙嵌缝及玻璃砖隔墙勾缝应密实平整、均匀顺直、深浅一致。

检验方法：观察。

④玻璃隔墙安装的允许偏差和检验方法应符合表 8-3 的规定。

6. 成品保护

(1) 保持玻璃砖墙表面的清洁，随砌随清理干净。

(2) 玻璃砖墙砌筑完成，在进行下道工序前，应在距墙两侧各 100 ~ 200mm 处搭设木架柱钢丝网，以防止碰坏已砌好的玻璃砖墙。

(3) 玻璃砖隔墙与顶棚和其他墙体的交接处应采取防开裂措施。

7. 注意事项

(1) 玻璃砖禁止堆放过高，以免伤人。

(2) 玻璃砖隔断墙施工中必须采取加强措施，砖缝中的加强钢筋间隔不超过 650mm，并应伸入竖缝和横缝与玻璃砖上下、左右的框体及结构连接牢固。

(3) 砌筑第一层玻璃砖时应双面挂线，如隔墙较长，应加设几个支线点，禁止单面挂线。

(4) 玻璃砖粘贴时要选用白水泥，禁止用普通硅酸盐水泥。

8. 常见质量问题及预防措施

(1) 砖缝开裂。

原因分析：砌筑砂浆过稀，拌制时间过长，与柱、顶板连接处未采取措施，砂浆不饱满。

预防措施：砌筑砂浆应稠度适宜，随拌随使用，横缝竖缝均应砂浆饱满密实；与柱、顶板连接处应采取铺钉钢丝网等补强措施，宜用专用玻璃砖胶泥砌筑；墙体

表 8-3　玻璃隔墙安装的允许偏差和检验方法

项　次	项　目	允许偏差 /mm		检 验 方 法
		玻璃砖	玻璃板	
1	阴阳角方正	—	2	用直角检测尺检查
2	表面平整度	3	-	用 2m 靠尺和塞尺检查
3	立面垂直度	3	2	用 2m 垂直测尺检查
4	接缝直线度	—	2	拉 5m 线，不足 5m 拉通线，用钢直尺检查
5	接缝高低差	3	2	用钢直尺和塞尺检查
6	接缝宽度	—	1	用钢直尺检查

111

砌筑中必须按规范规定埋设拉结筋与基体结构连接牢固。

(2) 电线管、线盒安装不牢。

原因分析：未预先设计确定好线管、线盒位置，事后剔凿。

预防措施：玻璃砖隔墙砌筑前应预先设计好线管、线盒位置，进行预埋、预留；玻璃砖预留洞口应用机械切割预留方正；线盒安装必须牢固，不得事后剔凿墙面。

三、玻璃栏板施工工艺

1. 材料配件

(1) 玻璃：包括夹丝玻璃、钢化玻璃、夹层钢化玻璃和夹层夹丝玻璃，所使用的玻璃必须是安全玻璃，其规格厚度 ≥ 12mm。

(2) 框架结构包括金属材质的立柱、各类装饰板、玻璃收边胶条、不锈钢爪手等。

(3) 扶手常使用不锈钢圆管、黄铜管或高级木料等。

(4) 连接件及密封胶等其他材料。

2. 主要机具

主要机具包括电焊机、冲击钻、玻璃吸盘器、手电钻、扳手、水平尺、钢卷尺和线锤等。

3. 作业条件

(1) 土建工程质量验收合格，装饰也基本完成并达到有关验收标准后。

(2) 预埋件、预留洞按要求完成并经验收合格。

4. 施工工艺

裁割玻璃→安装扶手→安装玻璃→基座固定→打磨抛光。

(1) 裁割玻璃。按设计要求进行玻璃裁割。要求尺寸准确，玻璃不得有掉角、裂纹等缺陷。

(2) 安装扶手。

①如果采用木扶手构造，木扶手要求纹理美观，常采用柚木、水曲柳、楸木、榉木等。

②固定点选用不易发生变形的牢固部位，如墙体、柱体或金属框体等。可预先在墙体或结构柱体上埋设铁件，然后将扶手底部的扁铁与预埋件焊接或用螺栓连接；也可采用膨胀螺栓铆固铁件或用射钉打入连接件，再将扶手与连接件紧固。

③如果采用不锈钢扶手，扶手的接长采用焊接方法。安装前要求焊口打磨修整处理，使金属管的外径圆度一致，并进行初步抛光。为了提高扶手刚度及安装玻璃栏板的需要，常在圆管管内加设型钢，并与钢管外表焊成整体。

管内加设的型钢要留出比玻璃厚度大 3 ~ 5mm 宽度的槽口，型钢入管深度要大于管的半径，最好等于直径的长度。

(3) 安装玻璃。

主要采用在基座（地面）结构上下预埋件（钢板或螺栓），然后在埋件上焊接或螺栓上安装连接，铁活焊接高度不得小于 100mm，通过铁活来预留出安装玻璃的槽口。当安装玻璃时，要在槽口下边每隔 500mm 左右预留下一块橡胶垫，以便使玻璃不直接与地面或铁活接触。槽口内玻璃两侧利用螺丝加橡胶垫或填充料将玻璃挤紧，玻璃的下部不得直接落在金属板上，应使用氯丁橡胶将其垫起。玻璃的两侧做法有以下几种。

①全玻璃式：也就是玻璃与玻璃之间没有任何连接材料，玻璃块与块之间在安装时宜留出8mm左右的空隙，以免玻璃块之间互相碰撞或因温度变化产生应力而损坏，间隙内注入硅酮密封胶。玻璃的固定由上边的扶手和下边的地面通过与玻璃的连接来实现。

②吊挂式：吊挂式是在扶手的下边设置吊挂卡，玻璃的重量通过扶手所设置的吊件来承受，卡子的数量一般每块玻璃安装2~3个。为了使玻璃安装后保持稳定状态，在玻璃下边或在靠下边的两个侧边还要与立柱或地面进行固定。采取在地面留槽，使玻璃入槽，或在立柱上焊接卡子把玻璃卡住，最后用玻璃胶注入槽口或卡口内，把玻璃固定牢的方法。

③镶嵌式：通过玻璃两侧设置立柱，立柱两边开槽口，或与地面及扶手三面开槽。把玻璃直接装入这两面或三面槽口，通过向槽口内注入硅酮密封胶进行固定。立柱无论采用什么材料，都应先在管材的两侧开槽，要求裁口要平整光滑，将开槽处打磨修平而后抛光。

④夹板式：夹板式是通过在金属柱上每根至少设置两个或两个以上卡槽，利用卡槽把玻璃卡住。立柱上的所有卡槽必须在一条垂线上，每条栏板所有立柱也必须确保垂直。安装时一定要将玻璃入槽卡紧，但应避免因夹力过大而损坏玻璃。如在立管上焊通长横卡子，玻璃上下口全部入卡槽内，玻璃的两侧宜与立柱留2~3mm空隙，用密封胶密封。

玻璃插入扶手，不得直接接触管壁，要留有一定空隙，并每隔500mm左右应

用橡胶垫垫好，以使玻璃得到缓冲。安装玻璃时，进入管的深度应大于管的半径。如果安装的是加厚玻璃，玻璃进入管的深度可以小于半径，待玻璃下口与基座(地面)固定后，再把玻璃上口与扶手用密封胶密封。

(4)基座固定。

玻璃安装固定后，要做好基座维护和装饰，一般作法是：外部为面砖、大理石板材、金属板材，内填细石混凝土、砂浆或加强肋板等；也可以采用角钢、槽钢等型材焊接成龙骨，表面安装衬板及饰面板。栏板玻璃与金属扶手、金属立柱及基座饰面等相交的缝隙处，均应注入密封玻璃胶。

(5)打磨抛光。

卡槽与立柱焊好后要用手提砂轮机对焊缝磨平抛光，要求无焊痕，不得高低不平或带有毛刺。

5.质量标准

(1)护栏和扶手制作与安装所使用材料的材质、规格、数量和木材、塑料的燃烧性能等级应符合设计要求。

(2)护栏和扶手安装预埋件的数量、规格、位置、以及护栏与预埋件的连接点应符合设计要求。扶手的端头与墙或柱连接时，其埋件应保证位置准确。过长的扶手为保证其强度，应在中间加立柱。

(3)护栏高度、栏杆间距、安装位置必须符合设计要求，且护栏安装稳定、牢固。

(4)凡采用不锈钢管和全铜管做玻璃栏河扶手时，安装完成后要即时对扶手表面进行保护，交工前对扶手上的油污和杂

物进行清理和擦拭，并要再次进行抛光。

(5) 护栏和扶手转角弧度应符合设计要求，接缝应严密，表面应光滑，色泽应一致，不得有翘曲、裂缝、损坏等现象。

(6) 安装玻璃前应检查玻璃板的周边有无快口边，若有，应用磨角机或砂轮进行打磨，防止锋利的快口边割伤人。

(7) 大块玻璃安装时，为防止玻璃的热胀冷缩，在设计时应考虑玻璃板与边框之间要留有 5mm 的空隙。

(8) 护栏和扶手安装的允许偏差和检验方法应符合表 8-4 规定。

6. 成品保护

(1) 施工部位已安装好的护栏和扶手，为防止磕碰、划伤，应做保护层。

(2) 施工部位已安装好的面板、玻璃及配件，为防止损坏、破损及丢失、污染，须贴警示条。

(3) 立杆及扶手涂刷防锈漆时要避免涂刷于墙体和楼面上，造成墙面和楼面污染。

(4) 玻璃安装前不得损坏包装，并不得平放；安装过程中，要轻拿轻放，避免损坏。

(5) 玻璃和扶手必须采用不污染玻璃的塑料薄膜纸双面保护，薄膜离玻璃边缘距离为 10 ~ 20mm，便于玻璃安装。塑料薄膜纸验收之前不能拆掉。

7. 注意事项

(1) 在大块玻璃安装设计时应考虑玻璃与边框之间要留有 5mm 的空隙；同时在安装过程中要防止玻璃与金属边框或砂浆抵死而积聚内部应力，使玻璃产生自爆的现象。

(2) 所有铁件经现场焊接后 (如底座与钢柱焊接处、立柱用的弯折件间焊接)，焊接处打磨后需做好防锈防腐处理。

(3) 玻璃栏杆大范围施工前应先做出样板，确定施工工艺及操作要点，并向施工人员做好交底工作。样板完成后必须经主管施工鉴定合格后，还要经过设计、建设、监理和施工单位共同认定，方可按照样板要求施工。

8. 常见质量问题及预防措施

(1) 黏结对缝不严或开裂。

原因分析：护栏和扶手安装时含水率高，安装后的干缩所致。

预防措施：扶手料进场后，应存放在库内保持通风干燥，严禁在受潮情况下安装。

(2) 接槎不平。

原因分析：主要是扶手底部开槽深度不一致，栏杆扁钢或固定件不平正，影响扶手接槎的平顺质量。

表 8-4　护栏和扶手安装的允许偏差和检验方法

项　次	项　目	允许偏差 /mm	检 验 方 法
1	护栏垂直度	3	用 1m 垂直检测尺检查
2	栏杆间距	3	用钢尺检查
3	扶手直线度	4	拉通线，用钢直尺检查
4	扶手高度	3	用钢尺检查

预防措施：扶手底部开槽深度确保一致。

(3) 螺帽不平。

原因分析：主要是钻眼角度不当造成。

预防措施：施工时钻眼方向应与扁铁或固定件垂直。

四、墙面玻璃镜安装施工工艺

室内装饰中玻璃镜的使用较为广泛，玻璃镜的安装部位主要有顶面、墙面和柱面。安装固定通常用玻璃钉、黏结和压线条的方式。

1. 材料配件

材料配件包括木方、衬板、玻璃镜子、压条、玻璃钉、密封玻璃胶等。

2. 主要机具

主要机具包括手提砂轮机、玻璃割刀、吊线锤、细砂轮、玻璃吸盘器、密封胶注射枪、螺丝刀等。

3. 作业条件

基面应为板面结构，通常是木夹板基面，如果采用嵌压式安装基面可以是纸面石膏板基板面。基面要求平整、无鼓肚现象。

4. 施工工艺

基层处理→弹线→制作木骨架（同时做防腐、防潮、防火处理）→铺定衬板→安装镜面玻璃→收口线条的处理。

(1) 基层处理。不同的基层表面有不同的处理方法。

①基层为一般的砖混结构。在龙骨安装前，可在墙面上按弹线位置用 $\phi16 \sim 20mm$ 的冲击钻头钻孔，其钻孔深度不小于 40mm。在钻孔位置打入直径大于孔径

的浸油木楔，并将木楔超出墙面的多余部分削平。

②基层为木隔墙、轻钢龙骨石膏板隔墙。先将隔墙的主附龙骨位置画出，与墙面待安装的木龙骨固定点标定后，方可施工。

为了防止潮气对衬板及镜面镀层的影响，基层要做一定的防潮处理，可以刷防水材料。

(2) 弹线。

弹线的目的有两个：一是使施工有了基准线，便于下一道工序的施工；二是检查墙面预埋件是否符合设计要求，电器布线是否影响木龙骨安装位置，空间尺寸是否合适。在弹线过程中，如果发现不能按原来的设计布局，应及时提出设计变更，以保证工序的顺利进行。

(3) 制作并固定木骨架。

制作龙骨前检查墙面预埋的木楔是否平齐或者有损坏，位置及数量是否符合木龙骨布置的要求。

木龙骨要做好防腐、防潮、防火处理。木龙骨架的间距通常根据面板模数或现场施工的尺寸而定，一般为 400 ～ 600mm。在有开关插座的位置处，要在其四周加钉龙骨框。

固定木骨架时要用线锤检查木骨架的平整度，然后把校正好的木骨架按墙面弹线位置要求进行固定。固定前，先看木骨架与建筑墙面之间是否有缝隙，如果有缝隙，可用木片或木垫块将缝隙垫实。再校正木龙骨在墙面的水平度是否符合设计要求。经调整准确无误后，再将木龙骨钉实、钉牢固。

115

在砖混结构的墙面上安装固定木龙骨，可用射钉枪或强力气钢钉来固定木龙骨，钉帽不应高出木龙骨表面，以免影响装饰衬板或饰面板的平整度。

在轻钢龙骨石膏板墙面上固定木龙骨，将木龙骨连接到石膏板隔断中的主附龙骨上，连接时可先用电钻钻孔，再拧入自攻螺钉固定，自攻螺丝帽一定要全部拧放到木龙骨中，不允许螺丝帽露出。

在木隔断墙上固定木龙骨时，木龙骨必须与木隔墙的主附龙骨吻合，再用圆铁钉或气钉钉入。在两个墙面阴阳角转角处，必须加钉竖向木龙骨。

(4) 铺定衬板。

多选用 5 ~ 18mm 厚的胶合板、中密度板、细木工板做衬板，将其钉在龙骨上。根据底板厚度选用固定板材的铁钉或气钉长度，一般为 25 ~ 30mm，钉距宜为 80 ~ 150mm。钉头要用没入衬板内，避免划伤镜子。衬板之间的间隙应该设在龙骨上，衬板面要光洁平整。

(5) 安装镜面玻璃。

根据镜面的设计要求裁切好相应尺寸，并进行固定。固定方式可以采用嵌压式固定安装、玻璃钉固定安装、黏结加玻璃钉双重固定安装等。

①嵌压式固定安装。嵌压式安装常用的压条为木压条、铝合金压条、不锈钢压条。

根据安装压条的位置设定进行弹线，因为压条应固定在实体墙面或骨架上，并来确定压条的位置和数量。木压条在固定时，最好用 20 ~ 25mm 的钉枪来固定，避免用普通圆钉，以防止在钉压条时震破玻璃镜。

铝压条和不锈钢压条可用木螺钉固定在其凹部。如采用无钉工艺，可先用木衬条卡住玻璃镜，再用万能胶将不锈钢压条粘卡在木衬条上，然后在不锈钢压条与玻璃镜之间的角位处封玻璃胶。

另外，墙面组合粘贴小块玻璃镜面时，应从下边开始，按弹线位置向上逐块粘贴。并在块与块的对接缝边上涂少许玻璃胶。

玻璃镜在墙柱面转角处的衔接方法有线条压边、磨边对角和用玻璃胶收边等。用线条压边方法时，应在粘贴玻璃镜的面上，留出一条线条的安装位置，以便固定线条；用玻璃胶收边，可将玻璃胶注在线条的角位，也可注在两块镜面的对角口处。

②玻璃钉固定安装。玻璃钉需要固定在木骨架上，安装前应按木骨架的间隔尺寸在玻璃上打孔，孔径小于玻璃钉端头直径 3mm。每块玻璃板上需钻出四个孔，孔位均匀布置，并且不能太靠镜面的边缘，以防开裂。

根据玻璃镜面的尺寸和木骨架的尺寸，在衬板上弹线，确定镜面的排列方式。玻璃镜应尽量按每块尺寸相同来排列。

玻璃镜安装应逐块进行。镜面就位后，先用直径 2mm 的钻头，通过玻璃镜上的孔位，在木龙骨骨架上钻孔，然后再拧入玻璃钉。拧入玻璃钉后应对角拧紧，以玻璃不晃动为准，最后在玻璃钉上拧入装饰帽。

③ 黏结加玻璃钉双重固定安装。在一些重要场所，或玻璃镜面积大于 $1m^2$ 的顶面、墙面安装，经常用黏结后加玻璃钉

的固定方法，以保证玻璃镜在开裂时也不致下落伤人。

先将镜的背面清扫干净，除去尘土和沙粒。在镜的背面涂刷一层白乳胶，用一张薄的牛皮纸粘贴在镜背面，并用塑料片刮平整。分别在镜背面的牛皮纸上和衬板面涂刷万能胶，当胶面不粘手时，把玻璃镜按弹线位置粘贴到衬板上。用手抹压玻璃镜，使其与衬板黏合紧密，并注意边角处的粘贴情况。然后用玻璃钉将镜面再固定四个点，固定方法如前述。值得注意的是粘贴玻璃镜时，不得直接用万能胶涂在镜面背后，以防止对镜面涂层造成腐蚀损伤。

(6) 收口线条的处理。

如果在两个不同交接面之间存在高差、转折或缝隙时就需要用线条造型修饰，常采用收口线条来处理。安装封边收口条时，钉的位置应在线条的凹槽处或背视线的一侧。

5. 质量标准

(1) 主控项目。

①玻璃板饰面工程所用材料、品牌、规格、色彩、图案、花纹朝向及安装方法等，必须符合设计要求及国家产品标准的规定。面积大于 $1.5m^2$ 的单块玻璃及落地玻璃应使用安全玻璃。

②与主体结构连接的预埋件、连接件以及金属框架必须安装牢固，其数量、规格、位置、连接方法和防腐处理应符合设计要求。

③玻璃裁割尺寸正确，安装应安全、无松动，玻璃安装位置及方法应符合设计要求及《建筑玻璃应用技术规程》(JGJ 113—2015) 的规定。

④玻璃板外边框或压条的安装位置应正确，安装必须牢固。

⑤玻璃板四周橡胶条的材质、型号应符合设计要求，橡胶条镶嵌应平整，橡胶条在转角应斜面断开，并用黏结剂黏结牢固后嵌入槽内。

⑥玻璃胶的打注应饱满、密实、连续、均匀、无气泡。

(2) 一般项目。

①玻璃表面应平整、洁净；整幅玻璃应色泽一致；不得有污染或镀膜损坏。

②镜面玻璃表面平整、光洁无暇，映入景物应清晰、保真、无变形。

③玻璃安装密封胶缝应横平竖直、深浅一致、宽窄均匀、光滑顺直、美观。

④固定玻璃钉或钢丝卡数量、规格应符合施工规范的规定和要求。

⑤压条镶钉应与裁口边沿紧贴齐平、连接紧密，不露钉帽。

⑥每平方米玻璃的表面质量及检验方法应符合表 8-5 的规定。

表 8-5　每平方米玻璃的表面质量及检验方法

项次	项目	允许偏差	检验方法
1	明显划伤和长度＞100mm 的轻微划伤	不允许	观察
2	长度≤100mm 的轻微划伤	≤8 条	用钢尺检查
3	擦伤总面积	≤500m²	用钢直尺检查

117

⑦玻璃外框或压条应平整、顺直、无翘曲，线形挺秀、美观。

⑧玻璃板安装的允许偏差及检验方法应符合表8-6的规定。

6. 成品保护

(1) 玻璃进场后要竖向就近施工位置摆放，并要求保证摆放稳当。

(2) 玻璃安装时要轻拿轻放，避免相互碰撞，避免施工工具碰坏玻璃。

(3) 安装好的玻璃要避免硬物碰撞，避免硬物划伤，保持玻璃的清洁。

7. 注意事项

(1) 一般玻璃镜厚度选用5～8mm。

(2) 安装调整时严禁用力撬动，如果安装不合乎要求要重新安装。

(3) 在同一墙面上安装同色玻璃时，最好选用同一批次产品，以免因色差影响装饰质量。

8. 常见质量问题及预防措施

(1) 镜面玻璃腐蚀。

原因分析：

①固定玻璃时，采用了有腐蚀性的万能胶或玻璃胶。

②镜子放在有腐蚀的环境中，但四周未密封。

预防措施：

①采用中性硅胶固定或将万能胶涂抹在镜子的基层板上。

②放置在腐蚀环境中的镜子，四周应全部密封。

(2) 镜子变形翘角。

原因分析：

①基层变形。

②与基层黏结不牢。

表8-6　玻璃板安装的允许偏差及检验方法

项次	项目		允许偏差/mm		检验方法
			明框玻璃	隐框玻璃	
1	立面垂直度		1	1	用2m垂直检测尺检查
2	构件直线度		1	1	用2m垂直检测尺检查
3	表面平整度		1	1	用2m垂直检测尺检查
4	阳角方正		1	1	用直角检测尺检查
5	接缝直线度		2	2	用钢直尺和塞尺检查
6	接缝高低差		1	1	拉5m线，不足5m拉通线，用钢直尺检查
7	接缝宽度		—	1	用钢直尺检查
8	相邻板角错位		—	1	用钢直尺检查
9	分格框对角线长度差	对角线长度≤2m	2	—	用钢直尺检查
		对角线长度＞2m	3	—	

预防措施：

①基层材料采用不易变形的实心木板或夹板。

②采用好的黏结材料，且使镜子与基层黏结牢固无松动、四周密封。

(3) 接缝高低不平。

原因分析：

①基层不平。

②黏结材料涂抹不均匀。

预防措施：

①基层必须经过验收合格后方可进行玻璃施工。

②接缝处的黏结材料涂抹厚度应保持一致。

(4) 特殊玻璃未刨边，未满足要求。

原因分析：施工考虑不周全。

预防措施：

①所有玻璃定做前，应根据施工规范及使用要求确定玻璃是否刨边、车边。

②有特殊要求的玻璃，其间距要满足使用及安全要求。

小／贴／士

1. 平板玻璃隔断：玻璃的透光性好，能调节热辐射，达到保温节能的效果。玻璃隔断有光泽，可加工性能好，可随意拆改，多用于办公空间、商业空间等空间的分隔。

2. 玻璃砖隔墙：玻璃砖隔墙适合于宾馆和餐厅等公共场所，适于控制透光、眩光和太阳光的场合。实际施工中常选择不同品种的玻璃砖进行组合砌筑。

3. 玻璃栏板：玻璃栏板是将大块的透明安全玻璃固定在地面的基座上，上面加设不锈钢、铜质或木质扶手。与其他材料做成的栏板或栏杆相比，装饰效果别具一格，通长透明的玻璃栏板，给人一种通透简洁的效果。常常用于星级宾馆、酒店、超级商场等公共建筑中的主楼梯、大厅、天井平台等部位。

4. 墙面玻璃镜：室内装饰中玻璃镜的使用较为广泛，玻璃镜的安装部位主要是有顶面、墙面和柱面。安装固定通常用玻璃钉、黏结和压线条的方式。

本 / 章 / 小 / 结

　　本章简要阐述了建筑装饰中常用的玻璃制品的类别、特点及装饰部位。着重介绍了平板玻璃隔断、玻璃砖隔墙、玻璃栏板及墙面玻璃镜的施工工艺的流程、常见的质量问题及预防措施。

思考与练习

1. 简述装饰施工中常用玻璃制品的种类。

2. 简述平板玻璃隔断施工工艺。

3. 简述玻璃砖隔墙施工工艺。

4. 简述墙面玻璃镜施工工艺。

5. 简述平板玻璃隔断常见质量问题及预防措施。

6. 简述玻璃砖隔墙常见质量问题及预防措施。

7. 简述墙面玻璃镜常见质量问题及预防措施。

第九章
金属装饰材料与施工工艺

章节导读 装饰施工中常用金属制品的种类及装饰部位；各类金属制品的特点；铝合金墙面板工程施工工艺流程、常见的质量问题及预防措施；金属饰面板材吊顶施工工艺流程、常见的质量问题及预防措施。

第一节　金属装饰材料的种类、特点及装饰部位

金属材料及其制品在当今的生活中是不可或缺的。生活中常见的金属材料有钢材、铝材、铜材等。现有金属装饰材料以钢、铝及其合金制品为主。这些金属材料各自有着不同的特征和属性，可以应用在不同的方面。

一、建筑装饰用钢材及其制品

以铁为主要元素，含碳量在2%以下，并含有其他元素的铁碳合金材料，我们称之为钢材。

钢材之所以得到广泛应用，是因为其具有很多优点：材质均匀、性能可靠、强度高、有一定的塑性和韧性。另外，钢材还具有承受冲击和振动荷载的能力，这就使得利用钢材进行焊接、铆接或螺栓连接成为可能，便于装配。当然，钢材也有缺点，那就是易腐蚀、不耐火、维修费用相对较高。钢材是建筑工程中的常见材料，如圆钢、角钢、槽钢、工字钢、钢管等都是生活中常见的各种型材。另外，板材以及混凝土结构用钢筋、钢丝、钢绞线等也是建筑工程中不可或缺的材料。

1. 装饰用不锈钢制品

不锈钢是在钢中加入铬或锰、镍、铁

等元素的合金钢。由于这些元素的性质比铁活泼，首先与环境中的氧化合，生成一层与钢基体牢固结合的致密的氧化膜层，称作钝化膜，它能使合金钢得到保护，不致锈蚀。不锈钢目前的应用极其广泛，除了具有普通钢材的性质外，还有极好的耐腐蚀性。

不锈钢按不同的耐腐蚀特点，又可分为普通不锈钢（简称不锈钢）和耐酸钢两类。前者具有耐大气和水蒸气侵蚀的能力，后者除对大气和水蒸气有抗腐蚀能力外，还对某些化学腐蚀介质（如酸、碱、盐溶液）具有良好的抗腐蚀性。常用的不锈钢有40多个品种，其中建筑装饰用不锈钢主要是Cr18Ni8、0Cr17Ti和1Cr17Mn2Ti等几种。

从分类上看，按照制作规格上看主要包括不锈钢薄板（板材的规格为长1000～2000mm，宽500～1000mm，厚度0.2～2.0mm）、不锈钢管材（包括平管、花管、方管、圆管、圆管两端斜管、方管两端斜管、彩色管及半球板管）（见插图9-1）、不锈钢角材（见插图9-2）及槽材三部分（包括等边不锈钢角材、等边不锈钢槽材）。按照光泽度分为亚光不锈钢和镜面不锈钢；按表面样式分为平面板和花纹板（见插图9-3）；按照外表色彩，不锈钢分为普通不锈钢和彩色不锈钢。

相较于钢铁材质，不锈钢的颜色及光泽好，加工也比较容易，所以广泛地应用于各种高要求的工业设备、仪器仪表、食品机械设备、医疗器械、军工产品及高级轻工产品上。因此，对不锈钢着色的要求也就不仅限于黑、白等单调的颜色。工业和军工产品有其特殊要求，在人们日常生活中，不锈钢材料制品可以利用着色方法得到蓝、蓝绿、褐、橙、黄及金黄等五彩缤纷的颜色，同时还可以利用蚀刻和着色结合的方法制造出各种精美的图纹和艺术装饰品。

除了耐腐蚀性这一主要特征之外，不锈钢的另一个重要特征是光泽度高。经过不同的加工，不锈钢表面可以形成不同的光泽度和反射度。正因为如此，不锈钢具有一定的装饰性，建筑装饰工程可根据不同部位的装饰要求进行选用。高级别的抛光不锈钢的表面光泽度，具有同玻璃镜面相同的反射能力，给人一种现代感。不锈钢在现代装饰中主要用于壁板及天花板，门及门边收框，台面的薄板，隔断的不锈钢管及板，配件五金（如把手、铰链、自动开门器、滑轨等），栏杆或扶手，家具的支架，招牌字，展示架等。

不锈钢及其制品在建筑装饰上通常用来做屋面、幕墙、门窗口、内外墙饰面、包柱、栏杆扶手、壁画或装饰画边框、展厅陈列架及护栏等。不锈钢在设计风格上具有现代感，通常与玻璃组合应用，适合营造工业风的装饰风格。不锈钢包柱目前被广泛应用于大型商场、宾馆、酒店、银行、写字楼等大型高档建筑的入口、门厅、中厅等。

2. 彩色不锈钢板

彩色不锈钢板是在不锈钢板上进行技术性和艺术性的着色处理，使其表面具有各种绚丽色彩的不锈钢装饰板，其颜色有蓝、灰、紫、红、青、绿、金黄、橙、茶色等多种（见插图9-4）。

彩色不锈钢板的规格常有：厚度为0.2mm ～ 2mm，幅面为 1219mm×2439mm和 1219mm×3048mm。当然，这些规格不能满足需求时，彩色不锈钢板也可以按需要尺寸进行加工。彩色不锈钢板除了具有普通不锈钢板耐腐蚀性强、强度较高、光泽度高的特点外，还具有彩色面层经久耐用，随光照角度不同，色泽会产生色调变换等特点，这些特点能够提高其装饰性。一般来说，彩色面层能耐 200℃温度和180° 弯曲，其耐盐雾、耐腐蚀性能超过了一般不锈钢板。

彩色不锈钢板的应用范围主要在于室内墙板、天花板、电梯轿厢内部、车厢板、建筑装潢、广告招牌等装饰。

除板材外还有方管、圆管、槽型、角型等彩色不锈钢型材。

3. 彩色压型钢板

建筑用压型钢板是指冷轧板、镀锌板、彩色涂层板等不同类别的薄钢板，经辊压、冷弯其截面可呈 V 形、U 形、梯形或类似这几种形状的波形压型板 (见插图 9-5)。

压型钢板具有质量轻 (板厚 0.5 ～ 1.2mm)、波纹平直坚挺、色彩鲜艳丰富、造型美观大方、耐久性强、抗震性高、加工简单、施工方便等特点，彩色压型钢板与 H 型钢、冷弯型材等各种型材的钢结构，已发展成为一种完整的、成熟的建筑结构体系，它使钢结构质量大大减轻。这种结构具有自重轻、建设周期短、抗震性能优越等特点。广泛用于工业与民用建筑及公共建筑的内外筋面、屋面、吊顶等的装饰以及轻质夹心板材的面板等。

建筑用压型钢板 (GB/T 12755—2008) 规定压型钢板表面不允许有用 10 倍放大镜所观察到的裂纹存在。对用镀锌钢板及彩色涂层钢板制成的压型钢板规定不得有镀层、涂层脱落以及影响使用性能的擦伤。

4. 彩色涂层钢板

为提高普通钢板的耐腐蚀性和装饰性能，20 世纪 70 年代开始，国际上迅速发展起来一种新型带钢预涂产品——彩色涂层钢板。近年来我国亦相应发展这种产品，这种钢板涂层可分有机涂层、无机涂层和复合涂层三种，以有机涂层钢板发展最快。有机涂层可以配制各种不同色彩和花纹，故称之为彩色涂层钢板 (见插图 9-6)。

彩色涂层钢板的原板通常为热轧钢板和镀锌钢板，最常用的有机涂层为聚氯乙烯、聚丙烯酸酯、环氧树脂、醇酸树脂等。涂层与钢板的结合采用薄膜层压法和涂料涂覆法两种。

彩色涂层钢板的性能如下。

(1) 耐污染性。将番茄酱、口红、咖啡、饮料、食用油涂抹在聚酸类涂层表面 24h后，用洗涤液清洗烘干，其表面光泽、色差无任何变化。

(2) 耐热性。涂层钢板在 120℃烘箱中连续加热 90h，涂层光泽、颜色无明显变化。

(3) 耐低温性。涂层钢板试样在零下54℃低温下放置 24h 后，涂层抗弯曲、冲击性能无明显变化。

(4) 耐沸水性。各类涂层产品试样在沸水中浸泡 60h 后表面的光泽和颜色无任何变化，无起泡、软化、膨胀等现象。

建筑中彩色涂层钢板主要用作外墙护墙板，直接用来构成墙体则需做隔热层。此外，它还可以作屋面板，瓦楞板，防水、防汽渗透板，耐腐蚀设备、构件，以及家具，汽车外壳，挡水板等。

彩色涂层钢板还可以制作成压型板，其断面形状和尺寸与铝合金压型板基本相似。由于它具有耐久性好、美观大方、施工方便等优点，故可以用于工业厂房及公共建筑的墙面和屋面。

5. 建筑用轻钢龙骨

建筑用轻钢龙骨是以冷轧钢板、镀锌钢板、彩色喷塑钢板或铝合金板材作原料，采用冷加工工艺生产的薄壁型材，经组合装配而成的一种金属骨架。它具有自重轻、刚度大、防火、抗震性能好、加工安装简便等特点，适用于工业与民用建筑等室内隔墙和吊顶所用的骨架（见插图9-7）。

龙骨按用途分为隔墙龙骨及吊顶龙骨。隔墙龙骨一般作为室内隔断墙骨架，两面覆以石膏板或石棉水泥板、塑料板、纤维板、金属板等作为墙面，表面用塑料壁纸或贴墙布装饰，内墙用涂料等进行装饰，以组成新型完整的隔断墙。吊顶龙骨用作室内吊顶骨架，面层采用各种吸声材料，以形成新颖美观的室内吊顶。

轻钢龙骨防火性能好、刚度大、通用性强，可装配化施工，适应多种板材的安装。多用于防火要求高的室内装饰和隔断面积大的室内墙。

二、建筑装饰铝材及其制品

铝是另一种常见的建筑装饰材料，密度仅为钢的1/3，属于非铁金属中的轻金属，是各类轻结构的基本材料之一。随着炼铝技术的发展，铝及铝合金成为一种被广泛应用的材料。铝具有一定的耐腐蚀性，但需要注意的是铝不能与酸、碱接触，否则也会产生化学反应而被腐蚀，影响使用及装饰效果。

铝的另外一个显著特点是其有良好的延展性，因此可以轻易地将其塑形后按照需要加工成板、管、线等。但是铝的强度很低，因此人们常在铝中加适量的铜、镁、锰、硅、锌等元素组成铝合金。其力学性能明显提高，并仍保持铝的质量较轻的固有性质，提高了其使用价值。铝合金按加工方法可分为变形铝合金和铸造铝合金（又称生铝合金）。建筑用铝合金主要是变形铝合金。为提高铝合金性能，经表面处理后的铝合金耐腐、耐磨、耐光、耐气候性均好，色泽美观大方。

在现代建筑和装饰工程中，铝和铝合金的用量不断增加，如铝合金装饰板、铝合金吸声板、吊顶用铝合金格栅、铝合金压型板、铝合金型材、铝合金门窗、铝合金吊顶及隔墙龙骨、铝箔以及铝和其他材料复合而成的铝镁曲面装饰板、内外墙用的铝塑板等。

铝合金以它特有的结构性和独特的建筑装饰效果，被广泛用于建筑工程中，如铝合金门、窗，铝合金柜台、货架，铝合金装饰板，铝合金龙骨吊顶等。我国铝合金门窗的起点较高，进步较快。现在我国已有平开铝窗、推拉铝窗、平开铝门、推拉铝门、铝制弹簧门等几十种系列投入市场。

1. 铝合金型材

铝合金型材具有质轻、强度高、耐腐蚀、耐磨、刚度大的特点，它的各种复杂断面形状及其大小规格均可一次挤压成型（见插图9-8）。另外经处理后有各种雅致色泽，装饰效果良好，应用十分广泛。它是铝合金门窗及其配件、装饰幕墙、门面装饰及展示陈列柜、销售货柜等装饰的主要材料之一。

铝合金门窗是由经表面处理的铝合金型材，经过下料、打孔、铣槽、攻丝、制窗等加工工艺而制成的门窗框架，再与玻璃、连接件、密封件、五金配件等组合装配而成（见插图9-9）。在现代建筑装饰工程中，尽管铝合金门窗比普通门窗的造价高3～4倍，但因其具有长期维修费用低、性能好、美观、节约能源等优点，仍得到广泛应用。

与普通木门窗、钢门窗相比，铝合金门窗有其自己的主要特点。首先是铝合金门窗省材、质量轻。每平方米耗用铝型材量平均为8～12kg，而每平方米钢门窗耗钢量平均为17～20kg。其次是性能好。尤其是密封性好，其气密性、水密性、隔声性均比普通门窗好，故对安装空调设备的建筑和对防尘、隔声、保温隔热有特殊要求的建筑，更适宜采用铝合金门窗。铝合金门窗不需涂漆，氧化层不褪色、不脱落、表面不需要维修，强度较高，刚性好，坚固耐用，耐腐蚀，使用维修方便，零件经久不坏，开关灵活轻便、无噪声。在铝合金门窗框料型材表面可进行着色处理，可着银白色、古铜色、暗红色、黑色、柔和的颜色或带色的花纹，还可涂装聚丙烯

酸树脂装饰膜使表面光亮，铝合金门窗造型新颖大方、线条明快、色泽柔和，提升了建筑物立面和内部的装饰性；最后是便于进行工业化生产，铝合金门窗的加工、制作、装配、试验都可在工厂进行，有利于实现产品设计标准化、系列化，零配件通用化，产品的商品化。

铝合金门窗按其结构与开启方式可分为推拉窗（门）、平开窗（门）、固定窗、悬挂窗、回转窗（门）、百叶窗、纱窗等。

2. 铝塑复合板

作为复合材料之一的铝塑复合板是常用的装饰主材之一。铝塑复合板（简称铝塑板）是中间基材为低密度PVC泡沫板或聚乙烯芯板，单面或双面为薄铝，经高温高压而制成的一种装饰材料（见插图9-10）。单面板只有一面铝层，双面板上下两层为薄铝板，铝层表面喷涂氟碳树脂涂层，具有耐老化和耐紫外线等性能。铝塑复合板具有很多优点：色彩多样、色泽持久；质轻、强度高、刚度好、抗冲击性好；隔声和减震性能好；隔热和阻燃效果好，能适用于–50℃～+85℃的各种自然环境。而且色泽优美，质感强，表面平整光洁，不易污染，容易清洗，还具有加工性能优良，易切割、裁剪、折边（用刨沟刀或其他工具可以方便地在板面开槽折边）、弯曲，安装方便等特点。铝塑复合板板材的表面光泽度有哑光与亮面之分，还有表面仿木、仿石材覆面，原铝色、彩色等产品种类。

铝塑板的厚度有3mm、4mm、5mm和6mm等几种规格；用于建筑外墙装饰

时一般选用 4mm、5mm、6mm 规格的铝塑板，用于室内装饰时一般选用 3mm 的铝塑板；板宽 1220mm、1470mm 等；板长 2000mm、2440mm、3000mm、4000mm 及非标准长度，其中 1220mm×2440mm 最为常用。根据铝塑板覆面铝层厚度有 21 丝、30 丝、40 丝、50 丝等规格。铝塑板主要用于建筑外墙门面、店面、包柱、室内壁板、天花、家具、展台、指示牌、广告板等处装饰。

3. 铝合金花纹装饰板

铝合金花纹装饰板是采用防锈铝合金坯料，用花纹轧辊轧制成的一种铝合金装饰板（见插图 9–11）。具有装饰性好、自重轻、耐磨、防滑、耐腐蚀和易清洁、有较强的光线反射率等特点。可用于建筑的内外墙面及楼梯、屋面、店面、广告牌等处的装饰，此外还有铝合金波纹板，铝合金压型板（常为吊顶材料）等。

4. 铝合金微孔吸声板

铝合金微孔吸声板（又称铝孔板）是采用铝合金板经机械冲孔而成的一种装饰材料（见插图 9–12）。板厚 0.6～1.2mm，其孔径为 1.8mm，孔距为 10～14mm 等，孔形可根据需要冲成圆形、方形、长方形、三角形或大小组合形等各种图案，内衬薄吸声棉纸。铝合金板穿孔后具有板材轻、耐高温、耐蚀、防火、防潮、吸声等特点。是一种具有降低噪声兼装饰双重功能的吊顶材料。

铝合金微孔吸声板与金属龙骨配套使用，主要应用于公共场所，办公区域，各类厨房、卫生间等室内吊顶，或

有吸声要求的室内空间。方形扣板主要规格：300mm×300mm、300mm×600mm、600mm×600mm 等。条形扣板主要规格：100mm、150mm、200mm，长 3300mm 等。

5. 铝合金压型板

铝合金压型板质量轻、外形美、耐腐蚀、经久耐用、安装容易、施工快速，经表面处理可得到各种优美的色彩，是现代广泛应用的一种新型建筑装饰材料（见插图 9–13），主要用作场屋面等。

6. 铝合金龙骨

铝合金龙骨具有自身质量轻、刚度大、防火、耐腐蚀、华丽明净、抗震性能好、加工方便、安装简单等特点（见插图 9–14）。

另外，铝合金还可压制成五金零件，如把手、铰锁以及标志、商标、包角等装饰制品。

7. 铝合金集成吊顶

铝合金集成吊顶有质轻、不锈、美观等优点，适用于较高档的室内吊顶之用。

8. 铝合金百叶窗

铝合金百叶窗是以铝镁合金制作的百叶片，通过梯形尼龙绳串联而成。

9. 铝箔

铝箔是用纯铝或铝合金加工成 0.2mm 或以下的薄片制品，具有良好的防潮、绝热性能。铝箔作为多功能保温隔热材料和防潮材料广泛应用于建筑业，也是现代建筑重要的装饰材料之一。建筑上常用的有铝箔牛皮纸、铝箔布、铝箔泡沫塑料板、铝箔波形板等。铝箔还可用于漆画制作。

三、建筑装饰用铜材

铜是我国历史上使用最早，用途较广的一种有色金属。相比较来说，铜是一种容易精炼的金属材料。在中国古代，铜的使用能够彰显出富贵典雅的气质。在古代建筑中，铜材是一种高档的装饰材料，用于宫廷、寺庙、纪念性建筑，建筑装饰及各种零部件以及商店铜字招牌等。在现代建筑装饰中，铜材也得到了广泛的应用，是一种集古朴和华贵于一身的高级装饰材料，可用于宾馆、饭店、机关等建筑的楼梯扶手、栏杆及踏步防滑条。而且用铜包柱体或墙板，美观雅致，光亮耐久，富丽堂皇，高贵典雅。

1. 铜

铜又称紫铜，因其表面氧化而呈紫红色。紫铜具有较好的耐腐蚀性，其强度较低、塑性较高，导电性、导热性、耐蚀性良好，易加工，可加工成薄片和线材，是良好的止水材料和导电材料。纯铜强度低，不宜直接用作结构材料，主要用于制造导电器材或配制各种铜合金。

2. 铜合金

因纯铜的强度不高，所以常在铜制品生产中掺入锌、锡等元素而成为铜合金。常用的铜合金有黄铜、白铜和青铜。铜合金既保持了铜的良好塑性和高抗蚀性，又改善了铜的强度、硬度等力学性能。铜合金装饰制品的另一特点是其具有金色感，在装饰工程中，常替代稀有的、价格昂贵的金在建筑装饰中作为点缀使用。铜可用于制作把手、门锁、执手，浴缸龙头、坐便器开关、淋浴器配件，各种灯具、铜字招牌和铜门、铜栏杆、防滑条、雕花铜柱和铜雕壁画等。铜合金也可制成铜粉，俗称"金粉"，主要成分是铜及少量锌、铝、锡等金属，常用于调制装饰涂料，代替"贴金"。

由于铜制品的表面易腐蚀，为了提高铜制品的耐久性，可在其表面用镀钛合金等进行处理，能极大改善其光泽度，增强铜制品的使用寿命。

3. 金箔

金箔是以黄金为原料加工而成的极薄的饰面材料，具有华丽、富贵的贴面装饰效果和较高的造价，一般用于等级较高的装饰部位中，其尺寸为 9.33mm×9.33mm，厚度为 0.1mm。在实际工程中有时常用仿金箔壁纸等作为其替代品。

第二节
金属装饰材料的施工工艺，常见的质量问题及预防措施

一、铝合金墙面板工程

1. 材料配件

(1) 铝合金板材。依据设计要求确定板材的品种、型号、规格，将所用的板材准备齐全。必须具有铝板的材质报告、产品合格证。定货加工的必须按照设计要求给厂家作好加工交底。

(2) 其他材料准备。连接构件、金属骨架、铁钉或木螺丝钉、镀锌自攻螺丝、螺栓等准备齐全。所用规格按照设计要求确定。

2. 主要机具

主要机具包括型材切割机、电锤、电

127

钻、风动拉铆枪、射钉枪、锤子、扳手、螺丝刀、线坠、卷尺、直尺等用具。

3. 作业条件

(1) 室外施工时应搭好施工脚手架，完善垂直运输等相关条件。

(2) 结构工程完成验收手续，进行到装饰分部工程施工阶段。

(3) 墙面弹好水平标高、竖向控制线以及楼层水平标高控制线。

(4) 完成对门窗洞口的定位控制和大样图节点，在施工前对整个施工部位进行实测实量并作出大样图。

(5) 在大面积施工前必须先作完样板施工，待各方验收合格后进行后续施工。

4. 施工工艺

放线→固定骨架的连接件→固定骨架→安装铝合金板→收口处理。

(1) 放线。将需要骨架的位置弹到基层上，保证骨架施工的准确位置，放线之前必须检查基层的平整度等结构质量。如果结构垂直度与平整度误差较大，应对基层进行处理。

(2) 固定骨架的连接件。骨架是通过其横竖杆件和连接件与结构固定，而连接件与结构之间可以与结构预埋件焊接牢固，也可以在墙上打膨胀螺栓。连接件施工时必须连接牢固。保证其牢固的要点是焊缝的长度、高度、膨胀螺栓的埋入深度、螺栓的安装间距等方面符合要求。对于关键部位，要对膨胀螺栓做拉拔试验，看其是否符合设计要求。型钢一类的连接件，其表面应镀锌，焊缝处层刷防锈漆。

(3) 固定骨架。金属骨架应预先进行防腐处理。安装骨架位置要准确，结合要牢固。安装后，检查中心线、表面标高等。骨架安装是根据设计和铝板的尺寸进行安装的，骨架安装必须与预埋件和结构连接牢固，骨架的间距尺寸必须符合设计和施工规范规定。对于多层或高层建筑外墙，为了保证铝合金板的安装精度，必须采用经纬仪对横竖杆件进行贯通检验。变形缝、沉降缝、变截面处等应妥善处理，使之满足使用要求。

(4) 安装铝合金板。安装面板前必须对面板进行检查，并提前考虑安装顺序。

依据铝板的固定形式，一种是采用螺钉与骨架相连接，固定的特点是螺钉头不外露，板条的一端用螺钉固定，另一端伸入部分恰好将螺钉盖住，一般要求板条的螺钉固定间距为 300mm 左右；第二种是采用与特制的龙骨相连接，将板与骨架的卡槽固定；第三种是在室内高度不大的情况下，在板的上下各留两个孔，然后与骨架上焊牢的钢销相匹配，安装时，只要将板穿到销钉上即可。要求安装面板准确并调整板面的高度，使其在一个面上达到固定的平整度，缝隙宽度一致，要求打胶的缝隙应宽窄一致。固定的螺栓一定要拧紧，不得松动。铝合金墙板之间的间隙一般为 10 ~ 20mm，用橡胶条或密封胶等弹性材料处理。

金属饰面板也可采用胶黏剂黏结固定方法：在基层表面及板块背面满涂建筑胶黏剂或采用打梅花点胶、条形注胶或蛇形注胶等施工的方法。将金属饰面板进行黏结固定的做法主要适用于室内墙面的小型饰面工程，特别是包覆圆柱的贴面装饰工程。多年来最常用的施工方法是在墙面、柱面或装饰造型体表面设置木龙骨，采用预埋件防腐木砖或在无预埋的基层上钻孔打入木楔，用木螺钉将木龙骨固定在基层上，然后在龙骨上固定胶合板或密度板等基面板，再于基面板上粘贴金属饰面板。

(5) 收口处理。铝合金装饰墙板在加工时，其形状已经考虑了防水性能，但若遇到材料的弯曲，接缝处高低不平，其形状的防水功能可能失去作用，因此，必须进行收口处理。常用的收口方法有压边、留缝、碰接、榫接等。

5. 质量标准

(1) 金属饰面板安装，当设计无要求时，宜采用抽芯铝铆钉，中间必须垫橡胶垫圈。抽芯铝铆钉间距以控制在 100 ~ 150mm 为宜。

(2) 安装突出墙面的窗台、窗套凸线等部位的金属饰面时，裁板尺寸应准确，边角应整齐光滑，搭接尺寸及方向应正确。

(3) 板材安装时严禁采用对接。搭接长度应符合设计要求，不得有透缝现象。

(4) 当外墙内侧骨架安装完后，应及时浇筑混凝土导墙，其高度、厚度及混凝土强度等级应符合设计要求，若设计无要求时，可按踢脚作法处理。

(5) 金属饰面表面应平整、洁净、色泽协调，无变色、泛碱、污痕和显著的光泽受损处。

(6) 金属饰面板接缝应填嵌密实、平直、宽窄均匀、颜色一致。阴阳角处的板搭接方向应正确，适合非整砖部位使用。

6. 成品保护

要及时清理干净残留在金属饰面板上的污物，如密封胶、手印、水等杂物，宜粘贴保护膜，预防污染、锈蚀。

7. 注意事项

(1) 安装铝合金饰面板时，严禁划伤表面，以免影响装饰效果。

(2) 当直接粘贴铝合金饰面板时，禁止直接粘贴于抹灰找平层，应贴于纸面石膏板、水泥压力板或胶合板等比较平整光滑的基层上。

(3) 铝合金饰面板禁止在应力状态下安装，以免引起板面的变形。

8. 常见质量问题及预防措施

(1) 板材透缝、压茬渗漏。

原因分析：

①拼缝未按规范要求。

②接茬不符合风向要求。

预防措施：

①板缝必须采取搭接，其搭接宽度应符合设计要求，不得对缝拼接。

②压茬必须按主导风向顺风安装，严禁逆向安装。

(2) 构造处理不妥。

原因分析：

①伸缩缝、沉降缝考虑不周。

②铝合金板排缝预留不足。

③连接部位，特别是焊接处处理不当等。

预防措施：

①伸缩缝、沉降缝内用氯丁橡胶带起到连接密封的作用，并且一定要固定牢靠，防止渗水。

②铝合金施工，应根据其线膨胀系数，留足排缝。

③焊接处应作防锈处理，铝型材在墙脚处，不得直接插入土中等。

二、金属饰面板材吊顶施工工艺

金属板材装饰吊顶主要采用金属块形饰面板、金属条形饰面板、格栅形饰面板等，也包括金属格片、花片吊顶、金属多功能网络体吊顶及金属筒式吊顶等等。

1. 材料准备

(1) 零配件：吊杆、膨胀螺栓、铆钉。

(2) 按设计要求选用各种金属罩面板，其材料品种、规格、质量应符合设计要求。

2. 主要机具

主要机具有电锯、五齿锯、手电钻、冲击电锤、电焊机、自攻螺丝钻、手提圆盘锯、手提线锯机、射钉枪、拉铆枪、手锯、钳子、螺丝刀、扳手、钢尺、钢水平尺、线坠。

3. 作业条件

(1) 吊顶工程在施工前应熟悉施工现场、图纸及设计说明。

(2) 施工前按设计要求对房间的净高、洞口标高和吊顶内的管道、设备及其支架的标高进行交接检验，并办理会签手续。

(3) 检查材料进场验收记录和复验报告。

(4) 吊顶内的管道、设备安装完成。罩面板安装前，上述设备应检验、试压验收合格。

(5) 罩面板安装前，墙面饰面基本完成，涂料只剩最后一遍面漆，经验收合格。

4. 施工工艺

弹线→固定吊挂杆→安装边龙骨→安装主龙骨→安装次龙骨→安装罩面板。

(1) 弹线。用水准仪在房间内每个墙(柱)角上抄出 +500mm 水平点(若墙体较长，中间也应适当抄几个点)，弹出水准线，从水准线量至吊顶设计高度加上金属板的厚度和折边的高度，用粉线沿墙(柱)弹出吊顶中龙骨、边龙骨的下皮线。按吊顶平面图，在混凝土顶板弹出主龙骨的位置。主龙骨宜平行房间长向安装，一般从吊顶中心向两边分，间距为 900 ～ 1200mm，一般以取 1000mm 为宜。如遇到梁和管道固定点大于设计和规程要求，应增加吊杆的固定点。

(2) 固定吊挂杆。采用膨胀螺栓固定吊挂杆件。不上人的吊顶，吊杆长度小于或等于1000mm 时，可以采用 ϕF6 的吊杆，如果大于1000mm 时，应采用 ϕ8 的吊杆，还应设置反向支撑。上人的吊顶，吊杆长度小于或等于1000mm 时，可以采用 ϕ8 的吊杆，如果大于1000mm 时，应采用 ϕ10 的吊杆，并设置反向支撑。吊杆的一端同∟30×30×3，L=50mm 角钢焊接(角钢的孔径应根据吊杆和膨胀螺栓的直径确定)，另一端可以用攻丝套出丝扣，丝扣长度不小于100mm，也可以买成品丝杆与吊杆焊接。制作好的吊杆应做防锈处理。制作好的吊杆用膨胀螺栓固定在楼板上，用冲击电锤打孔，孔径应稍大于膨胀螺栓的直径。

灯具、风口及检修口等应加设吊杆。大于 3kg 的重型灯具及其他重型设备严禁安装在吊顶工程的龙骨上，应加设吊挂件与结构连接。

(3) 安装边龙骨。边龙骨应按弹线安装，沿墙（柱）上的边龙骨控制线把 L 型镀锌轻钢条用自攻螺丝固定在预埋木砖上，如为混凝土墙（柱）上可用射钉固定，射钉间距应不大于吊顶次龙骨的间距。如罩面板是固定的单铝板或铝塑板可以用密封胶直接收边，也可以加阴角进行修饰。

(4) 安装主龙骨。主龙骨应吊挂在吊杆上。主龙骨间距 900 ～ 1200mm，一般取 1000mm 为宜。主龙骨分不上人 UC38 小龙骨、上人 UC60 大龙骨两种。主龙骨应起拱，起拱高度为房间短跨的 1/500。主龙骨的悬臂段不应大于 300mm，否则应增加吊杆。主龙骨的接长应采取对接、相邻龙骨的对接接头要相互错开。相邻主龙骨吊挂件正反安装，以保证主龙骨的稳定性，主龙骨挂好后应调平。

如罩面板是单铝板或铝塑板，也可以用型钢或方铝管做主龙骨，应与吊杆专用吊卡或螺栓（铆接）连接。

吊顶如设检修走道，应设独立吊挂系统，检修走道应根据设计要求选用材料。

(5) 安装次龙骨。次龙骨间距应根据设计要求设置。可以用型钢或方铝管做次龙骨，与吊杆用专用吊卡或螺栓连接。条形或方形的金属罩面板的次龙骨，应使用产品厂家提供的专用次龙骨，与主龙骨直接连接。

用 T 型镀锌铁片连接件把次龙骨固定在主龙骨上时，次龙骨的两端应搭在 L 型边龙骨的水平翼缘上。在通风、水电等洞口周围应设附加龙骨，附加龙骨的连接应采用铆钉铆固或螺栓固定。

(6) 安装罩面板。条板式吊顶龙骨一般可直接吊挂，也可以增加主龙骨，主龙骨间距不大于 1200mm，一般以 1000mm 为宜，条板式吊顶龙骨的形式与条板配套。

方板吊顶次龙骨分明装 T 型和安装卡口两种，根据金属方板式样选定；次龙骨与主龙骨间用固定件连接。

金属板吊顶与四周墙面所留空隙，用金属压条与吊顶找齐，金属压缝条材质宜与金属板面相同。

5. 质量标准

(1) 吊顶标高、尺寸、起拱和造型应符合设计要求。

(2) 金属板的材质、品种、规格、图案及颜色应符合设计要求及国家标准的规定。

(3) 吊杆、龙骨的材质、规格、安装间距及连接方式应符合设计及产品使用要求。金属吊杆应进行表面防锈处理。

(4) 金属板与龙骨连接必须牢固可靠，不得松动变形。

(5) 金属板条、块分格方式应符合设计要求，无设计要求时应对称美观；套割尺寸应准确，边缘整齐、不漏缝。条、块排列应顺直、方正。

(6) 金属板的表面应洁净、美观、色泽一致，无翘曲、凹坑、划痕。

(7) 金属板的安装质量应符合以下规定：起拱较为准确，表面平整；接缝、接口严密；条形板接口位置排列错开、有序，板缝顺直、无错台，宽窄一致；阴阳角方正。

6. 成品保护

(1) 安装轻钢骨架及罩面板时，应注

意保护顶棚内的各种管线。轻钢骨架的吊杆、龙骨不准固定在通风管道及其他设备件上。

(2) 轻钢骨架、罩面板及其他吊顶材料在运输、进场、存放、使用过程中，应严格管理，做到不变形、不受潮、不生锈。

(3) 工程中已安装好的门窗、已施工完毕的地面、墙面、窗台等，在施工顶棚时应注意保护，防止污损。

(4) 轻钢骨架不得上人踩踏；其他工种的吊挂件不得吊于轻钢骨架上。

(5) 为了保护成品，罩面板安装必须在顶棚内管道试水、试压、保温等工序全部验收合格后进行。

8. 常见质量问题及预防措施

(1) 吊顶不平。

原因分析：

①主龙骨安装时吊杆调平不认真，造成各吊杆点的标高不一致。

②轻钢骨架局部节点构造不合理。

预防措施：

①施工时应认真操作，检查各吊点的紧挂程度，并拉通线检查标高与平整度是否符合设计要求和规范标准的规定。

②吊顶轻钢骨架在留洞、灯具口、通风口等处，应按图纸上的相应节点构造设置龙骨及连接件，使构造符合图纸上的要求，保证吊挂的刚度。

(2) 轻钢骨架吊固不牢。

原因分析：轻钢骨架的吊点及吊杆操作不合理。

预防措施：顶棚的轻钢骨架应吊在主体结构上，并应拧紧吊杆螺母，以控制固定设计标高。顶棚内的管线、设备件不得吊固在轻钢骨架上。

(3) 罩面板分块间隙缝不直。

原因分析：罩面板规格有偏差，安装不正。

预防措施：施工时注意板块规格，拉线找正，安装固定时保证平整对直。

(4) 压缝条、压边条不严密不平直。

原因分析：加工条材规格不一致。

预防措施：使用时应经选择，操作拉线找正后固定、压粘。

(5) 方块铝合金吊顶要注意板块的色差，防止颜色不均的质量弊病。

小贴士

1. 金属材料：金属材料及其制品以其特有的品质成为建筑及室内装饰的主要用材，目前人们对金属材料的研究热情不减，随着合金技术的不断进步，新的金属装饰材料将会不断出现，为人们提供更多的选择。

2. 金属饰面板材吊顶：金属板材装饰吊顶主要指采用金属块形饰面板、金属条形饰面板、格栅形饰面板做吊顶装饰，也包括金属格片、花片吊顶、金属多功能网络体吊顶及金属筒式吊顶等等。

本／章／小／结

　　本章主要阐述了建筑装饰中常用的金属制品的类别、特点及装饰部位。着重介绍了铝合金墙面板工程、金属饰面板材吊顶的施工工艺的流程、常见的质量问题及预防措施。

思考与练习

1. 简述装饰施工中常用的钢材及其制品种类。

2. 简述装饰施工中常用铝材及其制品种类。

3. 简述铝合金墙面板工程施工工艺。

4. 简述金属饰面板材吊顶施工工艺。

5. 简述铝合金墙面板工程常见的质量问题及预防措施。

6. 简述金属饰面板材吊顶常见的质量问题及预防措施。

第十章
塑料装饰材料与施工工艺

章节导读 装饰施工中常用塑料制品的种类及装饰部位；各类塑料制品的特点；塑料板地面施工，常见的质量问题及预防措施；塑钢门窗施工工艺流程、常见的质量问题及预防措施。

第一节
塑料装饰材料的种类、特点及装饰部位

塑料是一种合成高分子有机化合物，是指以树脂为主要成分，以增塑剂、填充剂、润滑剂、着色剂等添加剂为辅助成分，在加工过程中能流动成型的材料，在室内设计中应用较广泛。与传统材料相比较，塑料具有质轻、防腐、防蛀、隔声、吸热、成型加工方便、施工工艺简单、品种花色繁多等优点，缺点是耐热性差、易燃、易老化、机械强度小等。作为重要的建筑材料，塑料逐步代替了越来越多的传统材料，已广泛用于门窗、地板、墙板、给排水管、隔热保温材料、隔声材料以及各种新型防水材料等。

一、塑料的种类

1. 按使用特性分类

(1) 通用塑料。

一般是指产量大、用途广、成型性好、价格便宜的塑料，如聚乙烯、聚丙烯、酚醛等。

(2) 工程塑料。

一般指能承受一定外力作用，具有良好的力学性能和耐高温、低温性能，尺寸稳定性较好，可以用作工程结构的塑料，如聚酰胺、聚砜等。

在工程塑料中又将其分为通用工程塑料和特种工程塑料两大类。

通用工程塑料包括：聚酰胺、聚甲醛、聚碳酸酯、改性聚苯醚、热塑性聚酯、超高分子量聚乙烯、甲基戊烯聚合物、乙烯醇共聚物等。

特种工程塑料又有交联型和非交联型之分。交联型的有：聚氨基双马来酰胺、聚三嗪、交联聚酰亚胺、耐热环氧树脂等。非交联型的有：聚砜、聚醚砜、聚苯硫醚、聚酰亚胺、聚醚醚酮(PEEK)等。

(3) 特种塑料。

特种塑料一般是指具有特种功能，可用于航空航天等特殊应用领域的塑料。如氟塑料和有机硅，具有突出的耐高温、自润滑等特殊功用，增强塑料和泡沫塑料具有高强度、高缓冲性等特殊性能，这些塑料都属于特种塑料的范畴。

①增强塑料。增强塑料原料在外形上可分为粒状(如钙塑增强塑料)、纤维状(如玻璃纤维或玻璃布增强塑料)、片状(如云母增强塑料)三种；按材质可分为布基增强塑料(如碎布增强或石棉增强塑料)、无机矿物填充塑料(如石英或云母填充塑料)、纤维增强塑料(如碳纤维增强塑料)三种。

②泡沫塑料。泡沫塑料可以分为硬质、半硬质和软质泡沫塑料三种。硬质泡沫塑料没有柔韧性，压缩硬度很大，只有达到一定应力值才产生变形，应力解除后不能恢复原状；软质泡沫塑料富有柔韧性，压缩硬度很小，很容易变形，应力解除后能恢复原状，残余变形较小；半硬质泡沫塑料的柔韧性和其他性能介于硬质和软质泡沫塑料之间。

2. 按理化特性分类

(1) 热固性塑料。

热固性塑料是指在受热或其他条件下能固化或具有不溶(熔)特性的塑料，如酚醛塑料、环氧塑料等。热固性塑料又分甲醛交联型和其他交联型两种类型。

甲醛交联型塑料包括酚醛塑料、氨基塑料(如脲甲醛、三聚氰胺甲醛等)。其他交联型塑料包括不饱和聚酯、环氧树脂、邻苯二甲二烯丙酯树脂等。

(2) 热塑性塑料。

热塑性塑料是指在特定温度范围内能反复加热软化和冷却硬化的塑料，如聚乙烯、聚四氟乙烯等。热塑性塑料又分烃类、含极性基因的乙烯基类、工程类、纤维素类等多种类型。

3. 按加工方法分类

(1) 模压塑料。供模压用的树脂混合料，如一般热固性塑料。

(2) 层压塑料。指浸有树脂的纤维织物，可经叠合、热压结合而成为整体材料。

(3) 注射、挤出和吹塑塑料。一般指能在料筒温度下熔融、流动，在模具中迅速硬化的树脂混合料，如一般热塑性塑料。

(4) 浇铸塑料。在无压或稍加压力的

135

情况下，倾注于模具中能硬化成一定形状制品的液态树脂混合料。

(5) 反应注射模塑料。一般指液态原材料，加压注入模腔内，使其反应固化制得成品，如聚氨酯类。

4. 按制品的外观形态分类

(1) 管材和管件。主要应用于给排水工程，也包括一些型材制品。

(2) 板材。如高分子板材、PVC 装饰板材、塑料地板、阳光板、有机玻璃等。

(3) 薄膜制品。主要有 PVC 膜、壁纸、防水材料及隔离层等。

(4) 模制品。主要用于建材零部件、卫生洁具及管材配件等。

二、塑料的特点

由于高分子材料的组成和结构的特点，塑料具有许多优异的性能，当然也存在一些缺点。

1. 优良的加工性能

塑料材料的加工方法多种多样，可以根据使用要求加工成多种形状的产品，可加工成所需要的板材、型材、薄膜等，并且加工工艺简单，宜于采用机械化大规模生产。

2. 优良的化学稳定性

一般塑料对酸碱等化学药品均有良好的耐腐蚀能力，特别是聚四氟乙烯的耐化学腐蚀性能比黄金还要好，能耐强腐蚀性电解质的腐蚀。

3. 优异的电绝缘性

塑料是良好的电绝缘材料。几乎所有的塑料都具有优异的电绝缘性能，如极小的介电损耗和优良的耐电弧特性，这些性能可与陶瓷媲美。

4. 密度小、质量轻

塑料的密度在 900 ~ 2200kg/m³ 之间，平均为 1450kg/m³，约为铝的 1/2、钢的 1/5、混凝土的 1/3，与木材相近，质量较轻。

5. 比强度高

比强度即是其强度与体积密度的比值。塑料及制品的比强度高，远超过水泥、混凝土，并接近或超过钢材，是一种优良的轻质高强材料。

6. 导热性低

密实塑料的热导率一般为 0.12 ~ 0.80W/(m·K)，其导热能力约为金属的 1/60 ~ 1/50、混凝土的 1/40、砖的 1/20，是理想的绝热材料。泡沫塑料也是一种良好的绝热材料，其热导率更小。

7. 装饰性好

塑料具有良好的装饰性能，能制成线条清晰、色彩鲜艳、光泽明亮的图案。可以模仿天然材料的纹理达到以假乱真的程度。塑料还可电镀、热压、烫金制成各种图案和花型，使其表面具有立体感和金属的质感，通过电镀技术处理，还可使塑料具有导电、耐磨和屏蔽电磁波等功能。

8. 多功能性

塑料的种类很多，通过改变配方能改变某一种塑料的性能。同一种制品可以兼具多种性能，如既有装饰性，又能隔热隔声，还耐老化。

9. 经济性

塑料建材无论是从生产时所消耗的

能量还是从使用过程中的效果来看都有节能的特性。塑料生产的能耗低于传统材料。

10. 减摩、耐磨性能好

大多数塑料具有优良的减摩、耐磨和自润滑特性。许多工程塑料制造的耐摩擦零件就是利用塑料的这些特性，在耐磨塑料中加入某些固体润滑剂和填料时，可降低其摩擦系数或进一步提高其耐磨性能。

11. 易老化

塑料在大气、阳光、长期的压力或某些特质作用下会发生老化，使性能变差。

12. 易燃

塑料易燃，且燃烧时会产生大量的有毒气体。

13. 耐热性差

塑料的耐热性比金属等材料差，一般塑料仅能在100℃以下使用，少数能在200℃左右使用，热膨胀系数较大，易变形。

14. 刚度小

在载荷作用下，塑料会缓慢地产生黏性流动或变形，即蠕变现象。

目前，用于建筑装饰的塑料制品很多，几乎遍及室内装饰的各个部位，常见的有塑料地板、铺地卷材、塑料地毯、塑料装饰板、塑料墙纸、塑料门窗型材、塑料管材等。常用塑料种类见表10-1。

三、常用塑料材料制品

1. 塑料地板

塑料地板是以高分子合成树脂为主要材料，加入其他辅助材料，经一定的制作工艺制成的预制块状、卷材状或现场铺涂整体状的地面材料（见插图10-1）。

(1) 塑料地板的特点如下。

①花色品种繁多。塑料地板品种很多，只要改变印花辊即可生产出不同花纹图案的地板，幅宽规格也很多。若采用传统的块状地板，颜色、花纹常达几十种以上，如用2~3种不同颜色的单色地板块，也可以拼成各种图案。

②质轻耐磨。塑料地板的密度仅2000kg/m³左右，单位面积质量3kg/m²，比大理石、陶瓷地砖、锦砖、水磨石等地面轻得多。塑料地板的耐磨性好，可使用十几年以上。它是高层建筑、飞机、火车、轮船地面的理想装修材料。

③使用功能良好。塑料地板具有防滑、耐腐蚀、可自熄等特性，发泡塑料地板还具有优良的弹性，脚感舒适，清洗、更换也十分方便。既可用于住宅，也可用于工厂车间地面。

④造价低，施工简便。塑料地板价格差别幅度较大，可满足不同层次的需求。同时，对高级装修而言，比大理石地面、地毯等都便宜。

(2) 塑料地板的分类。

①按其形状分类：块材地板和卷材地板。

②按其组成和结构特点分类：单色地板、透底花纹地板、印花压花地板。

③按其材质的软硬程度分类：硬质地板、半硬质地板和软质地板，目前采用的多为半硬质地板和硬质地板。

④按使用的树脂类型分类：聚氯乙

137

表 10-1　常用工程塑料

化学名称	习惯名称	代号
聚乙烯	聚乙烯	PE
聚丙烯	聚丙烯	PP
聚氯乙烯	聚氯乙烯	PVC
聚苯乙烯	聚苯乙烯	PS
聚丁烯 -1	聚丁烯 -1	PB
丙烯腈 - 丁二烯 - 苯乙烯共聚物	ABS 塑料	ABS
聚碳酸酯	聚碳酸酯	PC
聚酰胺	尼龙	PA
聚甲基丙烯酸甲酯	有机玻璃	PMMA
聚硅氧烷	有机硅	SI
酚醛树脂	酚醛树脂	PF
环氧树脂	环氧树脂	EP
共聚聚酯	共聚聚酯	PETG
发泡性聚苯乙烯	发泡性聚苯乙烯	EPS
增强塑料	增强塑料	RP
高密度聚乙烯	高密度聚乙烯	HDPE

烯 (PVC) 地板、聚丙烯地板和聚乙烯 - 醋酸乙烯酯地板等，国内普遍采用的是 PVC 塑料地板。

⑤按生产工艺来分类：热压法塑料地板，压延法塑料地板，注射法塑料地板。采用热压法生产的较多。

⑥按结构来分类：单层塑料地板和复合塑料地板。

2. 塑料墙纸

塑料墙纸是以一定材料为基材，在其表面进行涂塑后再经过印花、压花或发泡处理等多种工艺而制成的一种墙面装饰材料 (见插图 10-2)。

塑料墙纸产生于 20 世纪 50 年代，墙纸的应用也正在我国迅速普及，产品种类不断增加，已成为内墙装饰最广泛使用的材料之一。

(1) 塑料墙纸的分类。

塑料墙纸可分为印花塑料墙纸、压花塑料墙纸、发泡塑料墙纸、特种塑料墙纸、塑料墙布五大类，每一类有几个品种，每个品种又有几十甚至几百种花色。目前，随着工艺技术的改进，新品种层出不穷，如布底胶面，胶面上再压花或印花的墙纸，以及表面静电植绒的墙纸等。

(2) 塑料墙纸的特点。

① 装饰效果好。由于塑料墙纸表面可进行印花、压花及发泡处理,能仿天然石纹、木纹及锦缎,装饰效果逼真,并能印制适合各种环境的花纹图案,色彩也可以任意调配。

② 性能优越。根据需要可加工成具有难燃、隔声、吸声、防霉且不容易结露、不怕水洗、不易受机械损伤的产品,大大提高了墙纸的使用性能。

③ 适合大规模生产。随着墙纸工业的发展,塑料墙纸的加工性能良好,可进行工业化连续生产。

④ 粘贴施工方便。纸基的塑料墙纸,其配套的辅助材料丰富,使用普通 107 胶黏剂或乳白胶即可粘贴,施工非常方便。

⑤ 使用寿命长、易维修保养。塑料墙纸表面可擦洗,对酸碱有较强的抵抗能力,墙纸使用寿命长。

3. 塑料装饰板

塑料装饰板是以树脂材料为基材,经一定工艺制成的具有装饰功能的板材(见插图 10-3)。

根据塑料所用材料与制品结构,可将塑料装饰板分成塑料贴面装饰板、PVC 塑料装饰板、其他塑料装饰板和塑料金属复合装饰板四大类,每类又有不同品种。

塑料装饰板材按原材料的不同可分为三聚氰胺层压板、硬质 PVC 板、塑料金属复合板、玻璃钢板等类型。按结构和断面形式可分为平板、波形板、实体异形断面板、中空异形断面板、格子板、夹芯板等类型。

(1) 三聚氰胺层压板。

三聚氰胺层压板亦称纸质装饰层压板或塑料贴面板,是以厚纸为骨架,浸渍酚醛树脂或三聚氰胺甲醛等热固性树脂,多层叠合经热压固化而成的薄型贴面材料。

"三聚氰胺"是一种树脂胶黏剂,带有不同颜色或纹理的纸在树脂中浸泡后,干燥到一定固化程度,将其铺装在刨花板、中密度纤维板或硬质纤维板表面,经热压而成各种装饰板,规范的名称是三聚氰胺浸渍胶膜纸饰面人造板,简称其三聚氰胺板。

三聚氰胺板一般是由数张纸组合而成的,数量的多少根据用途来定,一般由表层纸、装饰纸、覆盖纸和底层纸组合而成。

① 表层纸。表层纸放在装饰板最上层,起保护装饰纸作用,使加热加压后的板表面高度透明,板表面坚硬耐磨,这种纸要求吸水性能好,洁白干净,浸胶后透明。

② 装饰纸。装饰纸即木纹纸,是装饰板的重要组成部分,具有底色或无底色,经印刷成各种图案的装饰纸,放在表层纸的下面,主要起装饰作用,这层要求纸张具有良好的遮盖力、浸渍性和印刷性能。

③ 覆盖纸。覆盖纸也叫钛白纸,一般在制造浅色装饰板时,放在装饰纸下面,以防止底层酚醛树脂透到表面,其主要作用是遮盖基材表面的色泽斑点。因此,要求其有良好的覆盖力。以上三种纸张分别浸以三聚氰胺树脂。

④ 底层纸。底层纸是装饰板的基层材

料，对板起力学性能作用，是浸以酚醛树脂胶经干燥而成，生产时可根据用途或装饰板厚度确定若干层。三聚氰胺层压板采用的是热固性塑料，所以耐热性优良，经 100℃ 以上的温度不软化、开裂和起泡，具有良好的耐热、耐燃性。由于骨架是纤维材料厚纸，所以有较高的机械强度，其抗拉强度可达 90MPa，且表面耐磨。三聚氰胺层压板表面光滑致密，具有较强的耐污性，而且耐湿、耐擦洗，耐酸、碱、油脂及酒精等溶剂的侵蚀，经久耐用。

三聚氰胺层压板按其外观特性分为有光型 (Y)、柔光型 (R)、双面型 (S)、滞燃型 (Z) 四种型号。其中有光型为单色，光泽度很高 (反射率＞ 80％)。柔光型不产生定向反射光线，视觉舒适，光泽柔和 (反射率＞ 50％)。双面型具有正反两个装饰面。滞燃型具有一定的滞燃性能。按用途的不同，三聚氰胺层压板又可分为三类，分别为用于平面装饰的平面板 (P)，具有高的耐磨性；立面板 (L)，用于立面装饰，耐磨性一般；平衡面板 (H)，只用于防止单面粘贴层压板引起的不平衡弯曲而作平衡材料使用，故仅具有一定的物理力学性能，而不强调装饰性。

三聚氰胺层压板的常用规格为 1220mm×2440mm。厚度有 0.5mm、0.8mm、1.0mm、1.2mm、1.5mm、2.0mm 以上等规格。厚度在 0.8～1.5mm 的常用作贴面板，粘贴在基材 (纤维板、刨花板、胶合板) 上。而厚度在 2mm 以上的层压板可单独使用。

三聚氰胺层压板常用于墙面、柱面、台面、家具、吊顶等饰面工程。

(2) 硬质 PVC 板。

硬质 PVC 板有透明和不透明两种。透明板是以 PVC 为基料，掺入增塑剂、抗老化剂，经挤压而成型。不透明板是以 PVC 为基材，掺入填料、稳定剂、颜料等，经捏合、混炼、拉片、切粒、挤出或压延而成型。硬质 PVC 板按其断面形式可分为平板、波形板和异形板等。

① 平板。硬质 PVC 平板表面光滑、色泽鲜艳、不变形、易清洗、防水、耐腐蚀，同时具有良好的施工性能，可锯、可刨、可钻、可钉，常用于室内饰面、家具台面的装饰。常用的规格为 2000mm×1000mm、1600mm×700mm、700mm×700mm 等，厚度为 1mm、2mm 和 3mm。

② 波形板。硬质 PVC 波形板是以 PVC 为基材，用挤出成型法制成各种波形断面的板材 (见插图 10-4)。这种波形断面既可以增加其抗弯刚度，同时也可通过其断面波形的变形来吸收 PVC 较大的伸缩。其波形尺寸与一般石棉水泥波形瓦、彩色钢板波形板等相同，以便必要时与其配合使用。

PVC 波形板有纵向波、横向波两种基本结构。纵向波形板的波形沿板材的纵向延伸，其板材宽度为 900～1300mm，长度没有限制，但为了便于运输，一般长度为 5m。横向波型板的波形沿板材横向延伸，其宽度为 800～1500mm，长度为 10～30m，因其横向尺寸较小，可成卷供应和存放，板材的厚度为 1.2～1.5mm。

③ 异形板。硬质 PVC 异形板，亦称 PVC 扣板，有两种基本结构：一种为单层

异形板，另一种为中空异形板。单层异形板的断面形式多样，一般为方形波，以使立面线条明显。与铝合金扣板相似，两边分别做成沟槽和插入边，既可达到接缝防水的目的，又可遮盖固定螺丝。每条型材一边固定，另一边插入柔性连接，可允许有一定的横向变形，以适应横向的热伸缩。单层异形板一般的宽度为100～200mm，长度为4000～6000mm，厚度为1.0～1.5mm。该种异形板材的连接方式有企口式和沟槽式两种，目前较流行的为企口式。

硬质 PVC 异形板表面可印制或复合各种仿木纹、模仿石纹装饰几何图案，有良好的装饰性，而且防潮、表面光滑、易于清洁、安装简单。常用作墙板和潮湿环境的吊顶板。

(3) 玻璃钢 (FRP)。

玻璃钢 (FRP) 亦称作 GRP，即纤维强化塑料，一般指用玻璃纤维增强不饱和聚脂、环氧树脂与酚醛树脂基体。以玻璃纤维或其制品作增强材料的增强塑料，称为玻璃纤维增强塑料，或称为玻璃钢。由于所使用的树脂品种不同，因此有聚酯玻璃钢、环氧玻璃钢、酚醛玻璃钢之分。玻璃钢质轻而硬，不导电，机械强度高，回收利用少，耐腐蚀。

玻璃纤维是熔融的玻璃液拉制成的细丝，是一种光滑柔软的高强无机纤维，可与合成树脂结合成为增强材料。在玻璃钢中常应用玻璃纤维制品，如玻璃纤维织物或玻璃纤维毡。

玻璃钢装饰制品具有良好的透光性和装饰性，可制成色彩艳丽的透光或不透光构件或饰件，其透光性与 PVC 接近，但具有散射光性能，故作屋面采光时，光线柔和均匀，其强度高 (可超过普通碳素钢)、重量轻 (密度为 1400～2800kg/m³，仅为钢的 1/4～1/5，铝的 1/8 左右)，是典型的轻质高强材料。玻璃钢成型工艺简单灵活，可制作造型复杂的构件，并具有良好的耐化学腐蚀性和电绝缘性，耐湿、防潮，可用于有耐潮湿要求的建筑物的某些部位 (见插图 10–5)。

常用的玻璃钢装饰板材有波形板、格子板、折板等。

4. 塑料管材

塑料管材是塑料制品中的重要产品，塑料管材与传统金属管道相比，具有自重轻、耐腐蚀、耐压强度高、卫生安全、水流阻力小、节约能源、节省金属、改善生活环境、使用寿命长、安装方便等特点。塑料管材种类非常多，用途非常广泛，包括供水管、煤气管，穿线管、排水管、保温管、通风管等 (见插图 10–6)。

按不同原料生产出来的塑料管材可分为聚氯乙烯 (PVC) 管、硬质聚氯乙烯 (PVC–U) 管、氯化聚氯乙烯 (CPVC) 管、聚乙烯 (PE) 管、聚丙烯 (PP) 管、工程塑料管 (ABS)、铝塑复合管 (PAP) 等。

5. 塑料门窗

塑料门窗是以聚氯乙烯、改性聚氯乙烯树脂或其他树脂为主要原料，添加适量的助剂、改性剂，经挤出成型制成各种截面的空腹门窗异形材，再根据不同的门窗品种规格选用不同截面的型材组装而成 (见插图 10–7)。

由于塑料的变形较大，刚度较差，因此，一般在成型的塑料门窗型材的空腔中，嵌装轻钢或铝合金型材，从而增加了门窗的刚度，提高了塑料门窗的牢固性和抗风能力。因此，对于塑料门窗型材中设置有轻钢或铝合金加强板条的门窗，又称为塑钢门窗，目前建筑上采用的塑料门窗多属此类。

聚氯乙烯塑料门窗是以聚氯乙烯(PVC)为主要原料，掺入适量的助剂和改性剂，经挤压机挤出各种截面的异形材，再根据不同的品种规格选用不同截面异形材组装而成。因PVC塑料的变形较大，刚度较差，一般在空腔内插入型钢或铝合金型材，以增强门窗的抗弯能力。广义地讲，塑料门窗是以高分子合成材料为主，以增强材料为辅，制成的一类新型材质的门窗。

第二节

塑料装饰材料的施工工艺、常见的质量问题及预防措施

一、塑料板地面施工工艺

1. 材料配件

(1) 塑料板。板块表面应平整、光洁、无裂纹、色泽均匀、厚薄一致、边缘平直，板内不应有杂物和气泡，并应符合产品的各项技术指标，进场时要有出厂合格证。

(2) 塑料卷材。材质及颜色符合设计要求。

在运输塑料板块及卷材时，应防止日晒雨淋和撞击；在贮存时，应堆放在干燥、洁净的仓库，并距热源3m以外，其环境温度不宜大于32℃。

(3) 胶黏剂。应根据基层所铺材料和面层材料使用的要求，通过试验确定。胶黏剂应存放在阴凉通风、干燥的室内。

胶黏剂可采用乙烯类(聚醋酸乙烯乳液)、氯丁橡胶型、聚氨酯、环氧树脂、合成橡胶溶液型、沥青类和926多功能建筑胶等。胶黏剂应放置阴凉处保管，避免日光直射，并隔离火源。

(4) 水泥宜采用硅酸盐水泥、普通硅酸盐水泥，其等级不宜低于32.5级。

(5) 二甲苯、丙酮、硝基稀料、醇酸稀料、汽油、软蜡等。

(6) 聚醋酸乙烯乳液、108胶。

2. 主要机具

主要机具有吸尘器、空气压缩机、木工细刨、橡皮锤、铡刀、V形缝切口刀、锯齿形涂胶刮板、切条刀、水准仪等。

3. 作业条件

(1) 水暖管线已安装完，并已经试压合格。符合要求后办完验收手续。

(2) 顶、墙喷浆或墙面裱糊等油漆工序已完成。

(3) 地面及踢脚线的水泥砂浆找平层已抹完，其含水率不应大于9%。

(4) 室内相对湿度不应大于80%。

(5) 施工前应先做样板，对于有拼花要求的地面应绘出大样图，经甲方及质检部门验收后，方可大面积施工。

4. 施工工艺

基层处理→弹线→试铺→刷底子胶→铺贴塑料地面→铺贴塑料踢脚板→擦光上

蜡。

(1) 基层处理。

地面基层为水泥砂浆抹面时，表面应平整、坚硬、干燥，无油及其他杂质。当表面有麻面、起砂、裂缝现象时，应采用乳液腻子处理，处理时每次涂刷的厚度不应大于 0.8mm，干燥后应用 0 号铁砂布打磨，然后再涂刷第二遍腻子，直到表面平整后，再用水稀释的乳液涂刷一遍。

基层为预制大楼板时，将大楼板过口处的板缝勾严、勾平、压光。将板面上多余的钢筋头、埋件剔掉，填平凹坑。板面清理干净后，用 10% 的火碱水刷净、晾干。再刷水泥乳液腻子，刮平并用砂纸打磨，将其接槎痕迹磨平。地面基层处理完之后，必须将基层表面清理干净，铺贴前禁止其他工序人员进入。

(2) 弹线。

在房间长、宽方向弹十字线，应按设计要求进行分格定位，根据塑料板规格尺寸弹出板块分格线。如房内长、宽尺寸不符合板块尺寸倍数时，应沿地面四周弹出加条镶边线，一般距墙面 200 ~ 300mm 为宜。板块定位方法一般有对角定位法和直角定位法。

(3) 试铺。

在铺贴塑料板块前，按定位图及弹线应先试铺，并进行编号，有问题要及时调整，然后将板块掀起按编号码放好，并将基层清理干净。

(4) 刷底子胶。

基层清理干净后，先刷一道薄而均匀的结合层底子胶。配制底子胶时应注意，当采用非水溶性胶黏剂时，宜按同类胶黏

剂 (非水溶性) 加入其重量 10% 的汽油 (65 号) 和 10% 的醋酸乙酯 (乙酸乙酯)，并搅拌均匀；当采用水溶性胶黏剂时，宜按同类胶黏剂加水，并搅拌均匀。

(5) 铺贴塑料地面。

拆开塑料地板包装后，将塑料板的背面灰尘清理干净，一般从十字线往外粘贴。当采用乳液型胶黏剂时，应在塑料板背面和基层上同时均匀涂胶，即用 3 寸油刷沿塑料板粘贴地面及塑料板的背面各涂刷一道胶；当采用溶剂型胶黏剂时，应在基层上均匀涂胶。在涂刷基层时，应超出分格线 10mm，涂刷厚度不大于 1mm。在铺贴塑料板时，应待胶层干燥至不粘手 (约 10 ~ 20min) 即可铺贴，按已弹好的墨线铺贴，应一次就位准确，粘贴密实，用橡皮锤 (或滚筒) 从板中向四周锤击 (或滚压)，赶出气泡，确保严实，排缝可控制在 0.3 ~ 0.5mm；每粘一块随即用棉纱头将挤出的余胶擦干净，再进行第二块铺贴，方法同第一块，以后逐块进行。基层涂刷胶黏剂时不要涂刷面积过大，要随贴随刷。对缝铺贴的塑料板，缝子必须做到横平竖直，十字缝处的缝子应通顺无歪斜，对缝严实，缝隙均匀。

针对不同的材料要注意以下事项。

①半硬质聚氯乙烯板地面的铺贴：预先对板块进行处理，宜采用丙酮、汽油混合溶液 (质量比 1:8) 进行脱脂除蜡，干后再进行涂胶贴铺。

②软质聚氯乙烯板地面的铺贴：铺贴前先对板块进行预热处理，宜放入 75℃的热水浸泡 10 ~ 20min，待板面全部松软伸平后，取出晾干待用，但不得用炉火

或电热炉预热。当板块缝隙需要焊接时，在铺贴48h以后方可施焊，也可以先焊后铺贴。焊条成分、性能与被焊的板材性能要相同。

③塑料卷材铺贴：预先按已计划好的卷材铺贴方向及房间尺寸裁料，按铺贴的顺序编号，刷胶铺贴时，将卷材的一边对准所弹的尺寸线，用压滚压实，要求对线连接平顺，不卷不翘。然后依以上方法铺贴。

(6) 铺贴塑料踢脚板。

地面铺贴完后，弹出踢脚上口线，并分别在房间墙面下部的两端铺贴踢脚后，挂线粘贴，应先铺贴阴阳角，后铺贴大面，用滚子反复压实，注意踢脚上口及踢脚与地面交接处阴角的滚压，并及时将挤出的胶痕擦净，侧面应平整、接槎应严密，阴阳角应做成直角或圆角。

(7) 擦光上蜡。

铺贴好塑料地面及踢脚板后，用墩布擦干净、晾干，然后用砂布包裹已配好的上光软蜡，满涂1～2遍（质量配合比为软蜡:汽油=100:(20～30))，另掺1%～3%与地板相同颜色的颜料，稍干后用净布擦拭，直至表面光滑、光亮。

5. 质量标准

塑料板面层应采用塑料板块材、塑料板焊接、塑料卷材以胶黏剂在水泥类基层上铺设。水泥类基层表面应平整、坚硬、干燥、密实、洁净、无油脂及其他杂质，不得有麻面、起砂、裂缝等缺陷。胶黏剂选用应符合现行国家标准《民用建筑工程室内环境污染控制规范》(GB 50325)的规

定。其产品应按基层材料和面层材料使用的相容性要求，通过试验确定。

(1) 主控项目。

①塑料板面层所用的塑料板块和卷材的品种、规格、颜色、等级应符合设计要求和现行国家标准的规定。

检验方法：观察检查和检查材质合格证明文件及检测报告。

②面层与下一层的黏结应牢固，不翘边、不脱胶、无溢胶。

检验方法：观察检查、敲击检查及用钢尺检查。

注：卷材局部脱胶处面积不应大于$20cm^2$，且相隔间距不小于50cm可不计；凡单块板块料边角局部脱胶处且每自然间（标准间）不超过总数的5%者可不计。

(2) 一般项目。

①塑料板面层应表面洁净，图案清晰，色泽一致，接缝严密、美观，拼缝处的图案、花纹吻合，无胶痕，与墙边交接严密，阴阳角收边方正。

检验方法：观察检查。

②板块的焊接，焊缝应平整、光洁，无焦化变色、斑点、焊瘤和起鳞等缺陷，其凹凸允许偏差为±0.6mm，焊缝的抗拉强度不得小于塑料板强度的75%。

检验方法：观察检查和检查检测报告。

③镶边用料应尺寸准确、边角整齐、拼缝严密、接缝顺直。

检验方法：用钢尺和检查观察。

④塑料板面层的允许偏差应符合表10-2的规定。

检验方法：应按表10-2中的检验方

表 10-2　塑料板面层的允许偏差表

项次	项目	允许偏差 /mm	检验方法
1	表面平整度	2	用 2m 靠尺和楔形塞尺检查
2	缝格平直度	3	拉 5m 线和用钢尺检查
3	接缝高低差	0.5	用钢尺和楔形塞尺检查
4	踢脚线上口平直	2	拉 5m 线和用钢尺检查
5	板块间隙宽度	—	用钢尺检查

法检验。

6. 成品保护

(1) 塑料地面铺贴完后，房间应设专人看管，非工作人员严禁入内，必须进入室内工作时，应穿拖鞋。

(2) 塑料地面铺贴完后，及时用塑料薄膜覆盖保护好，以防污染。严禁在面层上放置油漆容器。

(3) 电工、油工等工种操作时所用木梯、凳腿下端头，要包泡沫塑料或软布头保护，防止划伤地面。

7. 注意事项

(1) 在运输、堆放、施工过程中应注意避免扬尘、遗撒、沾带等现象；应采取遮盖、封闭、洒水、冲洗等必要措施。

(2) 冬期施工：室内操作时，环境温度不得低于 10℃。

8. 常见质量问题及预防措施

(1) 塑料板地面翘曲、空鼓。

原因分析：基层不平或刷胶水没有风干就急于铺贴，都易造成翘曲现象；基层清理不净、铺设时滚压不实、胶黏剂刷得不均匀、板块面上有尘土或环境温度过低，都易导致空鼓的发生。

预防措施：基层处理时要保证清洁、平整、干燥，无油及其他杂质，胶黏剂涂

刷均匀，牢固。

(2) 板块高低差超过允许偏差。

原因分析：板块薄厚不一致，或涂刷胶黏剂厚度不匀。

预防措施：铺设前要对塑料板块进行挑选，凡是不方正、薄厚不均的，要剔出不用。

(3) 踢脚板上口不平直及局部空鼓。

原因分析：铺贴踢脚板时上口未拉水平线，造成板块之间高低不平；铺贴时由于基层清理不净或上口胶漏刷、滚压不实以及阴阳角煨弯的角度与实际不符等，都易造成空鼓。

预防措施：做好基层处理及涂胶，控制好块材质量。

(4) 塑料板面不洁净。

原因分析：在铺设塑料板时刷胶太厚，铺贴后胶液外溢未清理干净，造成接缝处胶痕较多，另外地面铺完之后未进行覆盖保护，其他工种如油工进行油漆、喷浆等造成地面污染。

预防措施：做好基层处理及涂胶，做好成品保护工作。

(5) 塑料板面层凹凸不平。

原因分析：基层处理不认真，凹处未进行修补，突出部位未铲平处理（黏结在

基层上的砂浆、混凝土）。

预防措施：进行基层处理时必须认真按操作工艺要求进行，并用 2m 靠尺检查，符合要求后再进行下道工序。

二、塑钢门窗施工工艺

1. 材料配件

(1) 塑钢窗的规格、型号应符合设计要求，五金配件配套齐全。门窗及边框平直，无弯曲、变形，并具有产品的出厂合格证。

(2) 防腐材料、保温材料、水泥、砂、连接铁脚、连接板、焊条、密封膏、嵌缝材料、防锈漆、铁纱或钢纱等应符合图纸要求。

2. 主要机具

主要机具有电锤、射钉枪、电焊机、经纬仪、螺丝刀、手锤、扳手、钳子、水平尺、线坠等。

3. 作业条件

(1) 主体结构经有关质量部门验收合格。工种之间已办好交接手续。

(2) 检查门窗洞口尺寸及标高是否符合设计要求。有预埋件的门窗洞口还应检查预埋件的数量、位置及埋设方法是否符合设计要求。如果不符合设计要求，则应及时处理。

(3) 按图纸要求尺寸弹好门窗中线，并弹好室内 +50cm 水平线。

(4) 检查塑钢门窗，如有劈棱窜角和翘曲不平、偏差超标、表面损伤、变形及松动、外观色差较大者，均要进行处理。

4. 施工工艺

基层清理→划线定位→塑钢门窗披水安装→防腐处理→安装窗框→门窗框与墙体间缝隙的处理→门窗扇及门窗玻璃的安装→安装五金配件。

(1) 基层清理。

清理安装洞口，保证表面平整、坚硬、干燥，无油及其他杂质。

(2) 划线定位。

①根据设计图纸中门窗的安装位置、尺寸和标高，依据门窗中线向两边量出门窗边线。多层或高层建筑应以顶层门窗边线为准，用线坠或经纬仪将门窗边线下引，并在各层门窗口处划线标记，对个别不直的边应剔凿处理。

②门窗的水平位置应以楼层室内 +50cm 的水平线为准向上反量，量出窗下皮标高，弹线找直。每一层必须保持窗下皮标高一致。

(3) 塑钢门窗披水安装。

按施工图纸要求将披水固定在塑钢窗上，且要保证位置正确、安装牢固。

(4) 防腐处理。

①门窗框四周外表面的防腐处理，如果有设计要求，按设计要求处理；如果没有设计要求，可涂刷防腐涂料或粘贴塑料薄膜进行保护，以免水泥砂浆直接与塑钢门窗表面接触，产生电化学反应，腐蚀塑钢门窗。

②安装塑钢门窗时，如果采用连接铁件固定，则连接铁件、固定件等安装用金属零件最好用不锈钢件，否则必须进行防腐处理，以免产生电化学反应，腐蚀塑钢门窗。

(5) 安装窗框。

根据划好的门窗定位线，安装塑钢门

窗框，并及时调整好门窗框的水平、垂直及对角线长度等符合质量标准，然后用木楔临时固定，接下来进行塑钢门窗的固定。

①当墙体上有预埋铁件时，可直接把塑钢门窗的固定铁脚直接与墙体上的预埋铁件焊牢。

②当墙体上没有预埋铁件时，可用金属膨胀螺栓、塑料膨胀螺栓或是将射钉枪把塑钢门窗的铁脚固定在墙体上。

(6) 门窗框与墙体间缝隙的处理。

①塑钢门窗安装固定后，应先进行隐蔽工程验收，合格后及时按设计要求处理门窗框与墙体之间的缝隙。

②一般可采用矿棉或玻璃棉毡条分层填塞缝隙，外表面留 5～8mm 深槽口填嵌缝油膏，或在门窗框四周外表面进行防腐处理后，填嵌缝水泥砂浆或细石混凝土。

(7) 门窗扇及门窗玻璃的安装。

①门窗扇和门窗玻璃应在洞口墙体表面装饰完工后安装。

②推拉门窗在门窗框安装固定后，将配好玻璃的门窗扇整体安入框内滑道，调整好框与扇的缝隙即可。

③平开门窗在框与扇格架组装上墙、安装固定好后再安装玻璃，即先调整好框与扇的缝隙，再将玻璃安入扇并调整好位置，最后镶嵌密封条、填嵌密封胶。

④地弹簧门应在门框及地弹簧主机入地安装固定后再安门扇。先将玻璃嵌入门扇格架并一起入框就位，调整好框扇缝隙，最后填嵌门扇士度的密封条及密封胶。

(8) 安装五金配件。

五金配件与门宽作连接时用镀锌螺钉。安装的五金配件应结实牢固，使用灵活。

5. 质量标准

(1) 主控项目。

①塑料门窗的品种、类型、规格、尺寸、开启方向、安装位置、连接方式及填嵌密封处理应符合设计要求，内衬增强型钢的壁厚及设置应符合国家现行产品标准的质量要求。

检验方法：观察；尺量检查；检查产品合格证书、性能检测报告、进场验收记录和复验报告；检查隐蔽工程验收记录。

②塑料门窗框、副框和扇的安装必须牢固。固定片或膨胀螺栓的数量与位置应正确，连接方式应符合设计要求。固定点应距窗角、中横框、中竖框 150～200mm，固定点间距应不大于600mm。

检验方法：观察；手扳检查；检查隐蔽工程验收记录。

③塑料门窗拼樘料内衬增加型钢的规格、壁厚必须符合设计要求，型钢应与型材内腔紧密吻合，其两端必须与洞口固定牢固。窗框必须与拼樘料连接紧密，固定点间距应不大于 600mm。

检验方法：观察；手扳检查；尺量检查；检查进场验收记录。

说明：拼樘料的作用不仅是连接多樘窗，而且起着重要的固定作用。

④塑料门窗扇应开关灵活、关闭严密，无倒翘。推拉门窗扇必须有防脱落措施。

检验方法：观察；开启和关闭检查；手扳检查。

⑤塑料门窗配件的型号、规格、数量应符合设计要求，安装应牢固，位置应正

确，功能应满足使用要求。

检验方法：观察；手扳检查；尺量检查。

⑥塑料门窗框与墙体间缝隙应采用闭孔弹性材料填嵌饱满，表面应采用密封胶密封。密封胶应黏结牢固，表面应光滑、顺直、无裂纹。

检验方法：观察；检查隐蔽工程验收记录。

(2) 一般项目。

①塑料门窗表面应洁净、平整、光滑，大面应无划痕、碰伤。

检验方法：观察。

②塑料门窗扇的密封条不得脱槽。旋转窗间隙应基本均匀。

③塑料门窗扇的开关力应符合下列规定。

a. 平开门窗扇平铰链的开关力应不大于80N；滑撑铰链的开关力应不大于80N，并不小于30N。

b. 推拉门窗扇的开关力应不大于100N。

检验方法：观察；用弹簧秤检查。

④玻璃密封条与玻璃槽口的接缝应平整，不得卷边、脱槽。

检验方法：观察。

⑤排水孔应畅通，位置和数量应符合设计要求。

检验方法：观察。

⑥塑料门窗安装的允许偏差和检验方法应符合表10-3的规定。

6. 成品保护

(1) 门窗应放置在平整、清洁的地方，避免日晒雨淋，并不得与腐蚀物质接触。门窗不应接触地面，下面应放置垫木，立放角度不应小于70°，并防止倾倒。

表10-3　塑料门窗安装的允许偏差和检验方法

项次	项目		允许偏差/mm	检验方法
1	门窗槽口宽度、高度	≤ 1500mm	2	用钢尺检查
		> 1500mm	3	
2	门窗槽口对角线长度差	≤ 2000mm	3	用钢尺检查
		> 2000mm	5	
3	门窗框的正、侧面垂直度		3	用1m垂直检测尺检查
4	门窗横框的水平度		3	用1m水平尺和塞尺检查
5	门窗横框标高		5	用钢尺检查
6	门窗竖向偏离中心		5	用钢尺检查
7	双层门窗内外框间距		4	用钢尺检查
8	同樘平开门窗相邻扇高度差		2	用钢尺检查
9	平开门窗铰链部位配合间隙		+2；−1	用塞尺检查
10	推拉门窗扇与框搭接量		+1.5；−2.5	用钢尺检查
11	推拉门窗扇与竖框平等度		2	用1m水平尺和塞尺检查

(2) 贮存门窗的温度应小于 50℃，与热源的距离不应小于 1m。门窗在安装现场放置时间不应超过两个月。当在环境温度为 0℃ 的环境中存放门窗时，安装前应在室温下放置 24h。

7. 注意事项

(1) 塑料门窗的线性膨胀系数较大，由于温度升降易引起门窗变形或在门窗框与墙体间出现裂缝，为了防止上述现象，塑料门窗框与墙体间缝隙应采用伸缩性能较好的闭孔弹性材料填嵌，并用密封胶密封。采用闭孔材料则是为了防止材料吸水导致连接件锈蚀，影响安装强度。

(2) 固定铁脚的位置应距门窗角、中竖框、中横框 150～200mm，固定片之间的间距应不大于 600mm。

(3) 塑料门窗材质较脆，所以安装时严禁直接锤击钉钉，如要安装螺钉固定，必须先钻孔，再用自攻螺钉拧入。

(4) 采用多组组合塑钢门窗时应注意拼装质量，拼头应平整，不劈棱不窜角。

8. 常见质量问题及预防措施

(1) 预留洞尺寸偏差较大。

原因分析：预留洞尺寸或大或小都会对塑钢窗安装带来不便。

预防措施：预留洞口尺寸按设计要求预留准确，后塞口窗洞口高度允许偏差为 ±5mm，以尺量检查为准。各层窗洞口中心上下对齐，同时应做到洞口方正，其尺寸允许偏差为 20mm，以底层窗为准，用经纬仪或吊线检查。预埋件数量、位置应与塑钢窗固定片数量、位置一致。

(2) 塑钢窗使用材料不符合要求。

原因分析：塑钢型材及钢衬不合格容易出现窗框或扇变形，开启不灵活；型材及连接部件颜色不一致影响美观。

预防措施：钢窗型材应符合 GB/T 8814-2004 标准，并根据该地区的风压值及设计要求选择形状合适的型钢。主要受力构件中的增强型钢壁厚 ≥1.2mm，以保证其刚度、强度及稳定性的要求，并作防腐处理。否则，容易发生型材断裂，框扇之间下垂或翘曲、推拉不灵活等。型材选用时主材、副材及连接型材应选择同一厂家同一批量产品，以使生产出的产品美观、颜色一致。同时运输、施工过程中也应加强成品保护，防止其损坏或变形。

(3) 制作质量差。

原因分析：制作时接缝不严密会造成透风漏雨。

预防措施：窗体制作时连接方式应合理、可靠，制作应符合气密性、水密性及抗风压性能的技术要求。

(4) 塑钢窗固定片安装不当。

原因分析：固定片间距过大、固定不牢容易使窗体安装不牢靠。

预防措施：固定片间距过大，位置不符合要求，或用钉直接钉入都可导致窗框固定不牢。塑钢窗定片安装应使用厚度 ≥1.5mm，宽度 ≥15mm 的 Q235-A 冷轧钢板并做防腐处理。塑钢窗定片安装前应先用 ϕ80px 的钻头钻孔，然后将十字槽盘头自攻螺丝 M4×20 拧入。塑钢窗框、副框与扇的安装必须牢固，固定片与窗角、中横框、中竖框的距离 a 应为 150～200mm，固定片间的距离应不大于 600mm。

149

(5) 塑钢窗与洞口固定不当。

原因分析：固定片与墙体连接不当，长期使用后钉子容易锈蚀、松动，使连接受到破坏，窗体产生松动、变形。

预防措施：混凝土墙或预留混凝土块、混凝土过梁等应采用射钉或塑料膨胀螺丝固定；砖墙洞口应用塑料膨胀螺丝或水泥钉固定。若遇预留混凝土块与固定片位置不一致时，拉片无法与预留混凝土块连接时，可采用膨胀螺栓对准预留混凝土块打眼固定，并在型材上用专用塑料帽盖严，以便检修。

(6) 施工方法及成品保护不当。

原因分析：不按规定操作会降低塑钢窗的性能，影响正常使用。

预防措施：严格按照工艺流程及质量标准施工。

(7) 塑钢窗与墙体填缝做法错误。

原因分析：与墙体填缝不严密，填缝材料不符合要求，容易出现裂缝及漏风渗水等现象。

预防措施：塑钢窗与墙体洞口缝隙应用闭孔泡沫塑料、发泡聚苯乙烯等弹性材料分层填塞，应填塞严密但不宜过紧；对有保温、隔声要求较高的工程应用相应的隔热、隔声材料填塞，与墙体间的缝隙外侧用嵌缝膏密封处理；下框与窗台间应用水泥砂浆填塞密实，窗台做出向外的 15% 的流水坡度，窗楣做出鹰嘴或滴水槽，以利排水。

(8) 五金配件安装不当。

原因分析：五金配件固定不牢固、松动脱落，滑轮、滑撑铰链等损坏、启闭不灵活等都会影响使用。

预防措施：选用五金配件的型号、规格和性能应符合国家现行标准和有关规定，并与选用的塑料门窗相匹配。

(9) 排水孔不符合要求。

原因分析：排水孔的数量、位置、孔径等不符合要求。

预防措施：

①外墙面的推拉窗必须设置排水孔道，排水孔间距宜为 600mm，每樘门窗不宜少于 2 个。

②塑钢窗的排水孔道大小宜为 4mm×35mm，距离拐角 20～140mm，排水孔下边缘应与推拉槽平齐，防止槽内积水。孔位应错开，排水孔道要避开设有增强型钢的型腔。

③安装玻璃或填注密封胶时，注意不得堵塞排水孔。

④推拉窗安装后应清除槽内的砂浆颗粒及垃圾，并作灌水检查，槽内积水能顺畅排出的为合格，否则应予以整改，直至合格。

(10) 窗边渗水。

原因分析：密封胶密封性不好，可能导致下雨时渗水并且影响美观。

预防措施：

①密封胶应选择质量可靠的产品；

②打密封胶时基层应清理干净，防止胶体开裂；

③操作时应连续均匀，不得漏打，这是防止沿窗渗水的关键，也是保证美观的要求。

小／贴／士

　　1. 塑料地板：可分为块材（或地板砖）和卷材（或塑料地板革）两种。地板砖在使用过程中，如果出现局部破损，可局部更换而不影响整个地面的外观，但接缝较多，施工速度较慢。地板革铺设速度快，接缝少。对于较厚的卷材，可不用黏结剂而直接铺在基层上，但局部破损修复不便，全部更换又浪费大量材料。塑料地板的优点为防水、防滑、耐磨、质轻、施工方便、导热保暖性好、保养方便等。

　　2. 塑料门窗是继木、钢、铝合金门窗后发展起来的第四代新型门窗，塑料门窗的主要特点是隔热、隔声、密封性能优良。无论是在寒冷的冬季还是炎热的夏季，都可与空调设施相匹配，达到防寒保温和防暑降温的效果。它不仅可以节约能源、保护环境、改善居住条件、提高建筑功能，而且还具有施工快、重量轻、绝缘性能好以及易于着色、造型美观、防水防潮、耐腐蚀、寿命长和维护方便等综合优良性能。

本／章／小／结

　　本章简要阐述了建筑装饰中常用的塑料制品的类别、特点及装饰部位。着重介绍了塑料板地面施工工艺、塑钢门窗施工工艺的流程、常见的质量问题及预防措施。

思考与练习

1. 简述塑料的性能特点。

2. 简述装饰施工中常用的塑料及其制品种类。

3. 简述塑料板地面施工工艺。

4. 简述塑钢门窗施工工艺。

5. 简述塑料板地面施工常见质量问题及预防措施。

6. 简述塑钢门窗常见质量问题及预防措施。

第十一章
木材及人造板材装饰材料与施工工艺

> **章节导读** 装饰施工中常用木材及其制品的种类及装饰部位；各类人造板材制品的特点；木护墙板施工工艺、常见的质量问题及预防措施；木质吊顶施工工艺流程、常见的质量问题及预防措施。

第一节
木材及人造板材的种类、特点及装饰部位

一、木材

树木在植物界属于种子植物类，种类繁多。木材的装饰性能好，具有美丽的天然纹理，树木加工后的木材产品在建筑与室内装饰材料中所占的比重很大，是重要的装饰材料。木材产品可制作成地板、护墙板、踢脚板、顶棚、门、窗和各种壁柜及家具、雕刻等，给人以自然清雅的视觉享受。木材既可作基础材料，也可作面材材料，既有纯天然木材作装饰材料，也有其加工后的复合产品，如细木工板、胶合板、密度板等。

1. **木材的分类**

(1) 按树叶的外观形态分。

①针叶树。针叶树树叶细长如针，多为常绿树，树干通直高大，易取大材。针叶树材质均匀，纹理平顺，木质软而易于加工，所以也又称为"软木材"。针叶树木材强度较高，木材密度和胀缩变形较小，耐腐蚀性较强，价格一般较低。针叶树木

材是主要的建筑及装饰用材，松木等也常作为木方使用。广泛用于各种吊顶、隔墙龙骨及格栅材料（需防火处理，公共装修已不多用）、承重构件、室内界面装修、家具等。常用的树有红松、白松、马尾松、云南松、水松、冷杉、铁杉、红豆杉、银杏、柏树等。

②阔叶树。阔叶树树叶宽大，大都为落叶树，树干通直部分一般较短，大部分树种的木材密度大，材质较硬，较难加工，所以又称为"硬木材"。阔叶树木材干缩湿胀较大，容易翘曲变形，开裂，建筑上常用作尺寸较小的构件。有些树种具有美丽的纹理，适用于室内界面装修、地板、制作家具及胶合板等。常用的树种有白桦、榆树、柞木、水曲柳、椴木、榉木、樱桃木、柚木、紫檀、红檀、黄杨木等。

(2) 按木材的材种分类。

①原条。原条是指生长的木材被伐后，经修枝（除去皮、根、树梢）而没有加工造材的木料。

②原木。原木是指经过修枝、剥皮等，截成规定长度的木料。

③板方材。板方材是指按照一定尺寸要求锯解、加工成的板材和方材。木材的截面宽度大于或等于截面厚度的 3 倍的称为板材，截面宽度不足厚度 3 倍的则称为方材。

2. 木材的结构

木材是从树干取材而来，树干是由树皮、木质部和髓心三部组成。木质部中心区称为心材，其余区域为边材。有些木材心材与边材颜色不一，中心部分较深，如柞木、水曲柳、落叶松、紫杉、柏木等，也叫显心材；有些木材心材与边材颜色差别不大，如椴木、白桦、云杉、冷杉等。木材的切削形式有横切、径切、弦切三种。各种切削形式会得到不同的木板纹理。

3. 木材的性质

(1) 木材的含水率。

木材是一种多孔性物质，在孔内存有水分。木材的含水率是指木材单位体积内所含水分的多少，有绝对含水率和相对含水率之分，在木材加工生产和实际应用中，通常采用绝对含水率，简称含水率。木材的含水率较高，新伐木材含水率通常大于 35%，当木材自由水全部脱去，细胞壁内充满了吸附水，该木材含水率被称为木材的纤维饱和点，木材纤维饱和点一般为 20% ~ 35%，木材纤维饱和点是木材物理力学性能的转折点。

木材具有较强的吸湿性，木材的含水率大幅度变化可以引起木材变形及制品开裂。当木材的含水率与周围的空气湿度达到相平衡状态时称为木材的平衡含水率，此时木材性质比较稳定。所以，木材使用前须干燥（通过干燥窑等方式干燥）至使用环境常年平均平衡含水率。我国北方地区平衡含水率为 8% ~ 12% 左右，长江流域为 15% 左右，南方地区更高些。新伐木材含水率常在 35% 以上，风干木材含水率为 15% ~ 25%，室内干燥的木材含水率常在 8% ~ 15%。在室内装饰选材中，天然木材虽然表面纹理自然，材料无污染，但相对于人造板材存在易变形、开裂等问题。在室内装饰应用中，也要考虑木材及其制品的湿涨干缩的特性，如铺设木地板时，无论实木地板还是复合木地板都要根据当地环境平衡含水率在墙边适当留出伸缩缝。

(2) 木材的强度。

木材的强度较高。但由于木材的各向异性，在它的三个切面方向的物理力学强度是不一样的。每一种强度在不同的纹理方向上均不相同。常用阔叶树的顺纹抗压强度为 49 ～ 56MPa，常用针叶树的顺纹抗压强度为 33 ～ 40MPa，在建筑及其装饰工程中，木材顺纹常用作受压构件及受弯构件。

(3) 木材的色泽。

树木在其生长过程中，木材细胞发生一系列的化学反应，产生各种色素、树脂、单宁及其他氧化物沉积在细胞腔壁或木材细胞壁中，从而使自然界的木材呈现各种不同的颜色，如云杉色泽洁白；乌木、铁刀木色泽漆黑；白桦色泽黄白；黄檀色泽呈浅黄褐色。有些树种如柞木、水曲柳、落叶松、柏木等木材心材颜色比边材颜色深，也叫显心材或心材树种。而椴木、桦木、冷杉、云杉等树种的心材与边材颜色没有区别，这些树种叫隐心材或边材树种。另外，木材因树种或生长环境的差异，有时表面局部纹理、色泽会不符合使用要求，有时需要进行漂白等手段，将色斑等消除。

(4) 木材的特性。

木材轻质高强，具有弹性和韧性，抗震、抗冲击性能好。我国木材的强度是以含水率为 15% 时木材的实测强度作为木材的强度。木材容易连接或胶合，这对家具制作、室内装修带来很多方便。木材缺陷比较容易发现，利于在加工过程中挑选和剔除。

①木材的优点。

a. 木材的可加工性强。木材较轻较软，使用简单的工具就可以加工支撑各种形状的产品。木材加工过程消耗的能源少。

b. 木材强重比高。木材的强度与密度的比值一般比金属高。

c. 木材（干木材）对热、电的传导性弱。对温度变化的反应小，绝缘性强，热胀冷缩的现象不显著。木材的导热系数很小，同其他材料相比，铝的导热性是它的2000 倍，塑料的导热性是它的 30 倍。因此，木材适宜用在隔热保温和电绝缘性要求高的地方。

d. 木材不会生锈。

e. 木材装饰强：木材颜色、花纹美观，同时经过涂饰渲染会更加悦目，适于制作家具，仪器盒、工艺品等。

f. 木材比较容易进行化学处理：可改变或改进木材的性能，如木材塑化，木材防腐、防虫、防火处理等。

②木材的缺点。

a. 木材易变形、开裂。木材是一种吸湿性材料，因而在自然条件下会发生湿涨干缩，影响木制品的尺寸稳定，即容易变形。木材是各向异性的非均质材料，表现在各种物理性质和力学性质方面。不均匀胀缩性使木材变形加剧，加之强度各向的差异而易导致木材开裂。

b. 木材易腐、易蛀。木材是自然高分子有机聚合物，这就使一些昆虫和菌类可以寄生，使木材毁坏。

c. 木材易燃。大量使用木材的地方，

一定要注意强化防火措施。

d. 木材干燥比较困难。木制品一定要用经过干燥后的木材制作。木材干燥要消耗较多的能源，而且稍不留意还会发生翘曲、开裂等缺陷。

e. 木材有不可避免的一些天然缺陷，如木节、斜纹理、应力木等。

f. 木材的来源一树木生长周期较长。

二、常见木质装饰制品

1. 木地板

(1) 实木地板。

实木地板是用天然木材制作的。由小木板经过挑选、开齿、喷漆几道工序制作而成（见插图 11-1）。

实木地板具有天然木纹和质感，脚感舒适，给人以回归自然的温暖感觉。实木地板的弱点在于对潮湿及阳光的耐久性差。潮湿令天然木材膨胀，而干透反而会收缩，从而导致隙缝甚至翘曲。因而除了正确的施工方法外，产品的选材、干燥（含水率）、涂饰是影响实木地板质量好坏的关键因素。实木地板在市场上主要分三种：成品条形实木地板、条形实木地板、拼花实木地板。

①成品条形实木地板。成品条形实木地板简称实木漆板，成品实木地板是指木地板在出售时，已在工厂预先涂上清漆或 UV 淋漆处理（紫外线固化法），减少了现场施工环节。实木 UV 淋漆技术为目前实木地板较好的涂饰工艺方法，而滚漆工艺的实木地板色泽及产品的稳定性方面则不如 UV 淋漆实木地板。UV 淋漆实木地板产品质量分为 A、B 两级，

A 级为优等，板材为精选板，色差小，木质优。现在室内装饰多用成品实木地板。常用规格：450mm×60mm×16mm、750mm×60mm×16mm、600mm×92mm×18mm、900mm×90mm×16mm、909mm×125mm×18mm 等。常见成品实木地板材种有：枫木地板、巴西柚木、红橡木、柚木地板、山毛榉、柳桉地板、樱桃木、甘巴豆等。

②素条形实木地板。素条形实木地板为没上漆地板，铺装完后现场涂饰，为设计预想提供了很大的自由空间，涂饰技术好可使地板感觉浑然一体。缺点是涂饰可能造成室内污染。所用木材一般为不易腐朽、不易变形、不易开裂树种，如松木等。条形素木地板宽度规格一般不大于120mm，板厚为 16～18mm。

③拼花实木地板。拼花实木地板有没上漆地板与成品地板（经涂饰）两种，拼花实木地板多选用水曲柳、柞木等花纹清晰的硬木，生产成小木条，按设计要求拼成花色。常用规格：250～300mm（长）、40～60mm（宽）、20～25mm（厚）。拼花实木地板表面的花纹经过设计拼花而成，因为其外形极具艺术感，也颇有个性，甚至可以根据需求设计图案。当前的拼花实木地板多是先通过激光划开地板，然后按照花纹进行手工拼接的，量产较难，人工的成分较高，所以拼花实木地板的价格高。

(2) 实木复合木地板。

实木复合木地板也叫实木多层木地板，是由木材薄片多层交错粘合，经一定技术手段涂饰而成的复合木地板（见插图11-2）。由于采用的原料是木材薄片，所以

实木复合木地板保持了实木地板自然、朴实、富有弹性的表面纹理和质感，且有较好的耐磨性与稳定性。实木复合木地板品种也较多，且有防热等功能地板，适用于地面敷设热水采暖管线地面。

(3) 强化复合地板。

强化复合地板俗称"金刚板"，标准名称为"浸渍纸层压木质地板"。

①强化复合木地板的规格尺寸。

从厚度上分有薄板 (8mm 左右) 和厚板 (12mm 左右)。从环保性上来看，薄板比厚板好。因为薄板单位面积用的胶比较少。厚板密度不如薄板高，抗冲击能力差点，但脚感稍好。

从规格上分有标准板、宽板和窄板。标准板宽度一般为 191 ~ 195mm。长度 1200 ~ 1300mm。宽板的长度多为 1200mm，宽度为 295mm 左右。窄板的长度在 900 ~ 1000mm，宽度基本上在 100mm 左右，近似实木地板的规格，多数叫仿实木地板。

②强化复合木地板的结构分为四层 (见插图 11-3)。

a. 表层：是耐磨层，为透明结晶三氧化二铝覆层。

b. 装饰层：是地板纹理层，为仿木纹印花胶面纸再加其他材料用高温及高压复合而成。

c. 中间厚层：是基层，为高密度纤维板 (HDF 板)。

d. 底层：是防潮稳定层，为防潮合成树脂。

③强化地板主要性能优点。

a. 与传统实木地板相比，规格尺寸大。

b. 花色品种较多，可以仿真各种天然或人造花纹。

c. 色泽均匀，视觉效果好。

d. 与实木地板相比，表面耐磨性能高，具有更高的阻燃性能，耐污染腐蚀能力强，抗压、抗冲击性能好。

e. 便于清洁、护理。

f. 尺寸稳定性好，因此可以保证在使用过程中地板间的缝隙较小，不易起拱。

g. 铺设方便。

h. 价格较便宜。

④强化地板主要缺点。

a. 与实木地板相比，该种地板由于密度较大，所以触感稍差。

b. 该产品可修复性差，一旦损坏，必须更换。

c. 由于在生产过程中使用甲醛系胶黏剂，因此该种地板存在一定的甲醛释放问题，若甲醛释放量超过一定标准，将对人的身体健康产生一定影响，并对环境造成污染。

(4) 软木地板。

软木最初是用于制作葡萄酒瓶塞的材料。软木来源于栓皮栎橡木树，软木制品的原料就是栓皮栎橡木的树皮。现在软木的用途很广，除了可以用于制作红酒塞子以外，也应用于工艺品、航天工程、地板墙板等。在欧洲国家，软木地板应用很广泛 (见插图 11-4)。

①软木地板的优点。

a. 舒适性好。软木有弹性的细胞结构，不但踩在上面脚感舒适，还可以极大地降低由于长期站立对人体的背部、腿部、脚踝造成的压力，并对意外摔倒提供极大的缓冲作用。

b. 吸音隔音性佳。软木独有的蜂窝状结构能起到极大的隔音性，而软木地板的柔软性也使其有极佳的吸音效果。

c. 防潮抗菌，防水，防虫。软木内不含淀粉（普通木地板含淀粉成分），可防止细菌与微生物的进入。软木地板表面有一层特殊的水性漆面，有很好的防水性能。

d. 环保健康。软木生活地板采用天然软木树皮制成，软木皮可以再生循环采剥，是再生资源，天然无污染。

e. 保温耐热。软木特殊的保温性能，可以减少室内外热量的交换，保证地板表面温度的稳定，极适用于地热采暖环境，既延长散热时间，保证温度适宜，又具有良好的脚感，踩上去有种温暖舒适的感觉。

②软木地板的缺点。

a. 磨抗压性差。物体的变形分为弹性变形与塑性变形，弹性变形是可以恢复的，但是塑性变形就不可以，如果超越了弹性变形数值范围，就变成了塑性变形，就不可恢复。如果用尖锐的鞋跟去踩软木地板，发生的压坑就可能是不能恢复的。日常生活中，最好穿软底鞋在软木地板上行走，防止将沙粒带入室内，并及时清除带入室内的沙粒，减少对地板的磨损。

b. 不易清洁。软木的结构，容易存灰，需要正确的使用和维护，清洁打理上更精心一些。普通软木地板的防水、防腐性能不如强化地板，水分也更容易渗入，要防止油墨等弄在地板上，否则就容易渗入，不易清洁。

软木地板适用面很广，如客厅、卧室、厨房、卫生间、电视墙、床头背景墙等。

软木墙板还可以取代墙纸，使家更有舒适美感。工装方面用的更为广泛，例如音乐厅、歌剧院、演播厅、图书馆、会议厅、健身中心、医院、写字楼、室内球场、幼儿园、星级酒店、餐厅、酒吧、视听室等等。

2. 防腐木

防腐木是经过防腐工艺处理的天然木材。根据防腐工艺的不同，常见有经防腐剂处理的防腐木和经热处理的碳化木。

(1) 经防腐剂处理的防腐木。

是在干燥、脱脂、前期机械加工后，将木材装入密闭的压力容器中，先在真空状态抽去木材细胞核外的绝大部分空气，然后在一定压力、真空的反复状态下，将木材防腐剂（防腐剂必须具备广谱抗腐、抗流失、对木材性能无影响、对人畜无害、工艺性能好、成本经济等基本特点）渗透到木材的细胞组织内，经过一段时期的固化稳定，使防腐剂与木材纤维素、半纤维素、木质素有效地反应结合，达到抗流失分解的目的，使木材结构组织能够抵御各种有害因素的侵蚀。即使在各种恶劣环境也都能够经久耐用，在正常使用情况下至少保证 20 年左右不变（见插图 11-5）。

防腐木通常用于阳台地面、花园地台及道路、户外桌椅、栅栏、栏杆、花窗格子、葡萄架、梯步、公园亭台楼榭、桥梁、花坛花箱、树池、路边休闲桌椅、亲水平台、花架、户外垃圾箱、木门等。

防腐木的特性如下。

①自然、环保、安全（木材成原本色，略显青绿色）。

②防腐、防霉、防蛀、防白蚁侵袭。

③木材稳定性好。

④易于涂料及着色。

⑤接触潮湿土壤或亲水效果尤为显著，满足户外各种气候环境中使用 20～30 年不变。

(2) 经热处理的炭化木。

炭化木是经过炭化处理的木材。炭化木是指用最高 212℃左右的过热蒸汽对木材进行长时间热解处理得到的木材 (见插图 11-6)。炭化木素有 "物理防腐木" 之称，由于其营养成分被破坏，故具有较好的防腐防虫性能。由于其吸水官能团半纤维素重组，故产品具有较好的物理性能。木材在使用过程中，随着环境的变化，会发生开裂，炭化木通过对木材进行改性处理，提升了木材的稳定性，大大减少木材开裂的程度；木材通过炭化，稳定性提升 50% 以上，变形系数显著降低。木材在使用过程中，由于紫外线照射，颜色会发生变化，炭化木也不例外，但是涂刷户外保护涂料，可以延缓木材的变色；木材由于早、晚材的不同，以及边材、心材的不同，颜色会有一定的差异。

炭化木的特性如下。

①不易变形。通过超高温对木材进行热解处理，降低木材组分中羟基的浓度，从而减小木材的吸湿性和内应力，达到减少木材变形的目的。

②强耐腐。通过超高温对木材进行热解处理，木材组分在超高温热处理过程中发生了复杂的化学反应，改变木材的某些成分，提高木材的耐腐性。

③防潮性好。木材经炭化处理，使木材的水吸附机理发生了变化，大大降低了木材的吸湿性和吸水性，能让炭化木在湿空气中保持较低的含水率，减小了木材在使用中因水分变化引起的变形、收缩和湿胀。

④色泽均匀、有光泽。通过超高温对木材进行热解处理，木材颜色均匀。木材内部的一些矿物质，在超高温处理后，部分析出到木材表层，焕发出光泽。

⑤纹理清晰。通过超高温对木材进行热解处理，炭化木年轮清晰，纹理自然、美观。

⑥健康、环保。炭化木内不添加任何的化学防腐剂，确保炭化木的健康、环保，人的皮肤可以直接接触炭化木。

3. 木线条

木线条是选用质硬、木质较细、耐磨、耐腐蚀、不劈裂、切面光滑、加工性质良好、油漆性上色性好、黏结性好、钉着力强的木材，经过干燥处理后，用机械加工或手工加工而成的 (见插图 11-7)。

木线条的品种较多，从材质分有杂木线、泡桐木线、水曲柳木线、樟木线和柚木线等；从功能分有镶板线、柱角线、墙腰线、封边线和镜框线等。

木线条的表面可用清油或混油工艺装饰。木线条的连接既可进行对接拼接，也可弯曲成各种弧线。它可用钉子或高强胶进行固定，室内采用木线条时，可得到古朴典雅、庄重豪华的效果。

木线条的应用非常广泛，如墙面上不同层次的交接处封边，墙面上不同材料的对接处封口、墙裙压边，各种饰面、门及家具表面的收边线和造型线，顶棚与墙面及柱面的交接处的封边，顶棚平面的造型线。

木线条应表面光滑，棱角及棱边挺直

159

分明，不得有扭曲和斜弯现象。

4. 薄木

薄木也称木皮和单板，是由各种名贵木材经过截断、剖方、软化（如水煮）、烘干（或不烘干）、剪切等程序加工而成的表面装饰材料（见插图 11-8），常以刨花板、密度板等人造板为基材进行表面粘贴装饰。薄木具有天然名贵木材的纹理，又节约了原木资源、降低了造价，并可以方便灵活地进行拼花。

薄木的品种繁多，按照厚度可分为厚薄木和微薄木两种（厚度大于 0.5mm 称为厚薄木；反之为微薄木）；按照形态可分为天然薄木、染色薄木、组合薄木（科技木皮）、拼接薄木、成卷薄木（无纺布薄木）等；按制造方法可分为旋切薄木、半圆旋切薄木、锯切薄木以及刨切薄木等（通常情况用刨切方法制作较多）。近年来，我国家具制造业及装饰装修业大量使用薄木贴面工艺生产以节约资源。

5. 木门

（1）全实木榫拼门（原木门）。

全实木榫拼门是用实木加工制作的装饰门，从木材加工工艺上看有原木和指接木两种。

原木实木门是以取材自森林的天然原木做门芯，然后经下料、刨光、开榫、打眼、雕刻、定型等工序科学加工而制成的木门（见插图 11-9）。

指接木实木门是指原木经锯切、指接后的木材，经过原木实木门相同的工序加工制成的木门，性能要比原木实木门稳定得多，不易变形。

全实木门所选用的木材多是名贵木材，经加工后的成品实木门具有不变形、耐腐蚀、无裂纹及隔热保温等特点。同时，实木门具有良好的吸音性，有效地起到了隔声的作用。

全实木门的工艺质量要求很高，其优点是豪华美观、造型厚实。经现代化精密工艺与传统的手工雕技相融合，赋予了实木门自然、恒久的人文艺术魅力，体现了尊贵、经典的艺术价值，但市场价格偏高。

（2）实木复合门。

实木复合门的门扇边框使用的是杉木或松木，中间填充木质蜂窝网结构，面层基材使用中密度纤维板或穿孔刨花板，表面贴各种名贵实木木皮，经高温热压后制成，并用实木线条封边。

一般高级的实木复合门，其门芯多为优质白松，表面则为实木单板。由于白松密度小、质量轻，且较容易控制含水率，因而成品门的质量都较轻，也不易变形、开裂。实木复合门解决了门芯板由于季节变化、不同地区年均含水率的不同、木材固有的干缩湿涨和各项差异引起的开裂、变形，甚至由于油漆后门芯板四周因收缩出现的白边现象。

全实木门从内到外是一种木质，而实木复合门、其门芯和内部结构是由其他木材或密度板制成，只有表面是高档木材，实木复合门具备全实木门的全部优点，保持了实木的效果和观感，但与全实木相比，其性能趋于稳定，且价格比全实木门经济。

（3）夹板模压空心门。

夹板模压空心门是以实木做框架，两面用装饰板粘压在框架上，经热压加工制成。

夹板模压空心门门芯、框架多以松木及细木工板为主，款式单一，结构十分简单。价格较全实木门和实木复合门更为经济实惠，且安全方便。由于门板内部是空心的，隔音效果相对全实木门来说要差些，手感也不如全实木门。

夹板模压空心门贴有刷上"清漆"的木皮，保持了木材天然纹理的装饰效果，同时也可进行面板拼花。

(4) 密度板模压门。

密度板一次双面模压成型，门芯空心，款式单一，档次低。

三、木制人造复合板材

复合材料是两种或两种以上的材料经过科技手段使其结合在一起的具有综合性能的材料。人造复合板材，尤其是木制复合板材是室内装饰中使用量较大的装饰材料，有些是作为基础材料，有些是作为饰面材料使用。

1. 细木工板（又称大芯板）

细木工板是由上下两层夹板，中间用短小木条拼接、胶压连接的芯材组成（见插图 11-10）。具有较大的硬度和强度，可耐热胀冷缩，板面平整，易于加工。按结构不同可分为：芯板条不粘胶的细木工板和芯板条粘胶的细木工板。细木工板按环保指数分为 E1 级板与 E2 级板（欧洲对板材甲醛释放量的标准是 E1 级 ≤ 9.0mg/100g，E2 级 ≤ 9.0 ~ 40mg/100g，目前我国控制的甲醛释放量标准尚较高，为 70mg/100g）。用于室内装修应用 E1 级板，E2 级板用于其他室外装修等。细木

工板常用规格为 1220mm × 2440mm，厚度为 12mm、18mm（常用）、22mm、25mm。

细木工板作为其他贴面板材或涂装的基材或造型，广泛用于室内装修、家具、门窗套、门扇、地板、隔断等。

(1) 细木工板的优点。

①细木工板握螺钉力好，强度高，具有质坚、吸声、绝热等特点，细木工板含水率不高，在 10% ~ 13% 之间，加工简便，用于家具、门窗及套、隔断、假墙、暖气罩、窗帘盒等，用途最为广泛。

②由于内部为实木条，所以对加工设备的要求不高，方便现场施工。

(2) 细木工板的缺点。

①因细木工板在生产过程中大量使用尿醛胶，不合格的产品甲醛释放量普遍较高。

②市面上一部分细木工板生产时偷工减料，在拼接实木条时缝隙较大，板材内部会存在空洞，如果在缝隙处打钉，则基本没有握钉力。

③细木工板内部的实木条为纵向拼接，故竖向的抗弯压强度差，长期的受力会导致板材明显的横向变形。

④细木工板内部的实木条材质不一样，密度大小不一，只经过简单干燥处理，易起翘变形；结构发生扭曲、变形，影响外观及使用效果（见图 11-1）。

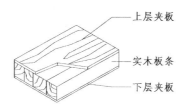

图 11-1　细木工板构造

2. 刨花板

刨花板，是将各种枝芽、小径木、速生木材、木屑等物切削成一定规格的碎片，经过干燥，拌以胶料、硬化剂、防水剂等，在一定的温度、压力下压制成的一种人造板。因其剖面类似蜂窝状，所以称为刨花板（见插图11–11）。

刨花板具有良好的隔热、隔音性能，强度均衡，加工方便，表面可进行多种贴面和涂饰工艺。刨花板因其幅面大，表面较平整，除用作家具基材和天棚装饰及隔断外，还可作为室内吸音和保温隔热材料。刨花板分为低密度刨花板、小密度刨花板、中密度刨花板和高密度刨花板，其中中密度刨花板用量最大。

在刨花板内部加入一定的"防潮因子"或"防潮剂"等原料，就成了平时人们所讲的防潮刨花板，简称防潮板。之所以有一定的防潮作用是因为刨花板本身防潮性能较强，吸收水分后膨胀系数较小，被普遍用于橱柜、浴室柜等环境，但在现实中，却成为许多劣质刨花板掩盖内部杂质较多的工具。在刨花板内部加入绿色染色剂，就形成了目前市面说所说的绿基刨花板。国内外顶级品牌的刨花板其实多为本色基材。

刨花板的常用规格有：1220mm×2440mm，厚度为6mm、8mm、10mm、13mm、16mm、18mm、25mm、30mm。

(1) 刨花板的优点。

①有良好的吸音和隔音性能。

②刨花板绝热性能较好。

③防潮性能较强。吸收水分后膨胀系数较小，普遍用于橱柜、浴室柜等环境潮湿的柜类产品。

④可进行油漆和各种贴面。刨花板表面平整，纹理逼真，容重均匀，厚度误差小，适合表面装饰。

⑤结构稳定。内部为交叉错落结构的颗粒状，各部方向的性能基本相同，结构比较稳定均匀。

(2) 刨花板的缺点。

①内部为颗粒状结构，不易于铣型。

②在裁板时容易造成暴齿的现象，所以对加工设备要求较高。

3. 实木颗粒板

所谓的实木颗粒板，其实是以刨花板的工艺生产的板材，也算是刨花板的一种，属于均质刨花板。

均质刨花板的学名叫定向结构刨花板，是一种以小径材、间伐材、木芯、板皮等为原料通过专用设备加工成长40mm、70mm，宽5mm、20mm，厚0.3mm、0.7mm的刨片，经干燥、施胶和专用的设备将表芯层刨片纵横交错定向铺装后，经热压成型后的一种人造板。均质刨花板将刨片通过先进的单通道干燥机进行干燥处理后，膨胀系数小，防潮性能非常好，其刨片实行的是定向层层铺装，所以它的内部质地均匀，比普通刨花板和粉状的密度板握钉力、抗弯压性、稳定性都要强。

定向结构刨花板作为一种高档环保的基材被欧美国家家具生产商所广泛采用，国内高档板式家具市场也开始大面积采用该种板材。

4. 中密度纤维板

纤维板（又称密度板）是以植物纤维

为主要原料，经过热磨、施胶、铺装、热压成型等工序制成。纤维板有密度大小之分，密度在 450kg/m³ 以下的为叫低密度板纤维板，密度在 450 ~ 800kg/m³ 之间的为叫中密度纤维板（简称 MDF），密度在 800kg/m³ 以上的为叫硬质纤维板（简称 HDF）（见插图 11-12）。密度板主要用于成品家具的制作，同时也用于强化木地板、门板、隔墙等。

中密度纤维板是木质纤维与合成树脂或其他合适的胶黏剂相结合加工而成的。这种板是在热压状态下，通过胶黏剂来提高整体纤维板间的黏结效果，最终通过压缩，大大增加了板的压缩密度。另外，在板加工制作时还可通过添加其他材料，以提高板的某种特性，如加贴木皮或直接涂装后的产品。中密度板表面平整光滑，组织结构均匀，密度适中，强度高，隔热、吸音，机械加工性能良好。

中密度纤维板规格有 915mm×2135mm、1220mm×2135mm、1220mm×2440mm，厚度为 3mm、6mm、9mm、10mm、12mm、16mm、18mm、19mm、25mm。常用规格有 1220mm×2440mm，厚 3mm、6mm、9mm、12mm、16mm、18mm。

中密度纤维板主要用作基材，如用于表面贴木皮加特殊防火、防腐涂料等处理而成的复合地板、组合壁板、组合橱柜等。

(1) 中密度纤维板的优点。

①可加工性好。中密度纤维板表面光滑平整、材质细密，可方便造型与铣型。

②韧性较好。中密度纤维板在厚度较小（如 6mm，3mm）的情况下不易发生断裂。

(2) 中密度纤维板的缺点。

①防潮性较差。中密度纤维板吸收水分后膨胀系数较大。

②握钉力较差。中密度纤维板内部为粉末状结构，螺钉旋紧后很容易发生松动。

③ 环保系数相对较低。中密度纤维板在生产时，因其内部结构特性，用胶量较大。

5. 胶合板（夹板）

胶合板是将原木蒸煮软化，沿年轮切成大张薄片，经过干燥、整理、涂胶、组坯（木材纹理纵横交错）、热压、锯边而成的人造板材（见插图 11-13）。

胶合板的优点在于幅面大而平整美观，不易开裂。胶合板导热性差，并且有一定的隔火性、防腐性、防蛀性和良好的隔音、吸声、隔潮湿空气或隔离其他气体的性能。胶合板易于加工，如锯切、组接、表面涂装，较薄的三、五层胶合板在一定的弧度内可进行弯曲造型，厚层胶合板可通过喷蒸加热使其软化，然后液压、弯曲、成型，并通过干燥处理，使其形状保持不变。胶合板的常用规格为：1220mm×2440mm，厚度分别为 3mm、5mm、9mm、12mm。

胶合板主要用作各类家具、门窗套、踢脚板、窗帘盒、隔断造型、地板等基材或面材，其表面可用薄木片、防火板、PVC 贴面板、浸渍纸、无机涂料等贴面涂饰。

6. 薄木贴面板

薄木贴面板以胶合板（主要是优质三合板）、中密度纤维板、刨花板等为基材，

163

用较好树种如胡桃木、榉木、枫木、泰柚木、幻影木、樱桃木、花樟、紫檀木及各种树瘤经过精密刨切而得的薄木片(厚度为 0.3 ～ 0.8mm)作面材,采用胶黏剂及先进的胶粘工艺制成。按薄木的刨切方向分为径切和弦切两种,其表面纹理和色泽完全代表了各树种的外观纹理特征,薄木贴面板外观纹理自然、优美、丰富、真实,因而成为现代板式家具、室内装饰中门窗套、门扇、隔断、墙、及局部镶嵌、收口贴面等用量非常大的面饰材料,一定程度上取代了过去的薄木贴皮卷材和传统的胶合板。薄木贴面板还有一种是将小规格薄木片按照不同纹理方向拼接在一起组成新的单元图纹的薄木装饰板。优质薄木贴面板板材硬挺,表面平整,无起皮、空鼓、叠缝。

7. 浮雕装饰板

浮雕装饰板常见有波浪板和硬木纤维装饰板。波浪板又称波纹板,是以进口中纤板经电脑雕刻表面,并采用喷涂、烤漆工艺精工制造而成(见插图 11–14)。硬木纤维装饰板用优质硬木纤维高温高压而成,表面为浮雕立体图案,有各种板材仿真效果。浮雕装饰板广泛应用于各种家居装饰、装修工程之中的墙面装饰。因其特殊、规则、重复、色彩多样的表面肌理,成为室内表面装饰的新型产品。

8. 软木板

软木是一种轻质材料,是一种产于地中海的珍贵树木。其木质具有独特的蜂窝式环链结构,使其具有不同于其他木质板材的良好弹性。软木制品是将软木颗粒经一定工艺压制而成的软木片,在欧美等国家作为装饰已有很久的历史,广泛应用于家具局部装饰、室内装饰中的墙、地面等。它具有吸音、防潮、防磨、防火、隔热、防腐等诸多优良性能。软木产品可制作成软木墙、地板。软木表面的特殊质感、天然纹理温暖柔和、富有弹性,具有其他材料不可替代的特殊美感。软木产品施工简便,应用时用胶粘合于底板、墙或地面即可。常见软木墙板的规格为 600mm×300mm、910mm×610mm×3mm 或宽 480mm,长 8000 ～ 10000mm 的卷材等。

9. 防火板

防火板是采用硅质材料或钙质材料为主要原料,与一定比例的纤维材料、轻质骨料、黏合剂和化学添加剂混合,经蒸压技术制成的装饰板材(见插图 11–15)。表面的保护膜经过处理使其具有一定的防火防热功效,并有防尘、防水、耐磨、耐酸碱、耐冲击(边角易碎)、易保养等优点。防火板有不同花色及不同质感的品种。一般规格有 2440mm×1220mm、2150mm×950mm、635mm×520mm 等,厚度一般为 0.8mm、1mm 和 1.2mm,也有薄形卷材。施工应用时一般用胶粘到中密度板等底板板材上使用。

10. 双面贴板

双面贴板是市场常见家具板材,是将三聚氰胺浸渍纸或防火板粘贴到细木工板、中密度板、刨花板等板材两面上的一种成品板材(见插图 11–16),可制作柜类家具箱体材料等。

11.橱柜门板

橱柜门板是具有一定宽度的条形门板，边缘为弧形或直边，用来制作橱柜。材料表面一般为防火板、UV漆、三聚氰胺浸渍纸等新型复合材料贴面，芯材为细木工板、中密度板等复合材料。

12.指接板

指接板，又名集成板、集成材、指接材，也就是将经过深加工处理过的实木小块像"手指头"一样拼接而成的板材，由于木板间采用锯齿状接口，类似两手手指交叉对接，故称指接板。由于原木条之间是交叉结合的，这样的结合构造本身有一定的结合力，又因不用再上下粘表面板，故其使用的胶极其微量，但此种板材易翘曲变形。

13.澳松板

澳松板又名定向结构刨花板，是一种进口板材，是大芯板的替代升级产品，特性是更加环保（见插图11-17）。

澳松板用辐射松原木制成，是以可持续发展为基础，主要使用原生林树木，能够更直接地确保所用纤维线的连续性。

澳松板具有很高的内部结合强度，每张板的板面均经过高精度的砂光，确保一流的光洁度。板材表面不但具有天然木材的强度和各种优点，同时又避免了天然木材的缺陷，是胶合板的升级换代产品。

澳松板一般被广泛用于装饰、家具、建筑、包装等行业，其硬度大，适合做衣柜、书柜等。

14.水泥刨花板

水泥刨花板是以水泥为胶凝材料，以木材加工剩余物、小径木或非木质和植物秸秆制的刨花为增强纤维材料，再加适量的化学添加剂和水，利用半干法工艺铺装成坯板后，在受压状态下使水泥与木质刨花板初步结合，并经过一段时期的自然养生，使水泥达到完全固化后而形成具有一定强度的板材。

水泥刨花板具有优良的耐久、耐候和抗老化性能，防火、隔音、隔热保温性能好，并具有足够的承载能力和良好的加工性。水泥刨花板既可用于室内隔墙、卫生间隔墙和地板，又可用于外墙、屋面板等。

第二节
木材及人造板材的施工工艺、常见的质量问题及预防措施

一、木护墙板施工工艺

木护墙板一般指接近视线，高于视线或与吊顶棚角线相接的木质墙体护板，可根据护墙板的高度分为全高护墙板和局部墙裙。根据材料的特点，可分为实木装饰板、木胶合板、木质纤维板、细木工板或其他人造板等不同品种的木质板材护墙板。木护墙板与木吊顶的构造相似，大多以木质材料作龙骨，表面罩板。

木护墙板不仅具有保护墙面、隔热隔音的实用功能，而且其形成的饰面具有丰富的色彩、质感、纹理，具有一定的装饰功能（见图11-2）。

1.材料配件

木龙骨、底板、饰面板材、防火及防腐材料、钉、胶均应备齐，材料的品种、

165

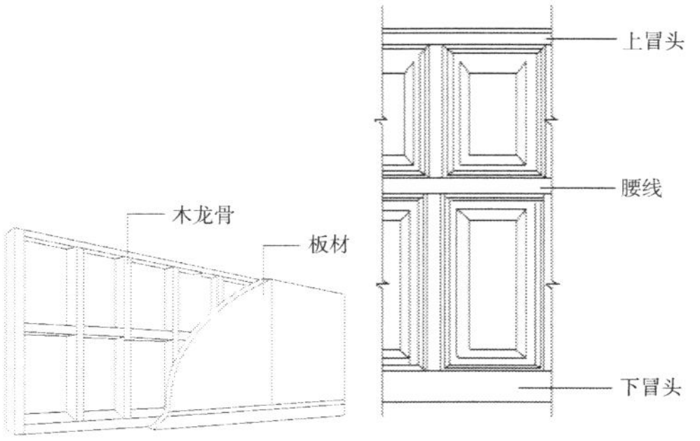

图 11-2　人造板起线护墙板

规格、颜色要符合设计要求，所有材料必须有环保要求的检测报告。

2. 主要机具

主要机具包括量具（钢卷尺、角尺与三角尺、水平尺、线锤等）、画具（木工铅笔、墨斗等）、砍削工具（斧和锛等）、锯割工具（框锯、板锯、狭手锯等）、刨削工具（平刨、线刨、轴刨等）、凿、锤、锉、螺丝刀、壁纸刀、冲击电钻、手电钻、射钉枪、电圆锯、电刨、电动线锯、木工修边机、木工雕刻机、空气压缩机、气钉枪、手提式电压刨等木工机械。

3. 作业条件

(1) 已经进行墙体结构的检查。一般墙体的构成可分为砖混结构、空心砖结构、加气混凝土结构、轻钢龙骨石膏板隔墙、木隔墙。不同的墙体结构，对装饰墙面板的工艺要求也不同。

(2) 主体墙面的验收完成。用线锤检查墙面垂直度和平整度。如墙面平整误差在 10mm 以内，采取垫灰修整的办法；如误差大于 10mm，可在墙面与木龙骨之间加木垫块来解决，以保证木龙骨的平整度和垂直度。

(3) 电器布线完成。在吊顶吊装完毕之后，墙身结构施工之前，墙体上设定的灯位、开关插座等需要预先抠槽布线，敷设到位后，用水泥砂浆填平。

(4) 材料的准备。对于未作饰面处理的半成品实木墙板及细木装饰制品（各种装饰收边线等），应预先涂饰一遍底漆，以防止变形或污染。

4. 施工工艺

基层处理→弹线→检查预埋件→制作木骨架（同时做防腐、防潮、防火处理）→固定木骨架→敷设填充材料→安装木板材→收口线条的处理→清理现场。

(1) 基层处理。不同的基层表面有不同的处理方法。

一般的砖混结构，在龙骨安装前，可在墙面上按弹线位置用 $\phi 16 \sim 20mm$ 的冲击钻头钻孔，其钻孔深度不小于 40mm。在钻孔位置打入直径大于孔径的浸油木楔，并将木楔超出墙面的多余部分削平，这样有利于护墙板的安装质量。还可以在木垫块局部找平的情况下，采用射钉枪或强力气钢钉把木龙骨直接钉在墙面上。

基层为加气混凝土砖、空心砖墙体时，先将浸油木楔按预先设计的位置预埋于墙体内，并用水泥砂浆砌实，使木楔表面与墙体平整。

基层为木隔墙、轻钢龙骨石膏板隔墙时，先将隔墙的主附龙骨位置画出，与墙面待安装的木龙骨固定点标定后，方可施工。

(2) 弹线。

弹线的目的有两个：一是使施工有了基准线，便于下一道工序的施工；二是检查墙面预埋件是否符合设计要求，电器布线是否影响木龙骨安装位置，空间尺寸是否合适，标高尺寸是否改动等。在弹线过程中，如果发现有不能按原来设计布局的问题，应及时提出设计变更，以保证工序的顺利进行。

①护墙板的标高线：确定标高线最常用的方法是用透明软管注水法。

首先确定地面的地平基准线。如果原地面无饰面的，基准线为原地平线；如果原地需铺瓷砖、木地板等饰面，则需根据饰面层的厚度来定地平基准，即原地面基础上加上饰面层的厚度。其次将定出的地平基准线画在墙上，即以地平基准线为起点，在墙面上量出护墙板的装修标高线。

②墙面造型线：先测出需作装饰的墙面中心点，并用线垂的方法确定中心线。然后在中心线上，确定装饰造型的中心点高度。再分别确定出装饰造型的上线位置和下线位置、左边线的位置和右边线的位置。最后还是分别通过线垂法、水平仪或软管注水法，确定边线水平高度的上下线的位置，并连线而成。

如果是曲面造型，则需在确定的上下、左右边线中间预作模板，附在上面确定，还可通过逐步找点的方法，来确定墙面上的造型位置。

(3) 检查预埋件。

检查墙面预埋的木楔是否平齐或者有损坏，位置及数量是否符合木龙骨布置的要求，如果不符合要求要及时调整。

(4) 制作木骨架。

所有木龙骨要做好防腐、防潮、防火处理。木龙骨的间距通常根据面板模数或现场施工的尺寸而定，一般为 400 ~

600mm。在有开关插座的位置处，要在其四周加钉龙骨框。通常在安装前，为了确保施工后的面板的平整度，达到省工省时、计划用料的目的，可先在地面进行拼装。要求把墙面上需要分片或可以分片的尺寸位置标出，再根据分片尺寸进行拼接前的安排。

(5) 固定木骨架。

先将木骨架立起后靠在建筑墙面上，用线垂检查木骨架的平整度，然后把校正好的木骨架按墙面弹线位置要求进行固定。固定前，先看木骨架与建筑墙面是否有缝隙，如果有缝隙，可用木片或木垫块将缝隙垫实，再用圆钉将木龙骨与墙面预埋的木楔作几个初步的固定点。然后拉线，并用水平仪校正木龙骨在墙面的水平度是否符合设计要求。经调整准确无误后，再将木龙骨钉实、钉牢固。

在砖混结构的墙面上固定木龙骨，可用射钉枪或强力气钢钉来固定木龙骨，钉帽不应高出木龙骨表面，以免影响装饰衬板或饰面板的平整度。

在轻钢龙骨石膏板墙面上固定木龙骨，将木龙骨连接到石膏板隔断中的主附龙骨上，连接时可先用电钻钻孔，再拧入自攻螺钉固定，自攻螺丝帽一定要全部拧放到木龙骨中，不允许螺丝帽露出。

在木隔断墙上固定木龙骨时，木龙骨必须与木隔墙的主附龙骨吻合，再用圆铁钉或气钉钉入；在两个墙面阴阳角转角处，必须加钉竖向木龙骨。

作为装饰墙板的背面结构，木龙骨架的安装方式、安装质量直接影响到前面装饰饰面的效果。在实际现场施工中，常用木骨架的截面尺寸有 30mm×40mm 或者 40mm×60mm；也可以根据现场的实际情况，采用人造夹板锯割成板条替代木方作龙骨。因装饰板的种类不同，墙板背面龙骨间距也各异。墙板厚为 12mm 时，木方间距为 600mm；墙板厚度为 15～18mm 时，木方间距为 800mm。

(6) 敷设填充材料。

有隔声、防火、保温等要求的墙面，在安装饰面板前将相应的玻璃丝棉、岩棉、苯板等敷设在龙骨框内，此操作要符合相关防火规范。

(7) 安装木板材。

固定式墙板安装的板材分为底板与饰面板两类。底板多选用胶合板、中密度板、细木工板；饰面板多用各种实木板材、人造实木夹板、防火板、铝塑板等复合材料，也可以采用壁纸及软包皮革进行表面装饰。

①选材。不论底板还是饰面板，均应预先进行挑选。饰面板应分出不同材质、色泽或按深浅颜色顺序使用，近似颜色用在同一房间内 (面饰混色漆时可以不作限定)。

②拼接。

a. 底板的背面应作卸力槽，以免板面弯曲变形。卸力槽一般间距为 100mm，槽宽 10mm，深 5mm 左右。

b. 在木龙骨表面上刷一层白乳胶，底板与木龙骨的连接采取胶钉方式，要求布钉均匀。

c. 根据底板厚度选用固定板材的铁钉或气钉长度，一般为 25～30mm，钉距宜为 80～150mm。钉头要用较尖的冲子，

顺木纹方向打入板内 0.5～1mm，然后先给钉帽涂防锈漆，钉眼再用油性腻子抹平。10mm 以上底板常用 30～35mm 铁钉或气钉固定 (一般钉长是木板厚度 2～2.5 倍)。

d. 留缝工艺的饰面板装饰，要求饰面板尺寸精确，缝间中距一致，整齐顺直。板边裁切后，必须用细砂纸砂磨，无毛茬，饰面板与底板的固定方式为胶钉的方式。防火板、铝塑板等复合材料面板粘贴必须采用专用速干胶 (大力胶、氯丁胶)，粘贴后用橡皮锤或用铁锤垫木块逐排敲钉，力度均匀适度，以增强胶接性能。

e. 采用实木夹板拼花、板间无缝工艺装饰的木墙板，对板面花纹要认真挑选，并且花纹组合协调。板与板间拼贴时，板边要直，里角要虚，外角要硬，各板面作整体试装吻合，方可施胶贴覆。

(8) 收口线条的处理。

如果在两个不同交接面之间存在高差、转折或缝隙，那么表面就需要用线条造型修饰，常采用收口线条来处理。安装封边收口条时，钉的位置应在线条的凹槽处或背视线的一侧。

(9) 清理现场。

施工完毕后，将现场一些施工设备及残留余料撤出，并将垃圾清扫干净。

5. 质量标准

(1) 主控项目。

①饰面板的品种、规格、颜色和性能应符合设计要求，木龙骨、木饰面板的燃烧性能等级应符合设计要求。

检验方法：观察；检查产品合格证书、进场验收记录和性能检测报告。

②饰面板孔、槽的数量、位置和尺寸

应符合设计要求。

检验方法：检查进场验收记录和施工记录。

③ 饰面板安装工程的预埋件 (或后置埋件)、连接件的数量、规格、位置、连接方法和防腐处理必须符合设计要求。后置埋件的现场拉拔强度必须符合设计要求。饰面板安装必须牢固。

检验方法：手扳检查；检查进场验收记录、现场拉拔检测报告、隐蔽工程验收记录和施工记录。

(2) 一般项目。

①饰面板表面应平整、洁净、色泽一致，无裂痕和缺损。

检验方法：观察。

②饰面板嵌缝应密实、平直，宽度和深度应符合设计要求，嵌填材料色泽应一致。

检验方法：观察；尺理检查。

③饰面板上的孔洞应套割吻合，边缘应整齐。

检验方法：观察。

④饰面板安装的允许偏差和检验方法应符合表 11-1 的规定。

6. 成品保护

(1) 木料进场后应储存在仓库或料棚中。并按制品的种类、规格水平堆放，底层应搁置垫木，在仓库中垫木离地高度应不小于 200mm，在临时料棚中离地面高度应不小于 400mm，使其能自然通风并加盖防雨、防晒。

(2) 配料应在操作台上进行，不得直接在没有保护措施的地面上操作。

(3) 操作时窗台板上应铺垫保护层。

(4) 护墙板安装前应刷一道底油，以防干裂，污染。

(5) 为避免施工中碰坏或污染成品，尤其是出入口处，应及时采取保护措施，如钉保护条、护角木板，盖塑料薄膜，设专人看管等。

7. 注意事项

(1) 如果墙面潮湿，应待干燥后施工，或做防潮处理。一是可以先在墙面做防潮层；二是可以在护墙板上、下留通气孔；

表 11-1　饰面板安装的允许偏差和检验方法

项次	项目	允许偏差 /mm							检验方法
		石材			瓷板	木材	塑料	金属	
		光面	剁斧石	蘑菇石					
1	立面垂直度	2	3	3	2	1.5	2	2	用 2m 垂直检测尺检查
2	表面平整度	2	3	—	1.5	1	3	3	用 2m 靠尺和塞尺检查
3	阴阳角方正	2	4	4	2	1.5	3	3	用直角检测尺检查
4	接缝直线度	2	4	4	2	1	1	1	拉 5m 线，不足 5m 拉通线，用钢直尺检查
5	墙裙、勒脚上口直线度	2	3	3	2	2	2	2	拉 5m 线，不足 5m 拉通线，用钢直尺检查
6	接缝高低差	0.5	3	—	0.5	0.5	1	1	用钢直尺和塞尺检查
7	接缝宽度	1	2	2	1	1	1	1	用钢直尺检查

三是可以通过墙内木砖出挑，使面板、木龙骨与墙体离开一定距离，避免潮气对面板的影响。

(2) 两个墙面的阴阳角处，必须加钉木龙骨。

(3) 如涂刷清漆，应挑选同树种、颜色和花纹的面板。

8. 常见质量问题及预防措施

(1) 饰面夹板有开缝、翘曲现象。

原因分析：

①原饰面夹板湿度大。

②平整度不好，饰面夹板本身翘曲。

预防措施：

①检查购进的饰面夹板的平整度，含水率不得大于 15%。

②做好施工工艺交底，严格按照工艺规程施工。

(2) 木龙骨固定不牢，阴阳角不方，分格档距不符合规定。

原因分析：

①施工时没有充分考虑装修与结构的配合，没有为装修提供条件，没有预留木砖，或木档留的不合格。

②制作木龙骨时的木料含水率大或未作防潮处理。

预防措施：

①要认真的熟悉施工图纸，在结构施工过程中，对预埋件的规格、部位、间距及装修留量一定要认真了解。

②木龙骨的含水率应小于 15%，并且不能有腐朽、严重死节疤、劈裂、扭曲等缺陷。

③检查预留木楔是否符合木龙骨的分档尺寸，数量是否符合要求。

(3) 面层花纹错乱，棱角不直，表面不平，接缝处有黑纹。

原因分析：

①原材料未进行挑选，安装时未对色、对花。

②胶合板面透胶未清除掉，上清油后即出现黑斑、黑纹。

预防措施：

①安装前要精选面板材料，涂刷两遍底漆作防护，将树种、颜色、花纹一致的使用在一个房间内。

②使用大块胶合板作饰面时，板缝宽度间距可以用一个标准的金属条作间隔基准。

二、木质吊顶施工工艺

木质结构的吊顶，指的是其吊点、吊筋、龙骨骨架多以木质结构为主。木质结构的吊顶，特别要强调做好防火、防潮及防腐、防脱落的有效措施。木质吊顶可以是不设承载龙骨的单层结构；也可按设计要求组装成上下双层构造，即承载龙骨在上用吊杆连接顶棚结构吊点，其下部为附着饰面板的龙骨骨架。

木龙骨吊顶为传统工艺，依然被广泛应用于规模较小且造型较为复杂多变的室内装饰工程。下面以单层平面式木吊顶施工工艺为例作详细介绍。

1. 材料配件

造型需用的细木工板和木龙骨。木方一般选择红松或白松木方，如有腐蚀、斜口开裂、虫蛀等缺陷必须剔除。净刨后刷防火漆，要达到消防要求。连接龙骨用的聚醋酸乙烯乳液、钢钉及气钉等辅材要把好质量关。

2. 主要机具

主要机具同木护墙板施工工艺的机具准备。

3. 作业条件

(1) 施工前主体结构应已通过验收，施工质量应符合设计要求。

(2) 吊顶内部的隐蔽工程 (消防、电气布线、空调、报警、供排水及通风等管道系统) 安装并调试完毕，从天棚经墙体引下来的各种开关、插座线路预埋亦已安装就绪。

(3) 脚手架搭设完毕，且高度适宜，超过 3500mm 应搭设满堂红的钢脚手架。

4. 施工工艺

放线→安装吊点紧固件→固定墙边龙骨→在地面拼接木龙骨→分片吊装与吊点固定→分片间的连接→整体调整→安装饰面板。

(1) 放线。

按设计要求放标高线、天棚造型位置线、吊点布局线、大中型灯位线。

①确定标高线。以地坪基准线为起点，根据设计要求在墙 (柱) 面上量出吊顶的高度 (加上一层板的厚度)，并在该点画出标高线 (作为吊顶龙骨的下皮线)。可用水准仪或"水柱法"测定。

②确定造型位里线。根据设计要求，在顶棚或墙面上画出造型线。

③吊点位置的确定。一般间距 100mm 左右 1 个，均匀布置。有迭级造型的天花吊顶 (迭级，即天棚若干个装饰界面不在同一水平面上)，应在迭级交界处加设吊点。

④大型灯具应单独预设金属材质的吊点。

(2) 安装吊点紧固件。

木质吊顶施工安装吊点紧固件，可以概括为以下两种方法。

①在建筑楼板底面，用电锤按设计要求钻孔，利用预埋 M6 的内扣膨胀螺栓与 ϕ 6mm 全螺扣的钢筋紧固，以此作为吊点与吊筋。

②用直径必须大于 ϕ 5mm 的射钉，将木方吊点直接固定在建筑楼板底面上。

(3) 固定沿墙边龙骨。

沿吊顶标高线固定沿墙边龙骨，针对不同建筑结构材料的墙面，可以采用不同的固定方法。

①作业面为混凝土墙面，用电锤在墙面标高线以上 (让出饰面板的厚度) 钻孔，孔距为 200mm 左右，孔径 10mm 左右。制作 150mm 左右长木楔，做浸油防腐处理，钉入到孔隙中，要达到牢固不松动。木楔和墙面应保持在同一平面，多余外露部分打掉。边龙骨断面尺寸应与吊顶木龙骨断面尺寸一致，将边龙骨用铁钉固定在四周预设有木楔的墙面上，并刷防火漆。

②若是普通砖墙结构，可以使用强力气钢钉把边龙骨直接射钉在墙面上。

(4) 在地面拼接木龙骨。

吊顶木龙骨筛选后要刷防火漆，达到消防要求，待晾干后备用。

①先把吊顶面上需分片的尺寸位置定出，根据分片的尺寸进行拼接前安排。

②木龙骨截面尺寸的选择，应根据房间空间及必要的承载而定。一般选用截面尺寸为 30mm × 40mm 或 40mm × 60mm 的木龙骨，按中心线距 300mm 的尺寸开出

171

深 15mm、宽 25mm 的凹槽。按凹槽咬合方法，用乳白胶和气钉进行胶钉结合固定，使木龙骨纵横垂直地榫接在一起。

(5) 分片吊装与吊点固定。

①平面吊顶的施工，可从一个墙角位置开始，将拼接好的木龙骨托起至吊顶标高位置。要注意安装龙骨时让开饰面板的厚度。

②沿着顶棚标高线，用线绳拉出平行和十字交叉的几条标高基准线来控制龙骨整体水平。将托起的木龙骨慢慢往下移动，使龙骨与平面基准线平齐。待整片木龙骨调平后，将木龙骨靠墙部分与沿墙边龙骨胶钉连接，再做吊筋与吊点的连接固定，形成四周封边、中间悬吊的连接与固定方式。

③骨、吊筋与吊点的固定：针对木吊顶施工时选用的吊筋及吊点的不同，方法也不同。

a. 选用轻钢龙骨主吊件与木龙骨固定：轻钢龙骨主吊件底部拉直，依靠主吊件原有的口洞与木龙骨之间用高强自攻螺钉固定。

b. 用木方做吊筋固定：先将吊点木方按吊点位置固定在楼板的底面，然后用吊筋木方与固定在楼板下面的木方连接。此时建议吊筋长短应大于吊点与木龙骨之间的距离 100mm 左右，便于调整高度。吊筋与木龙骨的两侧固定后，再将其多余部分截掉。

(6) 分片间的连接。

①分片木龙骨在同一平面对接。先将木龙骨的端头对正，然后用短木方在左右两侧夹接。

②分片木龙骨不在同一平面，处于高低面的连接 (迭级棚面)。可利用细木工板连接垂直方向与水平方向的木龙骨。

③在龙骨连接的过程中要注意预留灯盘、空调风口、检修孔位置的孔洞。其施工要点是在洞口处加密吊筋与龙骨的密度。在饰面板上安装的灯具、烟感器、喷淋、风口篦子等设备的位置要合理、美观，与饰面板交接严密。

(7) 整体调整。

各个分片木龙骨连接加固完成后，在整个吊顶面下用尼龙线拉出十字交叉标高线，检查吊顶平面的平整度。吊顶应起拱，一般可按 7 ~ 10m 跨度为 1/200 起拱量。木吊顶格栅的平整度要求见表 11-2。

表 11-2 · 木吊顶格栅平整度要求

面积 /m²	允许误差值 /mm	
	上凹 (起拱)	下凸
≤ 20	3	2
≤ 50	2 ~ 5	—
≤ 100	3 ~ 6	—
100 以上	6 ~ 8	—

(8) 安装饰面板。

①安装纸面石膏板。

a. 按设计要求将挑选好的石膏板正面向上，按照木龙骨分格的中心线尺寸，在板正面上画线。便于安装面板时找到龙骨的位置。

b. 石膏板固定时，可以从一端向另一端开始错缝安装固定，也可以从中间向四周固定，而不应从两边或四周同时向中心固定，更不可多点同时作业。石膏板与墙体间应留有 5mm 左右间隙。

c. 固定纸面石膏板，一般采用平头

$\phi 3.5 \times 25$mm 的高强自攻螺钉，安装用电钻批头来拧紧自攻螺钉，螺帽宜略嵌入板面，并不穿透面板，以保证自攻螺钉、龙骨及石膏板间连接牢固。自攻螺钉间距以 150 ~ 200mm 为宜，相邻两张石膏板固定时，螺钉不宜对接，应错开不小于 50mm 的距离。

d. 纸面石膏板安装完毕后，在钉帽上涂刷防锈漆，并用石膏腻子刮平，在刮大白施工之前，要在板面涂刷一层防潮漆，用以增加石膏板的抗潮性。

e. 石膏板的板间应预留 5mm 左右的缝隙。板间缝隙应在安装板时预留，而不建议安装完后用刀划口，这样易造成自攻螺钉和石膏板间产生豁口现象。安装双层石膏板时，面层板与基层板的接缝也应错开，不得在同一根龙骨上接缝；石膏板的接缝应按设计要求进行处理。

f. 石膏板嵌缝施工工艺。

嵌缝腻子的调配为聚醋酸乙烯乳液 : 滑石粉或大白粉 :2% 羧甲基纤维素溶液 =1:5:3.5。

先将板缝清理干净，对接缝处的石膏暴露部分，需要用 10% 的聚乙烯醇水溶液或用 50% 的 107 胶液涂刷 1 ~ 2 遍，待干燥后用小刮刀把腻子嵌入板缝内，填实刮平；第一层腻子干燥后，薄薄的刮上一层稠度较稀的腻子，随即把嵌缝带贴上（缝带可用穿孔纸带、牛皮纸带或布纹稍大的布带），用力刮平，压实，赶出腻子与缝带之间的气泡。放置一段时间，待水分蒸发后，再用刮刀在纸带上刮上一层厚约 1 mm，宽约 80 ~ 100mm 的腻子，用大刮刀将板面刮平，干燥后砂光。各道嵌缝施工，均应在前一道嵌缝腻子干燥后再进行。

②安装以木质人造板做底板的饰面板。

安装实木夹板贴面、防火板、铝塑板、玻璃镜面、软包织物等复合材料饰面板的吊顶装饰时，多数使用木质人造板做底板。此时底板大多采用 5 ~ 10mm 厚度为宜，可以选用胶合板、细木工板、中密度板、刨花板等。

在施工异型棚面（穹顶、拱形棚等）时，大多选用细木工板、木方等做结构龙骨，底板选用 3 ~ 10mm 厚度的胶合板来完成造型的组装。甚至在造型角度小的情况下，还须在底板的背面开卸力槽及水浸法弯曲来完成。

a. 板面上划线。将挑选好的木质人造板正面向上，按照木龙骨分格的中心线尺寸，在板正面上画出龙骨位置线。

b. 底板面倒角。在板的正面四周，按宽度为 3 mm 左右刨出 45° 倒角，使板与板之间呈 V 字型接缝。

c. 胶钉底板。将板正面朝下，托起到预定位置，使板上的画线与木龙骨中心线对齐，先在龙骨表面刷乳白胶，再用气钉枪选用气排钉固定，钉距在 50mm 左右。

d. 固定表面装饰板。底板安装完毕，选用实木夹板做表面装饰时，可用乳白胶作黏结剂，用蚊钉枪钉作固定。除胶钉结合方法外，饰面板也可以直接利用强力氯丁胶进行黏结。如果饰面板为防火板、铝塑板等复合材料，可选用相应的专用氯丁胶直接进行黏结，切记不可采用铁钉或气钉固定。

③安装 PVC 阻燃扣板。

根据 PVC 阻燃装饰扣板铺设的方向，木龙骨可以只安装单向 (纵向或横向)。木龙骨安装完成后，利用带有企口的 PVC 扣板逐排插接，并在扣板企口处，用 $\phi 3.5 \times 25mm$ 的高强自攻钉等距离固定扣板，钉距在 150mm 左右。垂直方向靠木吊筋与吊点固定，水平方向靠 PVC 收边条及扣板与木龙骨之间的连接固定。

5. 质量标准

(1) 主控项目。

①吊顶标高、尺寸、起拱和造型应符合设计要求。

检验方法：观察；尺量检查。

②饰面材料的材质、品种、规格、图案和颜色应符合设计要求。

检验方法：观察；检查产品合格证书、性能检测报告、进场验收记录和复验报告。

③吊顶工程的吊杆、龙骨和饰面材料的安装必须牢固。

检验方法：观察；手扳检查；检查隐蔽工程验收记录和施工记录。

④吊杆、龙骨的材质、规格、安装间距及连接方式应符合设计要求。木吊杆、龙骨应进行防腐、防火处理。

检验方法：观察；尺量检查；检查产

品合格证书、性能检测报告、进场验收记录和隐蔽工程验收记录。

⑤石膏板的接缝应按其施工工艺标准进行板缝防裂处理。安装双层石膏板时，面层板与基层板的接缝应错开，并不得在同一根龙骨上接缝。

检验方法：观察。

(2) 一般项目。

①饰面材料表面应洁净、色泽一致，不得有翘曲、裂缝及缺损。压条应平直，宽窄一致。

检验方法：观察；尺量检查。

②饰面板上的灯具、烟感器、喷淋头、风口篦子等设备的位置应合理、美观，与饰面板的交接应吻合、严密。

检验方法：观察。

③木质吊杆、龙骨应顺直，无劈裂、变形。

检验方法：检查隐蔽工程验收记录和施工记录。

④吊顶内填充吸声材料的品种和铺设厚度应符合设计要求，并应有防散落措施。

检验方法：检查隐蔽工程验收记录和施工记录。

⑤暗龙骨吊顶工程安装的允许偏差和检验方法应符合表 11-3 的规定。

表 11-3　暗龙骨吊顶工程安装的允许偏差

项次	项目	允许偏差 /mm				检验方法
		纸面石膏板	金属板	矿棉板	木板、塑料板、格栅	
1	表面平整度	3	2	2	3	用 2m 靠尺和塞尺检查
2	接缝直线度	3	1.5	3	3	拉 5 m 线，不足 5 m 拉通线，用钢直尺检查
3	接缝高低差	1	1	1.5	1	用钢直尺和塞尺检查

6. 成品保护

(1) 顶棚木骨架及罩面板安装时，应注意保护顶棚内装好的各种管线、设备；木骨架的吊杆、龙骨不准固定在通风管道及其他设备上。

(2) 施工部位已安装的门窗，已施工完的地面、墙面、窗台等，应注意保护，防止损坏。

(3) 木骨架材料，特别是罩面板，在进场、存放、安装过程中，应妥善管理，使其不损坏、不受潮、不变形、不污染。

(4) 所有木料进场后必须先进行防火涂料的涂刷。

(5) 现场禁止明火、吸烟。

7. 注意事项

(1) 打眼时注意防止预埋管线的破坏。

(2) 重型灯具电扇及其他重型设备严禁安装在吊顶工程的龙骨上。

(3) 安装饰面板前应完成吊顶内管道和设备的调试和验收。

8. 常见质量问题及预防措施

(1) 吊顶不平。

原因分析：安装主龙骨时吊杆调平不认真，造成各吊杆点的标高不一致。

预防措施：施工时应认真操作，检查各吊点的高低及螺丝拧紧程度，并拉通线检查标高与平整度是否符合设计要求和施工规范的规定。

(2) 罩面板分块间隙缝不直。

原因分析：罩面板规格有偏差，安装不正。

预防措施：施工时注意板块规格、拉线找正，安装固定时保证平整对直。

(3) 木骨架固定不牢。

原因分析：龙骨间的胶钉连接施工完成得不合格。

预防措施：木龙骨与吊筋连接的方法应严格按设计构造要求施工，龙骨钉固方法应符合施工规范的要求。

三、空铺式木地板施工工艺

木地板的装饰按施工构造可分为空铺式、实铺式两种。空铺式木地板铺装主要应用于面层距基层距离较大，需要用砖墙和砖墩做支撑，才能达到设计标高的木地面（见图11-3）。如舞台地面等。

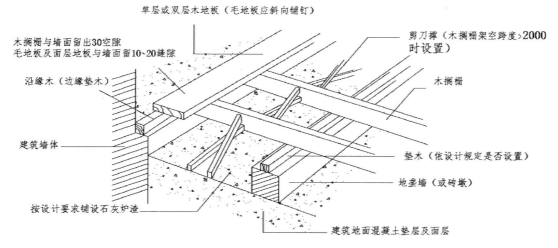

图 11-3　空铺木地板构造示意

1. 材料配件

木方（多采用东北红、白松等，截面尺寸可取 50mm×50mm、50mm×70mm）、硬木地板或中密度（强化）复合地板、防潮防水剂、沥青油毡、红砖及砂、水泥等。木方及木地板必须要经过干燥和防腐处理，且不得有弯曲、变形的缺陷。

2. 主要机具

参照木吊顶施工工具的准备，还需木地板磨光机、电动修整磨光机。

3. 作业条件

(1) 墙、顶抹灰完，门框安装完已弹好 +50cm 水平标高线。

(2) 屋面防水、穿楼面管线均已做完，管洞已堵塞密实。预埋在地面内电管已做完。

(3) 暖、卫管道试水、打压完成，并已经验收合格。

(4) 房间四周弹好踢脚板上口水平线，并已预埋好固定木踢脚的木砖（必须经防腐处理）。

(5) 凡是与混凝土或砖墙基体接触的木料，如木搁栅、踢脚板背面、地板底面、剪刀撑、木楔子、木砖等，均预先满涂木材防腐材料。

4. 施工工艺

砌筑地垄墙→铺放垫木并找平→安装木格栅→固定底板→面层铺钉→表面处理。

(1) 砌筑地垄墙。

地垄墙一般采用红砖、强度不低于 42.5 级的 1:3 水泥砂浆或混合砂浆砌筑。砌筑墙顶面上应进行涂刷焦油沥青、铺设两道油毡纸等防潮措施。在垄墙上预埋铁件及 8 号铅丝，以备绑扎垫木。在垄墙基面抹水泥砂浆找平。

一般来讲，垄墙与垄墙之间距离在 2000mm 左右，也可以采用砌筑砖磴的方法。砖磴砌筑的厚度要同木格栅的布置一致，一般间距为 500mm，还可将磴连在一起变成垄墙。为了获得良好的通风条件，空铺式架空层同外部及每道隔墙在砌筑时，均要预留通风孔洞，且这些孔洞要尽量在一条直线上，尺寸一般为 120mm×120mm。且在建筑外墙每隔 3000 ~ 5000mm 预留相应的不小于 180mm×180mm 的孔洞及其通风窗设施，安装风箅子，下皮高距室外地墙不小于 200mm。空间较大时，可以在地垄墙上设 750mm×750mm 的过人通道。

(2) 铺放垫木。

垫木设置于地垄墙上面，用于传递格栅的荷载到垄墙（或砖墩）上。垫木在使用前要进行防火防腐处理。垫木的厚度一般为 50mm，可锯成段，沿地垄墙通长布置，用铅丝绑扎垫木，接头采用平接。铺设后放线进行找平。

(3) 安装木格栅。

木格栅设置在垫木上，起到固定与承托面层的作用。其断面的尺寸大小依地垄墙的间距大小而定。间距大，木格栅跨度大，断面尺寸也相应要大一些。木格栅一般与地垄墙垂直方向铺设，间距常用 500mm 左右。木格栅与墙间要留出 30mm 的缝隙。木格栅的标高要准确，要拉水平线进行找平。

木格栅准确就位并找平后，要与垫木

进行连接，用长铁钉从格栅的两侧中部斜向呈 45° 与垫木钉牢。格栅安装要牢固，并保持平直，同时给木格栅表面做防火、防腐处理。

为了增加木格栅侧向稳定性，可以在木格栅两侧面之间设定剪刀撑，不但可以减少格栅本身变形，而且增加整个地面的刚度。

特别要注意木格栅表面标高（附加地板标高）与门扇下沿及其他地面标高的关系。

(4) 固定底板。

固定底板位于木地板的下层，在木格栅上层。常用松木板、杉木板条制作，宽度不大于 120mm；根据设计及现场情况，也可以采用细木工板、中密度板等人造板材。

在铺设前，必须先清除构造空间内的杂物。如果面层是铺条形或硬木拼花席纹地板时，底板应与木格栅呈 30° 或 45° 并用钉斜向钉牢。相邻底板应错缝铺设，相邻两块底板均应在木格栅的中线上对缝，且钉位要错开。底板和墙之间应留 10 ~ 20mm 缝隙。当面层采用硬木拼花人字纹时，一般与木格栅垂直铺设。表面要求平整，接缝不必太严密，可以有 2 ~ 3mm 的缝隙。

(5) 面层铺钉。

①弹铺钉线。要将底板清扫干净。

②防潮处理。在铺钉前要铺设一层沥青油毡或聚乙烯泡沫胶垫，以防止在以后使用中产生声响和散发潮气。

③长条木地板钉结法固定。钉结法常采用两种方法。明钉法多用于平口地板，

先将钉帽砸扁，将铁钉斜向钉入板内，同一行的钉帽应在同一条直线上，并将钉帽冲入板内 3 ~ 5mm；暗钉法多用于企口地板，从板边的凹角处，斜向钉入，角度一般为 45° 或 60°，使板靠紧。最后一行条木板，无法斜向钉入，可用圆钉直向钉牢，但每块木地板至少用两枚钉。钉的长度一般为面层厚度的 2 ~ 2.5 倍。

④注意铺钉顺序。铺钉时从墙的一边开始铺钉（小房间可从门口开始），逐块排紧。地板缝隙也要考虑，松木地板不大于 1mm，硬木长条地板缝宽不大于 0.5mm，木地板面层与墙之间应留 10 ~ 20mm 缝隙。

⑤面板刨磨处理。刨光时先沿垂直木纹方向粗刨一遍，再沿顺木纹方向细刨一遍，然后顺纹方向磨光，要求无痕迹。最后进行磨光、油漆、打蜡保护。

⑥安木踢脚板。木踢脚板应提前刨光，在靠墙的一面开成凹槽，并每隔 1000mm 钻 ϕ6mm 的通风孔。在墙上每隔 750mm 砌防腐木砖，把踢脚板用气钉牢牢钉在防腐木砖上，踢脚板面要垂直，上口呈水平。踢脚板阴阳角交角处应锯切成 45° 或小于 45° 后再进行拼装，踢脚板的接头应固定在预埋的防腐木砖上。

(6) 表面处理。

详见本书涂饰工程中的油漆章节内容。

5. 质量标准

(1) 主控项目。

①实木地板面层所采用的材质和铺设时的木材含水率必须符合设计要求。木龙骨、垫木和毛地板等必须做防腐、防蛀处

理。

检验方法：观察检查和检查材质合格证明文件及检测报告。

②木龙骨安装应牢固、平直，其间距和稳固方法必须符合设计要求，粘贴使用的胶必须符合设计环保要求。

检验方法：观察、脚踩检查、胶黏剂的合格证明文件及环保检测报告。

③面层铺设应牢固；粘贴无空鼓。

检验方法：观察、脚踩或用小锤轻击检查。

④木板和拼花板面层刨平磨光，无刨痕戗茬和毛刺等现象，图案清晰美观，清油面层颜色均匀一直。

检验方法：观察。

(2) 一般项目。

①实木地板面层应刨平、磨光，无明显刨痕和毛刺等现象；图案清晰，颜色均匀一致。

检验方法：观察、手摸和脚踩检查。

②面层缝隙应严密；接头位置应错

开、表面洁净。

检验方法：观察检查。

③拼花地板接缝应对齐，粘、钉严密；缝隙宽度均匀一致；表面洁净，胶粘无溢胶。

检验方法：观察检查。

④踢脚线表面应光滑，接缝严密，高度一致。

检验方法：观察和钢尺检查。

⑤实木地板面层的允许偏差和检验方法见表 11-4。

6. 成品保护

(1) 地板材料应码放整齐，使用时轻拿轻放，不得乱扔乱堆，以免损坏棱角。

(2) 在铺好的实木地板上作业时，应穿软底鞋，不得在地板面上敲砸，防止损坏面层。

(3) 实木地板铺设时应保证施工环境的温度、湿度。通水和通暖时应检查阀门及管道是否严密，以防渗漏浸湿地板造成地板开裂、起鼓。

表 11-4 实木地板面层允许偏差和检验方法

项次	项目	允许偏差 /mm						检验方法
		松木地板		硬木地板		拼花地板		
		国标、行标	企标	国标、行标	企标	国标、行标	企标	
1	板面缝隙宽度	1.0	1.0	0.5	0.3	0.2	0.2	用钢尺检查
2	表面平整度	3.0	2.0	2.0	1.0	3.0	2.0	用 2m 靠尺和楔形塞尺检查
3	踢脚线上口平直	3.0	2.0	3.0	2.0	3.0	2.0	拉 5m 线，不足 5m 拉通线和用钢尺检查
4	相邻板材高差	0.5	0.3	0.5	0.3	0.5	0.3	用钢尺和楔形塞尺检查
5	踢脚线与面层的接缝	1.0	1.0	1.0	1.0	1.0	1.0	楔形塞尺检查

(4) 木地板基层内有管道时，应做好标记，有管线处不得打眼、钉钉子，防止损坏管线。

(5) 实木地板面层完工后应进行遮盖和拦挡，并设专人看护。

(6) 后续工程在地板面层上施工时，必须进行遮盖、支垫，严禁直接在木地板面层上动火、焊接、和灰、调漆、支铁梯、搭脚手架等。

(7) 安排专人负责成品保护工作，特别是门口交接处和交叉作业施工时，须协调好各项工作。

7. 注意事项

(1) 铺钉底板前应检查木龙骨安装是否牢固，如有不牢固之处，及时加固，防止行走时有响声。

(2) 安装木龙骨时严格控制木材的含水率，基层充分干燥后方可进行。施工时不要将水遗洒到木地板上，铺完的实木地板要做好成品保护，防止面层起鼓、变形。

(3) 木地板安装前挑选好地板的规格、尺寸、颜色、纹理、企口质量等，保证板边顺直、板面平整，防止板缝不严，花色不均。

(4) 施工前各种控制线、点应校核准确，施工时随时与其他地板作业面照应，协调统一，防止接槎处出现高差。

(5) 按规定留好龙骨、底板、木地板面层与墙之间的间隙，并预留木地板的通风排气孔，防止木地板受潮变形。

(6) 木踢脚板安装前，先检查墙面垂直度和平整度及木砖间距，有偏差时应及时修整，防止踢脚板与墙面接触不严和翘

曲、变形。安装时注意不要把明显色差的木地板连在一起。

(7) 雨期施工时，如空气湿度超出施工条件规定，除开启门窗通风外，还应增加人工排风设施（排风扇等）控制湿度。遇大雨、持续高湿度等天气时应停止施工。

(8) 冬期施工时，应在采暖条件下进行，室温保持均衡，使用胶黏剂时室温不宜低于10℃。

8. 常见质量问题及预防措施

(1) 行走时有声响。

原因分析：

①木材收缩松动。

②绑扎处松动。

③底板、面板钉子钉少或钉的不牢。

④自检不严。

预防措施：

①严格控制木材的含水率，并在现场抽样检查，合格后才能用。

②当用铅丝把格栅与预埋件绑扎时，铅丝应绞紧；采用螺栓连接时，螺帽应拧紧。调平垫块应设在绑扎处。

③每层每块地板固定应牢固。

④每钉一块地板，用脚踩应无响声。

(2) 拼缝不严。

原因分析：

①操作不当。

②板材宽度尺寸误差过大。

预防措施：

①企口榫应平铺，在板前钉扒钉，缝隙一致再钉钉子。

②挑选合格的板材。

(3) 表面不平。

原因分析：

①基层不平。

②垫木调的不平。

③地板条起拱。

预防措施：

①薄木地板的基层表面平整度应不大于 2mm。

②预埋铁件绑扎处铅丝或螺栓紧固后，其格栅顶面应用仪器抄平。如不平，应用垫木调整。

③地板下的格栅，每档应做通风小槽，保持木材干燥；保温隔音层填料必须干燥，以防木材受潮膨胀起拱。

(4) 席纹地板不方正。

原因分析：

①施工控制线方格不方正。

②铺钉时找方不严。

预防措施：

①施工控制线弹完，应复检方正度，必须达到合格标准；否则，应返工重弹。

②坚持每铺完一块都应规方拨正。

(5) 地板戗槎。

原因分析：

①刨板机走速太慢。

②刨地板机吃刀太深。

预防措施：

①刨地板机的走速应适中，不能太慢。

②刨地板机的吃刀不能太深，吃浅一点多刨几次。

(6) 地板局部翘鼓。

原因分析：

①受潮变形。

②毛地板拼缝太小或无缝。

③水管、气管滴漏泡湿地板。

④阳台门口进水。

预防措施：

①格栅剔通风槽；保温隔音填料必须干燥；铺钉油纸隔潮；铺钉时室内应干燥。

②毛地板拼缝应留 2 ~ 3mm 缝隙。

③水管、气管试压时有专人负责看管，处理滴漏。

④阳台门口或其他外门口，应采取措施，严防雨水进入。

(7) 木踢脚板与地面不垂直、表面不平、接槎有高低。

原因分析：

①踢脚板翘曲。

②木砖埋设不牢或间距过大。

③踢脚板成波浪形。

预防措施：

①踢脚板靠墙一面应设变形槽，槽深 3 ~ 5mm，槽宽不少于 10mm。

② 墙 体 预 埋 木 砖 间 距 应 不 大 于 400mm，加气混凝土块或轻质墙，其踢脚线部位应砌黏土砖墙，使木砖能嵌牢固。

③钉踢脚板前，木砖上应钉垫木，垫木应平整，并拉通线钉踢脚板。

四、实铺式木地板施工工艺

1. 材料配件

复合木地板的施工最佳相对湿度为 40% ~ 60%。安装前，把未拆包的地板在将要铺装的房间里放置 48h 以上，使之适应施工环境的温度和湿度。根据设计要求，所需的龙骨、衬板等材料的品种、规格及质量应符合国家现行产品标准的规定。

2. 主要机具

主要施工工具的准备同木吊顶施工工

具的准备。

3. 作业条件

(1) 顶棚、墙面的各种湿作业已完，粉刷干燥程度达到 80% 以上。

(2) 地板铺设前应清理基层，不平的地方应剔除或用水泥砂浆找平。

(3) 墙面已弹好标高控制线(+500mm)，并预检合格。

(4) 门窗玻璃、油漆、涂料已施工完，并验收合格。

(5) 水暖管道、电气设备及其他室内固定设施安装完，上、下水及暖气试压通过验收并合格。

(6) 房间四周弹好踢脚板上口水平线，并已预埋好固定木踢脚的木砖（必须经过防腐处理）。

(7) 凡是与混凝土或砖墙基体接触的木材均预先涂满木材防腐材料。

4. 施工工艺

抄平、弹线及基层处理→安装木龙骨→铺钉底板→铺钉木地板→安装踢脚板、清理。

(1) 抄平、弹线及基层处理。

借助仪器、水平管等进行抄平。将基层清扫干净，并用水泥砂浆找平；弹线时要清晰、准确，不许有遗漏，同一水平要交圈；基层应干燥且作防腐防潮处理（沥青油毡或铺防水粉）。预埋件（木楔）位置、数量、牢固性要达到设计标准。

(2) 安装木龙骨。

① 龙 骨 可 采 用 30mm×40mm 或 40mm×60mm 截面木龙骨；也可以采用 18mm 厚，100mm 左右宽的人造板条。木

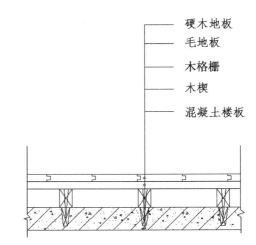

图 11-4 木格栅框架与楼地面的连接固定

地板基层要求底板下龙骨间距要密实，一般要小于 300mm。

② 在进行木龙骨固定前，按木龙骨的间距先确定木楔的位置。可用冲击电钻在弹出的十字交叉点的水泥地面或楼板上打孔，孔距 600mm 左右，然后在孔内下浸油木楔，固定时用长钉将木格栅固定在木楔上（见图 11-4）。

③ 安装龙骨时，为了稳固，龙骨之间要加横撑，距离依现场及设计而定，与格栅垂直相交用铁钉钉固。

④ 为了保持通风，木龙骨上面每隔 1000mm 开深不大于 10mm，宽 20mm 的通风槽。为了保温、隔声、吸潮，常在木龙骨空腔内填充适量防水粉或干焦碴、矿棉毡、石灰炉碴等轻质材料。

(3) 铺钉底板。

常选用 10～18mm 厚人造板作为底板，底板可与木格栅胶钉。

(4) 铺钉木地板。

现通用的木地板多为企口板，此做法同空铺式工艺。

①条形地板的铺设方向应考虑铺钉方便、固定牢固、实用美观等要求。

②对于走廊、过道等部位，应顺着行走的方向铺设；对于室内房间，应顺光线铺设。对多数房间而言，顺光线方向与行走方向是一致的。

(5) 安装踢脚板、清理。

方法同空铺式地板。

5. 质量标准

同空铺式木地板施工工艺质量标准要求。

6. 成品保护

同空铺式木地板施工工艺成品保护。

7. 注意事项

(1) 一定要按设计要求施工，选择材料应符合质量标准。

(2) 所有木垫块、木格栅均要做防腐处理，条形木地板底面要全做防腐处理。

(3) 木地板靠墙处要留出 15mm 伸缩缝，并有利通风。在地板和踢脚板相交处。如安装封闭木压条，则应在木踢脚板上留通风孔。

(4) 实铺式木地板所铺设的油毡防潮层，必须与墙身防潮层连接。

(5) 在常温条件下，砂浆或细石混凝土垫层浇筑后至少 7 天，方可铺装木龙骨。

8. 常见质量问题及预防措施

(1) 表面不平。

原因分析：

①基层不平。

②垫木调得不平。

③地板条起拱。

预防措施：

①普通实铺式木地板的基层表面平整度应不大于 3mm。

②预埋铁件绑扎处铅丝或螺栓紧固后，其格栅顶面应用仪器抄平。如不平，应用垫木调整。

③地板下的格栅，每排应做通风槽，保持木材干燥，保温隔声层材料必须干燥，保温隔声材料必须干燥以防木材受潮、膨胀、起拱。

(2) 席纹地板块不方正。

原因分析：

①施工控制线方格不方正。

②铺钉时找方不严。

预防措施：

①施工控制线弹完，应复检方正度，必须达到合格标准；否则，应返工重弹。

②坚持每铺完一块都应规方拨正。

五、复合木地板铺装施工工艺

复合木地板的铺设方式既可以采用木龙骨格栅、衬板作基层，也可以直接浮铺于建筑基层上。

复合木地板具有耐烫、耐化学试剂污染、耐磨 (为实木地板的 3 倍)、易清扫、抗重压、防潮不易变形等优点。因此广泛被应用于实验室、办公空间、宾馆酒店、家居空间等场所。

1. 材料配件

(1) 强化复合木地板：强化复合木地板的材质、规格、颜色、机理和耐磨等级应符合设计要求。

(2) 防潮涂料：防潮涂料的品种、质量应符合设计要求。

(3) 其他材料：金属收口条、自攻钉、防水乳胶、防潮隔音衬垫 (地板膜) 应符合设计要求，金属件应采用耐腐蚀产品。

2. 主要机具

主要机具有手提圆锯、电锤、手电钻、钢卷尺、墨斗、美工刀、白线、工具袋、木工手锤、红铅笔、铲刀、猪毛刷、板锯、手工绳锯等。

3. 作业条件

(1) 墙面及吊顶所有面层施工完成。

(2) 地砖及强化复合地板水泥砂浆基层完成，且标高正确。

4. 施工工艺

基层处理→铺设垫层→铺设复合地板→安装踢脚板→清理验收。

(1) 基层处理。

①检查水泥砂浆地坪表面平整度是否满足施工要求，地面是否有凸起、气泡、起皮现象，并对凸起、气泡、起皮部位进行打磨、铲除及修补。

②除去表面油漆、胶水等残留物，并用拖布或尘推清理浮尘和砂粒，确保地表干净。

③用刷子将防潮涂料均匀的涂刷在基层地表上，根据涂料涂刷要求进行分遍涂刷，不得少刷或漏刷。

(2) 铺设垫层。

为了防潮，应铺一层防水聚乙烯薄膜做防潮层，防水膜一般用宽 1000mm 卷材，接口应用透明胶带黏结牢固，而且裁剪尺寸要多于房间净尺寸 100mm。垫层除可以防潮外，还可以增加地板的弹性、稳定性 (垫层可以弥补基层 2mm 的不平度) 和减少行走时产生的噪声，脚感舒适。

(3) 铺设复合地板。

铺放地板时，通常从房间较长的一面墙或顺着光线方向开始。应先计算出铺设地板所需的块数，尽量避免出现过窄的地板条。还要注意地板的短边接缝在行与行之间要相互错开。安装第一排时从左向右横向安装，板的槽面与墙相接处预留 8 ～ 15mm 缝隙，此缝隙可用木垫块临时塞紧，最后用踢脚线掩盖。依次连接需要的地板块，先不要粘胶。如果墙不直，在板上画出墙的轮廓线，按线裁切地板块，使之与墙体吻合。第一排最后一块板切下的部分，如果大于 300mm，可以作为第二排的第一块板；如果小于 300mm，应将第一排的第一块板切除一部分，保证使最后一块板的长度大于 300mm。在第二排板的槽部及第一排板的榫部上涂布足量的胶液，把地板块小心轻敲到位，铺装完第二排，应等胶固化接牢后再继续进行下一排铺装，固化时间约 2h，并将挤出的胶液立即清除。现在市场上也有不用胶结法的固定方式，而是用地板卡子紧固。

每排最后一块板安装前，应 180° 反向与该排其余地板榫对槽，在背后作上记号，切割后再安装，这样可以保证地板铺装后，留有伸缩的空隙，并在墙与板之间放置 8 ～ 10mm 的木楔子 (见图 11-5)。在铺设最后一排时，取一块整板放在已拼装好的前一排地板上，上下对齐，再取另一块整板置于其上，长边靠墙沿上板边缘，在下板面上划线，再顺线裁断，即得到所要宽度地板，涂好胶后再接好，再用木楔将最后一块地板挤紧。最后用拉紧器把地板固定好。

遇到管道时，把地板锯成合适的长度，找一个合适的角度，标出管道的直径，测

图11-5　铺设复合地板时施胶及放置木楔子

量出管道与已安装地板的距离，并将其标注在要钻孔的地板上。要标出管道的中心点，作为钻孔时的定位点，在地板上钻出一个直径比管道本身大2mm的洞。用钢丝锯将木板锯掉一小块，使其刚好能够放在管道和墙壁之间。把地板铺到相应的位置，在锯掉部分的四周涂上胶水，然后把它粘到原来的地板上。

遇到门槛时，复合地板在门槛下必须留有膨胀的空间。因此，要在门槛处安装一个特制门槛的金属装饰条。

铺设后，要清理一下污渍。可采用吸尘器、湿布或中性清洁剂，但不得使用强力清洁剂、钢面或刷具进行，避免损伤地板表面。

地板铺完后，24h内不要使用，待胶干透后取出嵌缝块，安装踢脚板。

(4) 安装踢脚板。

复合地板可选用仿木塑料踢脚板、普通木踢脚板和复合木地板配套销售的踢脚板。安装时，先按踢脚高度弹水平线，清理地板与墙缝中的杂物，标出预埋木砖的位置，按木砖位置用气钉固定踢脚板。接头尽量设在拐角处，踢脚板阴阳角交角处应锯切成45°或小于45°后再进行拼装，踢脚板的接头应固定在预埋的防腐木砖上。

5. 质量标准

(1) 主控项目。

①复合木地板面层所采用的材料，其技术等级及质量要求必须符合设计要求。

②面层铺设应牢固。

(2) 一般项目。

①复合木地板面层图案和颜色应符合设计要求。图案清晰，颜色一致，板面无翘曲。

②面层的接头应错开、缝隙严密、表面洁净。

③踢脚线表面应光滑，接缝严密，高度一致。

(3) 地板面层安装的允许偏差和检验方法应符合表11-5的要求。

表11-5　地板面层安装的允许偏差和检验方法

项次	项目	允许偏差/mm	检验方法
1	板面缝隙宽度	0.5	用钢尺检查
2	表面平整度	2.0	用2m靠尺及楔形塞尺检查
3	板面拼缝平直	3.0	拉5m线，不足5m拉通线检查
4	相邻板块高差	0.5	用钢尺和楔形塞尺检查

6. 成品保护

(1) 强化复合木地板面层完工后，应保持房间通风。夏季 24h，冬季 48h 后方可正式使用。

(2) 注意防止雨水或邻接瓷砖面的水进入地板面层，以免浸泡地板。

(3) 严禁锐器在地板表面勾划和重物拖拉，以免刮伤地板表面。

(4) 切勿将强酸、强碱、甲苯、香蕉水、油漆稀释剂等溶剂置于地板表面，以免腐蚀损坏地板面层。

7. 注意事项

(1) 拼缝不严：拼缝时企口处不严、未打胶粘牢等因素会造成拼缝不严，施工时要严格拼缝。

(2) 铺设时要注意地板与瓷砖交接缝的处理，按规范要求留缝，防止地板受潮后弯拱变形。

(3) 严格控制完成面标高，要求与已铺设好的地砖面层标高误差控制在 ±2mm 以内。

8. 常见质量问题及预防措施

(1) 行走有声响。

原因分析：地板基底的平整度不够。

预防措施：做好基层找平处理。

(2) 面层起鼓。

原因分析：

①基层直接铺衬板，未铺防潮层。

②面板或衬板含水率高。

预防措施：

①铺设面板前，要铺设垫层。

②地板铺贴前要在铺设的房间放置几天。

小贴士

木材：木材是最主要的建筑装饰材料之一。无论在古建筑和现代建筑中，无论在结构上和装饰方面，无论东方还是西方建筑装饰文化中都有木材及其制品的印记。现代设计中由于高科技的参与，木材在建筑装饰中又添异彩，例如科技木、澳松板等优质板材的出现，满足了消费者对天然木材自然之美的喜爱的心理需求。木材作为既古老又永恒的建筑材料，以其独特的装饰特性和效果，加之人工创意，创造了一个个自然舒适的空间环境。

本 / 章 / 小 / 结

本章简要阐述了建筑装饰中常用的木材及其制品的类别、特点及装饰部位。着重介绍了木质人造板、木护墙板、木质吊顶、空铺式实木地板施工工艺，常见的质量问题及预防措施。

185

思考与练习

1. 简述木材的性质。

2. 简述木制人造复合板材的种类。

3. 简述木护墙板施工工艺。

4. 简述强化复合地板施工工艺。

5. 简述木质吊顶常见质量问题及预防措施。

第十二章
保温、吸音装饰材料与施工工艺

章节导读　装饰施工中常用保温、吸音装饰材料如吸音棉、挤塑板、木质吸声板、岩棉等特点和用途；挤塑板内墙保温及木质吸音板施工工艺流程、常见的质量问题及预防措施。

第一节
保温、吸音装饰材料的种类、特点及装饰部位

一、绝热材料

材料的保温隔热性能是由材料导热系数的大小来决定的。导热系数愈小，材料的保温隔热性能愈好。绝热材料的特点是轻质、疏松、多孔、纤维状，保温、隔热效果好，并具有吸声性能。

1.绝热材料的作用原理和基本要求

(1) 分子结构。

材料一般可分为结晶体构造、微晶体构造和玻璃体构造。

(2) 容积密度。

由于材料中固体物质的导热能力比空气要强很多，故容积密度较小的材料，其导热系数也较小。

(3) 湿度。

材料受潮后，其导热系数将显著增大，尤其是多孔材料更为明显。

(4) 温度。

一般说来，材料的导热系数随温度的升高而增大。

2.绝热材料的分类

绝热材料的品种很多，按材质分类，可分为无机绝热材料、有机绝热材料和金属绝热材料三大类。

3. 绝热材料的发展及应用

建国初期主要使用稻壳、炉渣、软木、石棉和硅藻土等传统保温材料。1958年后，相继发展玻璃棉、矿渣棉、泡沫塑料、膨胀蛭石制品。目前我国主要的绝热材料包括岩棉、矿棉、玻璃棉、硅酸铝棉、膨胀珍珠岩、微孔硅酸钙、陶瓷纤维、泡沫玻璃、轻质保温砖、加气混凝土、聚苯乙烯和聚氨酯泡沫塑料等。

二、吸声材料

吸声材料是指能在较大程度上吸收由空气传递的声波能量的材料。在日常生活和生产中，人们常遇到各种与声音有关的问题。吸声材料可以减弱反射，降低噪声。

1. 吸声材料的作用原理

当声波入射到构件的材料表面上，一部分声能被反射；另一部分穿透材料，还有一部分由于构件材料的振动或声音在其中传播时与周围介质摩擦，由声能转化为热能，声能被损耗，即通常所说的声音被材料吸收。

普遍使用的吸声材料是多孔材料。如目前大部分采用的是矿棉、玻璃棉及其制品。

影响多孔性吸声材料的吸声效果的主要因素如下。

(1) 材料的容积密度。

(2) 材料的厚度。

(3) 孔隙的特征。

2. 吸声材料的基本要求

(1) 为发挥材料的吸声作用，材料的气孔应该是开放且为相互连通的，气孔越多，材料的吸声效果越好。

(2) 选用的吸声材料应不易虫蛀、腐朽，且不易燃烧。

(3) 应尽可能使用吸声系数较高的材料，以便节约材料的用量，达到经济的目的。

(4) 吸声材料强度一般较低，故应设置在墙裙以上，以免碰撞破坏。

(5) 为使吸声材料充分发挥作用，应将其安装在最容易接触声波动和反射次数最多的表面上，但不应把吸声材料都集中在天花板或墙壁上，而应比较均匀地分布在室内各表面上。

三、常用绝热、吸声材料及其制品

1. 膨胀珍珠岩及制品

(1) 膨胀珍珠岩。

膨胀珍珠岩是一种传统的建筑保温材料，膨胀珍珠岩是将天然珍珠岩矿石（属酸性较大的玻璃质岩石，系火山喷发岩浆急冷浓缩而成的天然硅铝质无机非金属材料），经过破碎筛选和高温煅烧制得的多孔、色白的颗粒状物质。膨胀珍珠岩具有轻质、导热系数低、吸湿性小、使用温度广、化学性质稳定、无毒、无味、不燃烧等特点，被制成各种形状的保温制品，用于工业窑炉、蒸汽管道以及石化、工业冷库、食品冷库低温管道与冷冻设备的隔热。因其同时具备保温隔热及吸音等多重特殊性能，应用非常广泛。我国建筑保温材料中膨胀珍珠岩占 65% 左右。

常见膨胀珍珠岩制品有水泥膨胀珍珠岩制品、水玻璃膨胀珍珠岩制品、沥青膨胀珍珠岩制品、磷酸盐膨胀珍珠岩制品等。

(2) 珍珠岩保温板。

珍珠岩板,又称珍珠岩保温板,是以膨胀珍珠岩散料为骨料,加入黏结剂进行配制、筛选、加压成型、烘干等工序制成的隔热保温板(见插图12-1)。珍珠岩保温板有效地解决了各类建筑屋面集保温、隔热功能于一体的技术难题,节约了大量的建设和维修资金。

珍珠岩保温板具有容重轻、导热系数小、稳定性好、强度高、施工方便等优点,被广泛应用于各类工业建筑、民用建筑的屋面、墙体、冷库、粮仓及地下室的保温、隔热和各类保冷工程。

2. 岩棉及其制品

岩棉产品均采用优质玄武岩、白云石等为主要原材料,经1450℃以上高温熔化后采用国际先进的四轴离心机高速离心成纤维,同时喷入一定量黏结剂、防尘油、憎水剂后经集棉机收集、通过摆锤法工艺,加上三维法铺棉后进行固化、切割,形成不同规格和用途的岩棉产品(见插图12-2)。岩棉及其制品具有质轻、导热系数小、吸声性能好、不燃、绝缘性能和化学稳定性好等特点,主要用于建筑外墙保温、屋面及幕墙保温。

常用的岩棉制品主要有:岩棉板、岩棉软板、岩棉缝毡、岩棉保温带、岩棉管壳以及岩棉装饰吸音板等。

3. 矿棉及其制品

矿棉又称矿渣棉,以冶金矿渣或粉煤灰为主要原料,将原料破碎成一定粒度后加助剂等进行配料,再入炉熔化、成棉、装包等工序制成的棉丝状无机纤维。成棉工艺有喷吹法、离心法及离心喷吹法三种。

矿棉具有质轻、导热系数低、不燃、防蛀、价廉、耐腐蚀、化学稳定性强、吸声性能好等特点。

矿棉与黏结剂按一定比例混合或在成棉时喷入黏结剂,再经成型、干燥、固化等工序可制成各种矿棉制品。其主要品种有板(又分硬质、半硬与刚性三种)(见插图12-3)、毡、毯、垫、席、条带、绳与管壳等。矿棉制品按其品种和黏结剂之不同,可用干法、湿法或半干法成型。所用黏结剂分为有机质的(如合成树脂、淀粉、沥青等)和无机质的(如水玻璃、膨润土、高岭土等)两种。干法矿棉板和毡,可制作建筑物内、外墙的复合板以及屋顶、楼板、地面结构的保温、隔声材料。湿法、半干法刚性板可作公共与民用建筑物的天花板及墙壁等内装修吸声材料。矿棉毡、管、板可作为工业热工设备和冷藏工厂的保温隔热材料。

4. 玻璃棉及其制品

玻璃棉是一种定长纤维。玻璃棉是用离心玻璃棉毡采用离心法技术,将熔融玻璃(采用石英砂、石灰石、白云石等天然矿石为主要原料,配合一些纯碱、硼砂等化工原料熔成)纤维化,并加以热固性树脂为主的环保型配方黏结剂加工而成的制品,是一种由直径只有几微米的玻璃纤维制作而成的有弹性的毡状体,并可根据使用要求选择不同的防潮贴面复合(见插图12-4)。玻璃棉具有的大量微小的空气孔隙,使其起到保温隔热、吸声降噪及安全防护等作用,是钢结构建筑良好的保温隔热、吸声降噪的材料。

玻璃棉可以制成墙板、天花板、空间吸声体等，可以大量吸收房间内的声能，降低混响时间，减少室内噪声。

5. 泡沫塑料

泡沫塑料是以各种树脂为基料，加入一定剂量的发泡剂、催化剂、稳定剂等辅助材料经加热发泡而成的一种新型轻质保温、隔热、吸声、防震材料（见插图12-5）。如聚苯乙烯泡沫塑料、聚乙烯泡沫塑料，聚氨酯泡沫塑料、脲醛泡沫塑料、酚醛泡沫塑料、环氧树脂泡沫塑料等。

6. 吸音板

(1) 按制作材料分类。

①木质吸音板。木质吸音板是根据声学原理加工而成，由饰面、芯材和吸音薄毡组成。木质吸音板分槽木吸音板和孔木吸音板两种（见插图12-6）。

木质吸音板具有材质轻、不变形、强度高、造型美观、色泽幽雅、装饰效果好、立体感强、组装简便等特点，适用于既要求有木材装潢及温暖效果、又有吸声要求的场所（见插图12-7）。如：影剧院、音乐厅、体育馆、保龄球馆、会议中心、报告厅、多功能厅、展厅、法庭、法院、演播厅、影视厅、候机（车）室、医院、学校、电子计算机房、美术馆、宾馆、图书馆等公共建设的室内吊顶和内墙装饰，产品能有效地改善室内声学环境，使处于场景中的人们保持健康良好的心情，帮助人们消除疲劳，使人容易集中精神，提高工作效率。产品基材为MDF板，饰面为三聚酰胺和实木皮，厚度为9mm、12mm、15mm、18mm，标准尺寸为

128mm × 2440mm。木质吸音板具有以下特性。

a. 吸声性能好。多种材质根据声学原理，合理配合，具有出色的降噪吸音性能，对中、高频吸音效果尤佳。

b. 装饰性能佳。既有天然木质纹理，古朴自然，亦有体现现代节奏的明快亮丽的风格。产品的装饰性极佳，可根据需要饰以天然木纹、图案等多种装饰效果，提供良好的视觉享受。

c. 环保性能达到标准。所有材料符合国家环保标准，甲醛含量极低，产品还具有天然木质的芳香。

d. 防火性能优良。具有木质最高的防火等级B1级，国家权威部门检测通过。

e. 防潮性能优良。吸音板的基材全部采用经过特殊处理的高密度防霉防潮板，以确保产品的防霉防潮性能。

f. 安装简易。标准化模块设计，采用插槽、龙骨结构，安装简便、快捷。

②矿棉吸音板。矿棉吸音板表面处理形式丰富，板材有较强的装饰效果。表面经过处理的滚花型矿棉板，表面布满深浅、形状、孔径各不相同的孔洞（见插图12-8）。

③布艺吸音板。布艺吸音板是指软包体的具有装饰及吸音减噪作用的材料（见插图12-9）。布艺吸音板是根据声学原理精致加工而成，由软织物饰面、框组和吸音棉、防水铝毡组成。布艺吸音板的核心材料是防火A级离心玻璃棉。广泛应用于法院、影剧院、音乐厅、博物馆、展览馆、图书馆、审讯室、画廊、拍卖厅、体育馆、报告厅、多功能厅、酒店大堂、医院、商

场、学校、琴房、会议室、演播室、录音室、KTV 包房、酒吧、工业厂房、机房、家庭等对声学环境要求较高及高档装修的场所。

④聚酯纤维吸音板。聚酯纤维吸音板的原料为 100% 的聚酯纤维（见插图 12-10），具有吸音、环保、阻燃、隔热、保温、防潮、防霉变、易除尘、易切割、可拼花、施工简便、稳定性好、抗冲击能力好、独立性好、性价比高等优点，有丰富的颜色可供选择，可满足不同风格和层次的吸音装饰需求。产品广泛用于会议室、演播室、影剧院、歌剧院、休闲娱乐城、酒店、多功能厅、音乐厅、酒吧、商场、大礼堂、体育馆、KTV 等场所。

⑤金属吸音板。金属吸音板主要是在金属板体的底面密布凹设诸多锥底具有椭圆形微细孔的三角锥，金属板体的顶面有微细波浪形，且波浪形表面上对应椭圆形微细孔处上方周围也凹设成三角锥，使反射的声波相互碰撞干扰而产生衰减，同时，即使部分声波将穿透三角锥锥底的椭圆形微细孔，也会造成声波穿透损失，以达到更好的吸音效果（见插图 12-11）。广泛应用于演播厅、影剧院、多功能厅、会议室、音乐厅、教室等一些公共场所。

⑥陶铝装饰吸音板。陶铝不燃吸声装饰板是采用多种不同的无机材料的组合，通过添加导电瓷土粉、导电云母粉等导电材料和增强纤维，采用无机黏合剂粘合、自然固化的方法而形成的特殊板材。再在其表面复合多种不同的装饰材料，可以提供三聚氰胺高压装饰层压板、天然木皮、金属等多种材料，装饰效果很好，可满足

不同装饰环境，从而形成不同的装饰效果（见插图 12-12）。陶铝装饰吸音板材料本身内形成多孔结构，达到一定的吸声效果，另外在成品板上通过开槽、钻孔形成穿孔板共振结构，并配合吸声无纺布进一步提升吸音效果。

7.吸音棉

吸音棉是一种人造无机纤维，采用石英砂、石灰石、白云石等天然矿石为主要原料，配合一些纯碱、硼砂等化工原料熔成玻璃。在融化状态下，借助外力吹制式甩成絮状细纤维，纤维和纤维之间为立体交叉，互相缠绕在一起，呈现出许多细小的间隙（见插图 12-13）。吸音棉分玻璃纤维吸音棉和聚酯纤维吸音棉。吸音棉主要产品有隔音毡、环保吸音棉、聚酯纤维吸音板（B1、B2 级）等。其性能特点如下。

①吸音率高，隔音性能好。

②隔热性好。

③耐火性能好。材料 B1、B2 阻燃级别，离火自熄，不会蔓延，且无烟、无毒气产生。

④产品对人体无害，对环境无污染、无气味。

⑤施工安全方便。

⑥环保，可以二次使用，销毁容易，对环境没有二次污染。

吸音棉可以代替岩棉和玻璃棉用于轻钢龙骨石膏板结构的轻体墙隔墙。解决工业及民用建筑中厂房、锅炉房、中央空调、冷却塔、变电站、循环水泵房、空调外机等各类机械设备的噪声振动综合控制问题。广泛用于家庭、商业空间中多功能厅、KTV、家庭影院、电影院、音乐厅、家庭管道、议室、办公室、卧室等噪声调

节。使用时可以不用护面直接粘贴在墙壁和天花板上，也可以作为内藏填充吸音隔热材料直接填充。

8. 挤塑聚苯乙烯泡沫板

挤塑板是以聚苯乙烯树脂辅以聚合物在加热混合的同时，注入催化剂，而后挤塑压出连续性闭孔发泡的硬质泡沫塑料板。其内部为独立的密闭式气泡结构，是一种具有抗高压、吸水率低、防潮、不透气、质轻、耐腐蚀、超抗老化(长期使用几乎无老化)、导热系数低等优异性能的环保型保温材料。

挤塑板广泛应用于干墙体保温、平面混凝土屋顶及钢结构屋顶的保温，低温储藏地面、低温地板辐射采暖管下、泊车平台、机场跑道、高速公路等领域的防潮保温，控制地面冻胀，是目前建筑业物美价廉、品质俱佳的隔热、防潮材料。其具有以下特点。

(1) 具有优异、持久的隔热保温性。

尽可能更低的导热系数是所有保温材料追求的目标。挤塑板主要以聚苯乙烯为原料制成，而聚苯乙烯原本就是极佳的低导热原料，再辅以挤塑压出，紧密的蜂窝结构就更为有效地阻止了热传导。挤塑板导热系数为 0.028W/(m·K)，具有高热阻、低线性膨胀率的特性，导热系数远远低于其他保温材料。如 EPS 板、发泡聚氨酯、保温砂浆、珍珠岩等。

(2) 优良的防水、防潮性。

挤塑板具有紧密的闭孔结构，聚苯乙烯分子结构本身不吸水，板材的正反面都没有缝隙，因此吸水率极低，防潮和防渗透性能极佳。

(3) 防腐蚀、经久耐用性。

一般的硬质发泡保温材料使用几年后易老化，随之导致吸水性能下降。而挤塑板因具有优异的防腐蚀、防老化性、保温性，在高水蒸气压力下，仍能保持其优异的性能，使用寿命可达 30 ~ 40 年。

第二节

保温、吸音装饰材料的施工工艺、常见的质量问题及预防措施

一、内墙保温施工工艺

1. 材料配件

(1) 保温板。

①挤塑聚苯乙烯泡沫板。规格为 1200mm×600mm×30mm，平头式，传热系数 0.44W/(m²·K)；燃烧性能为 B2 级；导热系数为 0.025 W/(m·K)。

②复合酚醛板。规格为 600mm×600mm×25mm，平头式，传热系数为 0.86W/(m²·K)；燃烧性能为 A 级；导热系数为 0.025W/(m·K)；表观密度为 45kg/m³；压缩强度 > 0.30kPa。

(2) 黏结砂浆。

采用聚合物水泥砂浆。

(3) 固定件。

采用金属钉配合带圆盘 ϕ 50 的塑料膨胀套管固定保温板，要求单个固定件的抗拉承载力标准值 ≥ 0.60kN。

(4) 热镀锌电焊网。

用于贴砖墙面，规格为 ϕ 0.70±0.04mm 丝径、网孔为 12.7mm×12.7mm，焊点抗拉力 > 65N，网边露头长 ≤ 1.5mm；电焊网固定采用塑料 U 型卡。

(5) 耐碱玻璃纤维网格布。

用于抹灰墙面及洞口周边，增强保护层抗裂及整体性，孔径为 4mm×9mm。单位面积密度 ≥ 130g/m²。

保温材料应符合设计要求，并应具有质量合格证明，进场前必须按规范要求进行抽样复验，合格后方可使用。所有材料需报建设方审批后方可使用。

2. 主要机具

主要机具包括电热丝切割器或壁纸刀（裁保温板及网格布用）、电锤（拧胀钉螺钉及打膨胀锚固件孔用）、砂浆搅拌机、灰桶、铁锹、托灰板、抹子、木锤、靠尺板、方尺、线坠等。

3. 作业条件

(1) 基层填充墙体及抹灰刮槽面应干燥并经验收合格。

(2) 结构墙体用 2m 靠尺检查，平整度最大偏差不得超过 4mm。墙面平整度超差部分应剔凿或修补。

(3) 伸出墙面的管道、支架等安装完毕。

4. 施工工艺

墙体基层清理→配制黏结砂浆→粘贴保温板→安装固定件→贴耐碱玻纤网格布（挂热镀锌钢丝网）→抹面层砂浆。

(1) 墙体基层清理。

墙面应清理干净，无浮灰、油污、空鼓等妨碍黏结的附着物。

(2) 配制黏结砂浆。

黏结砂浆按干粉料：水 = 4:1 的质量比配制，专人负责，严格计量，机械搅拌，确保搅拌均匀。拌好的黏结砂浆在静停

20min 后，还需经二次搅拌才能使用。配好的料注意防晒避风，以免水分蒸发过快。一次配制量应在可操作时间 2h 内用完。

抗裂砂浆质量比为干粉料：水 = 10:(2.2 ~ 2.5)，用砂浆搅拌机或手提搅拌器搅拌均匀。抗裂砂浆不得任意加水，应在 2h 内用完。

(3) 粘贴保温板。

保温板与基层墙体黏结采用点框法粘贴。黏结层厚度不小于 3 ~ 5mm，黏结面积不得小于 30%。

①涂抹黏结砂浆：用抹子在每块板周边及中间抹宽 5mm、厚 10mm 的黏结剂，再在保温板分格区内抹直径为 150mm，厚度 10mm 的灰饼。

②安装保温板：先将保温板粘在墙上，然后用 2m 靠尺向墙上挤压，并同时进行找平，将黏结砂浆由 10mm 压缩至 3 ~ 5mm 厚。施工顺序为从下向上粘板，错缝搭接。

③板与板接紧，板缝处不抹黏结砂浆，否则该部位形成冷桥。每贴完一块板，应及时清除挤出的黏结砂浆，板缝间不留空隙，如出现间隙，应用相应宽度的保温板条填塞。阳角处相邻的两墙面所粘挤塑板应错位连接。

④在门窗洞口部位的保温板，不允许用碎板拼凑，需用整幅板切割，其切割边缘必须顺直、平整、尺寸方正，其他接缝距洞口四边应大于 200mm。现场采用专用切割工具裁切保温板，但必须注意切口与板面垂直。

(4) 安装固定件。

①保温板黏结牢固后，应在 12h 内安

装固定件，要求钻孔深度进入基层墙体内50mm（有抹灰层时，不包括抹灰层厚度），钻孔深度60mm。

②采用8×80mm锚固件，固定件个数按照下图要求布置（横向位置居中、竖向位置均分），每平方米不少于4个，但每个单块板上不宜少于1个。拧入或敲入锚固钉，安装牢固，钉头和圆盘不得超出板面。

(5) 贴压玻纤网格布（安装镀锌钢丝网）。

抹灰墙面的保温板安装固定完后，将玻纤网格布绷紧后贴于保温板上，用U型卡固定。网格布搭接不小于100mm，墙角不允许搭接，搭接应离开墙角至少200mm。单张网格布长度不宜大于3m。

门窗洞口内侧及周边加一层网格布进行加强，网格布宽度为300mm，窗洞口内侧及周边宽度均为150mm。

在墙身阴、阳角处必须加一层网格布进行加强，宽度为不小于200mm。

贴砖墙面的保温板粘贴完成后，在保温板面挂一层镀锌钢丝网，并用塑料U型卡固定，每平方米不得少于4个固定点。钢丝网的搭接宽度＞40mm，搭接处每隔500mm用固定件锚固好。

(6) 抹聚合物抗裂砂浆。

在保温板及玻纤布（钢丝网）安装完毕检查验收后，进行抹面砂浆保护层施工，抹面砂浆采用聚合物抗裂砂浆，将配置好的聚合物砂浆均匀涂抹在保温板上，砂浆厚度以盖住网格布（钢丝网）为宜，约5～6mm厚。

在抹面抗裂砂浆凝结前，用刷子满墙

面扫毛。要求纹理深2mm左右，为面砖施工提供良好界面。

5. 质量标准

(1) 主控项目。

①所用材料和半成品、成品进场后，应做质量检查与验收，其品种、质量、性能必须符合设计要求和相关标准的规定。

检验方法：检查产品质量合格证明文件、进场验收记录、有效期内的检验报告、现场抽样试验报告和施工记录。

②所用材料的导热系数、保温层厚与构造做法应符合建筑节能设计要求，保温层厚度不允许有负偏差。

检验方法：钢针插入和尺量检查，观察检查。

③保温层与墙体以及各构造层之间必须黏结牢固，无脱层、空鼓及裂缝，面层无粉化、起皮、爆灰。

检验方法：观察检查、用小锤轻击和检查基层墙体与界面砂浆的拉伸黏结强度检验报告。

(2) 一般项目。

①表面平整、洁净，接槎平整、线角顺直、清晰，毛面纹路均匀一致。

②护角符合施工规定，表面光滑、平顺，门窗框与墙体间缝隙填塞密实，表面平整。

③孔洞、槽、盒位置和尺寸正确、表面平整、洁净，管道后面平整。

保温板安装抹灰面的允许偏差应符合表12-1的规定。

6. 成品保护

(1) 完工后的保温墙面，尽快组织验

表 12-1　允许偏差及检查方法

项次	项目	允许偏差 /mm		检验方法
		保温层	抗裂砂浆面层	
1	立面垂直	3	4	用 2m 托线板检查
2	表面平整	3	4	用 2m 靠尺及塞尺检查
3	阴阳角垂直	3	4	用 2m 托线板检查
4	阳角方正	3	4	用 20 cm 方尺检查
5	接缝高差	1.5	—	—

收，经检验合格后，须填写隐蔽记录、质量验收记录，并交付后续施工，以防止保温层损坏。

(2) 项目部计划安排时，严禁交叉施工。因特殊情况破坏了保温层，应先通知项目部管理人员统计，及时进行修补并做好修补记录，维修后方可进行下道工序的施工。应有严密的保护措施，避免对保温层造成破坏。

(3) 对后续施工可能导致保温成品破损的入口、阳角等部位，应采取临时防护措施。

7. 注意事项

(1) 保温层施工过程中实行自检控制措施，对施工中已完成的每一道工序要及时进行检查，发现问题及时处理，避免质量事故发生。

(2) 黏结砂浆和抗裂砂浆的配制应使用机械搅拌，超过凝结时间的不准使用。

(3) 黏结砂浆和抗裂砂浆的配合比，原材料计量必须符合相关规范和材料生产厂家的要求。

(4) 保温板拼缝应密度，要求目测无空隙。

(5) 以黏结为主的每块保温板与墙面的总黏结面积不得小于 50%。保温板必须与墙面黏结牢固，无松动和虚粘现象。锚固件数量和锚固深度不得低于设计要求。

(6) 保温板安装应上下错缝，板与板间应挤紧拼严，不得有"碰头灰"，超出 2mm 的缝隙应用相应宽度的保温板薄片填塞，不得用砂浆填塞。

(7) 网格布应横向铺设，压贴密实，不得有空鼓、皱褶、翘曲、外露等现象。搭接宽度左右不得小于 100mm。上下不得小于 80mm。

8. 常见质量问题及预防措施

(1) 内保温墙体出现裂缝。

内保温墙体的裂缝主要发生在板缝、窗口周围、窗角、保温板与非保温墙体的结合部。

原因分析：

① 直接采用水泥砂浆做抗裂防护层：强度高、收缩大，柔韧变形性不够，引起砂浆层开裂。抗裂防护层的透气性不足，如挤塑聚苯板在混凝土表面的应用。

② 配制的抗裂砂浆虽然也用了聚合物进行改性，但柔韧性不够或抗裂砂浆层过厚。胶黏剂里有机物质成分含量过高，胶浆的抗老化能力降低。低温导致黏结剂中的高分子乳液固化后的网状膜状结构发生脆断，失去其本身所具有的柔性作用。

③砂的粒径过细，含泥量过高，砂子的颗粒级配不合理。

④保温板密度太低，尺寸稳定性不合格。保温板没有完成墙体保温工程前对其陈化的工序，上墙后产生较大的后收缩。保温板粘贴时局部出现通缝或在窗口四角没有套割。

⑤使用了不合格的玻纤网格布，如：抗裂强力低、耐碱强力保留率低、断裂应变大等。玻璃纤维网格布（或镀锌钢丝网）的平方米克重过低、延伸率过大、网孔尺寸过大或过小、网格布的耐碱涂敷层的涂敷量不足或钢丝网的镀锌层厚度不足，钢丝锈蚀膨胀。

⑥面层中网格布的埋设位置不当，过于靠近内侧。因网格布间断开无搭接或搭接尺寸不能满足规范的要求。窗口周边及墙体转折处等易产生应力集中的部位未设增强网格布。

⑦抹底层胶浆时直接把网格布铺设于墙面上，胶浆与网格布不能很好地复合为一体，使得网格布起不到应有的约束和分散作用。

⑧保温板板面不平，特别是相邻板面不平。板间缝隙用胶黏剂填塞。

⑨采用刚性腻子，腻子柔韧性不够。采用不耐水的腻子，当受到水的浸渍后起泡开裂。采用漆膜坚硬的涂料，涂料断裂伸长率很小。腻子与涂料不匹配。

⑩在保温系统的截止部位对不同材料材质变换处的防水处理方案不当。

⑪违反施工技术规程，未安窗框先做保温或者做完保温后单抹窗口。

⑫在材料柔性不足的情况下未设保温系统的变形缝。因系统的连续面过长累积变形过大而引起面层的开裂。外饰面做成平涂料，比较容易开裂。

预防措施：

抗裂防护层必须采用专用的抗裂砂浆并辅以合理的增强网，在砂浆中加入适量的聚合物和纤维对控制裂缝的产生是有效的。由抹面砂浆与增强网构成的抗裂防护层对整个系统的抗裂性能起着比较关键的作用。抹面砂浆的柔韧极限拉伸变形应大于最不利情况下的自身变形（干缩变形、化学变形、湿度变形、温度变形）及基层变形之和，从而保证抗裂防护层的抗裂性要求。复合在抹面砂浆中增强网（如玻纤网格布）的使用，一方面能够有效地增加抗裂防护层的拉伸强度，另一方面由于能有效分散应力，可以将原本可能产生的较宽裂缝（有害裂缝）分散成许多较细裂缝（无害裂缝），从而形成其抗裂作用。表面涂塑材质及涂塑量对玻纤网格布的早期耐碱性具有较重要的意义，而玻纤品种对长期耐碱性具有决定意义。

(2) 内墙表面长霉、结露。

长霉、结露现象往往发生在墙角、门窗口和阴面墙、山墙下部以及墙表面湿度过大的部位。

原因分析：

①长霉、结露现象的原因主要是保温设计不合理和通风条件差。其中内保温一般无法断桥，往往更容易出现长霉、结露现象。

②外保温设计不合理，没有形成完整保温。如结构设计中外挑部分较多，这些线条及外挑部分又多以混凝土挑出，在做

保温时放弃对该部分的保温处理。窗口内侧未做保温；房间有与室外大气的墙面或楼面未有效保温；也有保温材料局部防水不到位，致使保温材料受潮，引起长霉、结露现象。

③施工方法不规范，缺乏施工过程的必要质量控制致使技术、材料的质量性能不符合质量要求。结构伸缩缝的节能设计不合理；因保温结点设计方案不完善形成局部热桥而引起的，如在施工时因苯板的切割尺寸不符合要求或施工质量粗糙造成保温板间缝隙过大。在做保护层时没有做相应的保温板条的填塞处理。

④墙体和保温材料里的水分还没有散发出来，为了抢工期上防护和装饰层，引起长霉、结露现象。

预防措施：

①根本预防方法是阻断热桥，改善室内湿度死角，保持良好的新风条件如尽量采用外墙外保温；采用苯板条完成对线条的表现处理等。

②优化窗的设计位置：采用内保温时窗应该靠近墙体的内侧，外保温则应靠近墙体的外侧。尽量使保温层与窗连接成一个系统以减少保温层与窗体间的保温断点，避免窗洞周边的热桥效应。

③窗的设计中还应该考虑窗根部上口的滴水处理和窗下口窗根部的防水设计处理，防止水从保温层与窗根部的连接部位进入保温系统的内部。

二、木质吸音板施工工艺

1. 材料要求

(1) 木质吸音板的品牌、规格应符合设计要求。

(2) 龙骨。

①吸音板覆盖的墙面必须按设计图或施工图的要求安装龙骨，并对龙骨进行调平处理。木龙骨最好采用 50mm×50mm 木方，表面要平整、光滑、无锈蚀、无变形。

②结构墙体要按照建筑规范进行施工前处理，龙骨的排布尺寸一定要和吸音板的排布相适应。木龙骨间距应小于 300mm，轻钢龙骨间距不大于 400mm。龙骨的安装应与吸音板长度方向相垂直。

③木龙骨表面到基层的距离按照具体要求，一般为 50mm。木龙骨边面平整度及垂直度误差不大于 0.5mm。

2. 主要机具

主要机具有小电动台锯、小电动台刨、手电钻、冲击电锤、气动码钉枪、螺丝刀、方尺、小钢尺、割角尺、靠尺板、线坠、胶刷、墨斗等。

3. 作业条件

(1) 骨架安装应在安好门窗口、门框后进行，安装面板应在室内抹灰及地面做完后进行。

(2) 木材应干燥，其含水率不应大于 12%，龙骨应在非铺贴面（镂空部分）刨平后涂刷防潮、防腐、防火剂。

(3) 原始结构墙面由底到顶涂刷 JS 防水涂料 3 遍。

4. 施工工艺

找位与弹线→检查预埋件及洞口→龙骨配置与安装→安装吸音板。

(1) 找位与弹线。

安装前应根据设计及要求，事先找好

标高、弹好平面位置和竖向尺寸线。

(2) 检查预埋件及洞口。

弹线后检查预埋件是否符合设计要求，其间距尺寸、位置是否满足安装龙骨的要求；量测门窗洞口及预埋管位置尺寸是否准确且与设计要求是否相符。

(3) 龙骨配置与安装。

首先量好房间尺寸，根据方案设计及房间四角和上下龙骨的位置，进行边框龙骨找位，钉装平直，然后根据龙骨间距要求，钉装横竖龙骨。龙骨的规格为50mm×50mm，正面刨光，满涂防腐剂，双向中距400mm。木龙骨安装必须找方、找直，骨架与墙面之间的空隙应垫木垫，用双线中距400mm的M6×80膨胀螺栓将木龙骨固定于墙体基面。

(4) 安装吸音板。

①吸音板的安装顺序，遵循从左到右、从下到上的原则。

②吸音板横向安装时，凹口朝上；竖直安装时，凹口在右侧。

③部分实木吸音板有对花纹要求的，每一立面按照吸音板上事先编制好的编号依次从小到大进行安装 (吸音板的编号遵循从左到右、从下到上、数字依次从小到大的顺序)。

④吸音板在龙骨上的固定。

a. 木龙骨：用射钉安装。沿企口及板槽处用射钉将吸音板固定在龙骨上，射钉必须有 2/3 以上嵌入木龙骨，射钉要均匀排布，并要求有一定的密度，每块吸音板与每条龙骨上联结射钉数量不少于10个。

b. 轻钢龙骨：采用专用安装配件。吸音板横向安装，凹口朝上并用安装配件安装，每块吸音板依次相接；吸音板竖直安装，凹口在右侧，则从左开始用同样的方法安装。两块吸音板端要留出不小于 3mm 的缝隙。

⑤对吸音板有收边要求时，可采用收边线条对其进行收边，收边处用螺钉固定。对右侧、上侧的收边线条安装时为横向膨胀预留 1.5mm，并可采用硅胶密封。

⑥墙角处吸音板安装有两种方法，密拼或用线条固定。

a. 内墙角 (阴角)，密拼；用线条固定；

b. 外墙角 (阳角)，密拼；用线条固定。

5. 质量标准

(1) 树种、材质等级、木材含水率和防腐措施必须符合设计要求和国家现行标准的有关规定。

(2) 骨架与基层的固定必须牢固无松动。

(3) 制作：尺寸正确，表面平直光滑，棱角方正，线条顺直，不露钉帽，无刨槎、印痕、毛刺和锤印。

(4) 安装：位置正确，割角整齐，接缝严密、交圈，平直通顺，与墙面紧贴，出墙尺寸一致。

安装允许偏差应符合表12-2的规定。

6. 成品保护

(1) 木质吸音板进场后应存放在室内仓库或料棚中，保持干燥、通风、并按制品的种类、规格搁置垫木水平码放。

(2) 配料应在操作台上进行，不得直接在没有保护措施的地面上操作成品。

(3) 为保护成品，防止碰坏或污染，尤其在出入口处应及时采取保护措施，张

表 12-2　安装的允许偏差和检验方法

项　次	项　目	允许偏差 /mm	检 验 方 法
1	上口直线度	2	拉 5m 线，不足 5m 拉通线用钢尺检查
2	立面垂直度	1.5	用 1m 垂直检测尺检查
3	表面平整度	1	1m 检测尺检查
4	压缝条偏差	2	用钢尺检查

挂醒目标识牌，设专人看管等。

7. 注意事项

(1) 木质吸音板在非安装环境中存放必须密封防潮。

(2) 安装木质吸音板时，施工人员应戴线手套，以防污染板面及保护皮肤。

8. 常见质量问题及预防措施

(1) 饰面板与基层的边部出现飞边或错位现象。

原因分析：基面边线不平直方正，而饰面板下料平直方正。

预防措施：对不平整的基面进行修整；对基面多余的部分进行修刨。

(2) 镶贴面对口时不平直。

原因分析：

①板材有缺口现象。

②人工开裁的板面对口边缘，往往难以开裁得很直，并且在开裁或修边时，往往会损伤饰面层，在对口处出现缺陷。

预防措施：

①对口前检查接口处是否平直。

②一个平面上对口拼接时，最好用饰面板的原板边来对口。

小贴士

　　木质吸音板是根据声学原理精致加工而成，既有木材本身的装潢效果，又有良好的吸声性能。与其他吸声产品相比有独到之处，是当今国内外首选使用的装饰材料。材质及颜色根据客户需要，有樱桃木、沙比利、枫木、黑(红)胡桃、红白影、红白榉、麦哥利、泰柚等，品种有开槽多孔型、D 小眼孔型，组合型等多种样式可供选择。

本／章／小／结

　　本章阐述保温、吸音类装饰材料的特点、规格、材质及应用范围。掌握保温、吸音类装饰材料的施工步骤、常见问题及解决方案。

思考与练习

1. 简述绝热材料的作用原理和基本要求。

2. 简述吸声材料的作用原理。

3. 简述挤塑板内墙保温施工工艺流程。

4. 简述木质吸音板施工工艺流程。

第十三章
壁纸装饰材料与施工工艺

章节导读 | 装饰施工中常用壁纸的种类及装饰部位；各类壁纸的特点；裱糊工程施工工艺，常见的质量问题及预防措施。

第一节　壁纸装饰材料的种类、特点及装饰部位

壁纸是墙面常用装饰材料。它具有良好的表面质感，种类多样，广泛用于商业空间、办公写字楼、家居等墙面、柱、梁等处装饰。壁纸可以整面墙壁铺贴，也可与其他材料配合使用。顶棚处一般与木线等收口线材结合使用。施工时要求边缘整齐，有一定技术要求。壁纸施工程序简洁，用壁纸专用胶粘贴即可。壁纸产品因材料不同，所以性能表现不一。壁纸根据其基层与装饰面层质的不同有多种多样的分类。

1. 塑料壁纸（或称 PVC 壁纸）

塑料壁纸是以纸或布为基材，以聚氯乙烯 (PVC) 树脂、聚醋酸乙烯 (PVAC) 树脂、聚乙烯 (PF) 树脂、聚丙烯 (PP) 树脂等为面层，经印花、压花、发泡等工艺制作而成（见插图 13-1）。塑料壁纸分为三大类：普通塑料壁纸、发泡塑料壁纸、特种塑料壁纸。

(1) 普通 PVC 壁纸。普通 PVC 壁纸又称非发泡型塑料壁纸。以 $80g/m^2$ 的纸为纸基，表面涂敷 $100g/m^2$ PVC 树脂。其又有印花、压花和印花压花之分。印花的图案

变化多样，色彩艳丽；压花又分为单压花、印花压花、套色压花。PVC 壁纸的面层有一定的伸缩性，对基层（如墙面、顶棚）要求不高并且允许有一定的裂纹。

(2) PVC 发泡壁纸。以 100g/m² 的纸为纸基，表面涂敷 300 ~ 400g/m² 的 PVC 树脂。这类壁纸又分为高发泡印花壁纸、低发泡印花壁纸。其中高发泡壁纸富有弹性的凹凸纹理，装饰性强，并对声波有发散和吸收功能，因此常用于会议室、影剧院、体育场馆或歌舞厅等，具有很好的吸音消声功能。经低发泡印花压花后，低发泡印花壁纸表面可形成不同色彩的凹凸及图案，也称化学浮雕，有仿木纹、拼花、仿瓷砖、天然石材等纹理，图样逼真，立体感强。

(3) 特种塑料壁纸。特种壁纸，是指具有耐水、防火和特殊装饰效果的壁纸品种。其中耐水壁纸是用玻璃纤维布作基材，可用于装饰卫生间、浴室的墙面；防火壁纸则采用 100 ~ 200g/m² 的石棉纸为基材，并在 PVC 面材中掺入阻燃剂。

2. 天然纺织纤维壁纸

纺织纤维壁纸是以各种天然纤维（如棉、丝、麻、毛等）制成的色泽、粗细各异线条，组合成各种色质，然后复合在纸基上制成（见插图 13-2）。这种壁纸色泽自然典雅、质感良好、不褪色、无反光和毒害而且防静电，还有一定吸音作用，常用于高档会议厅、宴会厅、宾馆的室内装饰。

3. 纸质壁纸

纯纸壁纸分为两种：原生木浆纸和再生纸。

(1) 原生木浆纸。原生木浆纸以原生木浆为原材料，经打浆成型，表面印花（见插图 13-3）。该类壁纸韧性相对比较好，表面相对较为光滑，单平米的比重相对比较重。

(2) 再生纸。再生纸是以可回收物为原材料，经打浆、过滤、净化处理而成。该类纸的韧性相对比较弱，表面多为发泡或半发泡型，单平米的比重相对比较轻。

纯纸的壁纸耐水性相对比较弱，施工时表面最好不要溢胶，如不慎溢胶，不要擦拭，用干净的海绵或毛巾吸拭。如果用的是纯淀粉胶，也可等胶完全干透后用毛刷轻刷。

4. 麻草壁纸

麻草壁纸是以纸为基层，以编织物如草、麻、竹、藤、木、叶等天然材料为饰面层复合而成的壁纸（见插图 13-4）。其特点是无毒无味、吸音防潮、保暖通气、透气性好，质感自然、古朴、粗犷，装饰性强。常用于客房、饭店等走廊及各种高档餐厅、酒吧、影院等的装饰，也用于家具立面装饰。保养时可以擦拭，草编壁纸收缩率较大，易产生气泡、皱褶，对施工人员要求较高。

5. 金属壁纸

将金、银、铜、锡、铝等金属，经特殊处理后，制成薄片贴饰于壁纸表面（见插图 13-5）。给人金碧辉煌、庄重大方的感觉，适合气氛浓烈的场合，可用于酒店、宾馆、多功能厅天花棚面、柱面等装饰。

6. 云母片壁纸

云母是一种含有水的层状硅酸盐结

晶，具有极高的电绝缘性、抗酸碱腐蚀性，有弹性、韧性和滑动性，耐热隔音，同时还具有高雅的光泽感。因为以上特性，所以云母片壁纸是一种优良的环保型室内装饰材料，表面的光泽感造就了它高雅华贵的特点（见插图 13-6）。

云母片壁纸污染后表面污物不易清除，因采用天然材质，不同批号的产品比较可能会产生色差。

7. 特殊功能效果壁纸

特殊功能效果壁纸是指具有某种独特性能的塑料壁纸。

(1) 耐水壁纸。作为耐水壁纸原料的聚氯乙烯本身就是一种防水材料，采用玻璃纤维基层，更增强其防水性能，故可用于卫生间、浴室等室内装修。

(2) 防火壁纸。防火壁纸用石棉纸为基层，PVC 中掺阻燃剂，势必使其具有一定的防火性能，适用于有防火要求的室内或在未经防火处理的木材、塑料的表面，增强其防火性能。

常见壁纸包装规格幅宽与长度为：530mm×10m。(900 ~ 1000mm)×50m。有些进口壁纸规格稍有不同。

8. 壁布

(1) 玻璃纤维印花壁布。玻璃纤维印花壁布是以玻璃纤维为基层，表面经印花处理而成。特点是坚固耐用，不燃，无毒，可擦洗（见插图 13-7），但由于目前印花生产技术所置，其表面质感欠佳，装饰效果较差。

(2) 装饰壁布。装饰壁布是指采用印花生产的各种装饰墙布，如丝绸、涤纶等。

其花色图案多样、色泽鲜明，且抗拉、耐磨，是一种高档装饰墙布。常用于高档场所室内墙面的装饰装修。

(3) 无纺壁布。无纺壁布是由多种纺织材料构成的壁布，花色图案丰富，适用于各种室内墙面装饰。特别是涤纶无纺壁布，它除了具有麻质无纺壁布的所特有的品质外，还有细致、光洁等特点，特别适用于高档饭店、宾馆、高档住宅等室内装饰。

9. 硅藻土壁纸

硅藻土是由生长在海、湖中的植物遗骸堆积，经过数百万年变迁而形成的。以硅藻土为原料制成的硅藻土壁纸表面有无数细孔，可吸附、分解空气中的异味，具有调湿、除臭功能（见插图 13-8）。由于硅藻土的物理吸附作用和添加剂的氧化分解作用可以有效去除空气中的游离甲醛、苯、氨、VOC 等有害物质以及宠物体臭、吸烟、生活垃圾所产生的异味等，所以家里贴上的硅藻土壁纸在使用过程中不仅不会对环境造成污染，还会使居住的环境条件得以改善。

第二节
壁纸裱糊工程的施工工艺、常见的质量问题及预防措施

壁纸由基层材料和面层材料组成。基层材料一般为纸、布、合成纤维、石棉纤维及塑料等；面层材料一般为纸、金属箔、纤维织物、绒絮及聚氯乙烯、聚乙烯等。壁纸是目前国内外使用广泛的室内墙面及天棚装修材料。

1. 材料配件

(1) 胶黏剂。

应根据壁纸的品种、性能来确定胶黏剂的种类和稀稠程度。原则是既要保证壁纸粘贴牢固，又不能透过壁纸，影响壁纸的颜色。裱糊壁纸使用胶黏剂主要有聚乙烯醇缩甲醛胶 (107 胶) 和聚醋酸乙烯乳液等，其质量配合比见表 13-1。

(2) 防潮底漆与底胶。

墙纸、壁布裱糊前，应在基层表面先刷防潮底漆，以防止墙纸、壁布受潮脱胶。防潮底漆用酚醛清漆或光油 :200 号溶剂汽油 (松节油)=1:3(质量比)，混合后可以涂刷，也可喷刷，漆液不宜厚，应均匀一致。

底胶，其作用是封闭基层表面的碱性物质，防止贴面吸水太快，且随时校正图案和对花的粘贴位置，便于在纠正时揭掉墙纸；同时也为粘贴墙纸、壁布提供一个粗糙的结合面。底胶的品种较多，选用的原则是底胶能与所用胶黏剂相溶。在裱糊工程中，常用稀释的聚乙烯醇缩甲醛胶和掺有纤维素的底胶，其质量配合比见表

13-2。

对于含碱量较高的墙面，需用纯度为 28% 的醋酸溶液与水配成 1:2 的酸洗液先擦拭表面，使碱性物质中和，待表面干燥后，再涂刷底胶。

(3) 底灰腻子：有乳胶腻子和油性腻子之分。

乳胶腻子其配比为聚醋酸乙烯乳液：滑石粉：甲醛纤维素 (2% 溶液)=1:10:2.5；油性腻子其配比为石膏粉：熟桐油：清漆 (酚醛)=10:1:2。

2. 主要机具

主要工具有薄钢片刮板或橡胶刮板、绒毛辊筒、橡胶辊筒、压缝压辊、铝合金直尺、钢板抹子、钢卷尺、油灰刀、水平尺、排笔、板刷、注射用针管和针头、砂纸机、线锤、活动裁纸刀、水桶、托线板、涂料搅拌机、白毛巾、合梯、工作台等。

3. 作业条件

(1) 墙面抹灰已完成，其表面平整度、立面垂直度及阴阳角方正等应达到高级抹

表 13-1　胶黏剂配合比 (质量比)

品种	聚乙烯醇缩甲醛胶 (107)	羧甲基纤维素	聚醋酸乙烯酯乳液	水
聚乙烯醇缩甲醛胶 (107 胶)	100(含甲醛 45%)	20 ～ 30(2.5% 浓度)	20	60 ～ 100
聚醋酸乙烯酯乳液		20 ～ 30(2.5% 浓度)	100 (掺少量 107 胶)	适量

表 13-2　底胶质量配合比

配合比	聚乙烯醇缩甲醛胶	水	羧甲基纤维素
1	100	100	0
2	100	100	20

灰的标准，其含水率不得大于 8%；木材制品含水率不得大于 12%。

(2) 墙、柱、顶面上的水、电、风专业预留、预埋必须全部完成，且电气穿线、测试完成并合格，各种管路打压、试水完成并合格。

(3) 门窗油漆已完成。

(4) 石材、水磨石地面的房间，其出光、打蜡已完成，并将面层保护好。

(5) 墙面、顶棚清扫干净，如有凹凸不平、缺棱掉角或局部面层损坏处，应提前修补平整并干燥，混凝土 (抹灰) 表面应提前用腻子找平，腻子强度应满足基层要求。

(6) 先将突出墙面的设备部件等卸下妥善保管，待壁纸粘贴完成后再将其部件重新装好复原。

(7) 如基层色差大，设计选用的又是易透底的薄型壁纸，事先应对基层进行处理，使其颜色一致。

(8) 对湿度较大的房间和经常潮湿的墙面，裱糊前，基层应做防潮处理，并应采用有防水性能的壁纸、胶黏剂等材料。

(9) 对施工人员进行技术交底时，应强调技术措施和质量要求。大面积施工前应先做样板间，经有关方确认后方可组织大面积施工。

4. 施工工艺

基层处理→刷防潮底漆及底胶→墙面弹线→裁纸与浸泡→壁纸及墙面涂刷胶黏剂→裱糊→清理修整。

(1) 基层处理。

①混凝土和抹灰基层含水率不宜大于8%，直观标准是抹灰面泛白、无湿印且手感干燥。

②基层应平整，同时墙面阴阳角垂直方正，墙角小圆角弧度大小上下一致，表面坚实、平整、色均、洁净、干燥，没有污垢、尘土、沙粒、气泡、空鼓等现象。墙面空鼓、脱落处应清除后休整；裂缝、麻坑等用底灰腻子嵌平。对于附着牢固、表面平整的旧油性涂料墙面，应进行打毛处理以提高黏结强度。

③安装于基面的各种开关、插座、电器盒等突出设置，应先卸下扣盖等影响裱糊施工的部分。

(2) 刷防潮底漆及底胶。基层处理经工序检验合格后，在处理好的基层上涂刷防潮底漆及一遍底胶，要求薄而均匀，墙面要细腻光洁，不应有漏刷或流淌等。

(3) 墙面弹线。在底层涂料干燥后弹水平、垂直线，其作用是使墙纸粘贴的图案、花纹等纵横连贯。

(4) 裁纸与浸泡。按基层实际尺寸进行测量计算所需用量，并在墙纸每一边预留 20 ~ 50mm 的余量。将裁好的墙纸反面朝上平铺在工作台上，用滚筒刷或白毛巾洗刷清水，使墙纸充分吸湿伸张，浸湿 15min 后方可粘贴。

(5) 墙纸及墙面涂刷胶黏剂。

墙纸和墙面须均匀的刷胶黏剂一遍，厚薄均匀。胶黏剂不能刷得过多、过厚、不均，以防溢出，墙纸避免刷不到位，防止产生起泡、脱壳、壁纸黏结不牢等现象。

(6) 裱糊。

首先找好垂直，然后对花纹拼缝，再用刮板将壁纸刮平。原则是先垂直方向后水平方向，先细部后大面。贴墙纸时要两人配合，一人用双手将润湿的墙纸平稳的拎起来，把纸的一端对准控制线上方10mm左右处；另一人拉住墙纸的下端，两人同时将墙纸的一边对准墙角或门边，直至墙纸上下垂直，才用刮板从墙纸中间向四周逐次刮去。墙纸下的气泡应及时赶出，使墙纸紧贴墙面。拼贴时，注意阳角千万不要有缝，壁纸至少包过阳角150mm，达到拼缝密实、牢固，花纹图案对齐。多余的胶黏剂应顺操作方向刮挤出纸边，并及时用干净湿润的白毛巾擦干，保持纸面清洁。

裱糊壁纸的拼缝有对接、搭接和重叠裁切拼缝等。

对接拼缝是壁纸的边缘紧靠在一起，既不留缝，又不重叠。其优点是光滑、平整、无痕迹，具有完整流畅之美。

搭缝拼接是指壁纸与壁纸互相叠压一个边的拼缝方法。采用搭接拼缝时，在胶黏剂干到一定程度后，再用美工刀裁割壁纸，揭去内层纸条，小心撕去饰面部分，然后用刮板将拼缝处刮压密实。其方法简单，但易出棱边，美观性较差。

重叠裁切拼缝是把两幅壁纸接缝处搭接一部分，使对花或图案完整，然后用直尺对准两幅壁纸搭接突起部分的中心压紧，用美工刀用力平稳的裁切，裁刀要锋利，不要将壁纸扯坏或拉长，并且两层壁纸要切透。其优点是拼缝严密、吻合性好，处理好的拼缝在外观上看不出来。

(7) 清理修整。

裱糊完成后，要对整个粘贴面进行一次全面检查，粘贴不牢的，用针筒注入胶水进行修补，并用干净白色湿毛巾将其压实，擦去多余的胶液。对于起泡的粘贴面，可用裁纸刀剪或注射针头顺图案的边缘将墙纸割裂或刺破，排除空气。墙纸边口脱胶处要及时用粘贴性强的胶液贴牢，最后用干净白色湿毛巾将墙纸面上残存的胶液和污物擦干净。

5. 质量标准

(1) 主控项目。

①壁纸、墙布的种类、规格、图案、颜色和燃烧性能等级必须符合设计要求及国家现行标准的有关规定。

检验方法：观察；检查产品合格证书、进场验收记录和性能检测报告。

②裱糊工程基层处理质量应符合的要求。

a. 新建筑物的混凝土或抹灰基层墙面在刮腻子前应涂刷抗碱封闭底漆。

b. 旧墙面在裱糊前应清除疏松的旧装修层，并涂刷界面剂。

c. 混凝土或抹灰基层含水率不得大于8%；木材基层的含水率不得大于12%。

d. 基层腻子应平整、坚实、牢固，无粉化、起皮和裂缝；腻子的黏结强度应符合《建筑室内用腻子》(以下简称本规范)(JG/T 3049)N型的规定。

e. 基层表面平整度、立面垂直度及阴阳角方正应达到本规范第4.2.11条高级抹灰的要求。

f. 基层表面颜色应一致。

g. 裱糊前应用封闭底胶涂刷基层。

检验方法：观察；手摸检查；检查施工记录。

③裱糊后各幅拼接应横平竖直，拼接

处花纹、图案应吻合，不离缝，不搭接，不显拼缝。

检验方法：观察；拼缝检查，距离墙面 1.5m 处正视。

④壁纸、墙布应粘贴牢固，不得有漏贴、补贴、脱层、空鼓和翘边。

检验方法：观察；手摸检查。

(2) 一般项目。

①裱糊后的壁纸、墙布表面应平整，色泽一致，不得有波纹起伏、气泡、裂缝、皱折及斑污，斜视时应无胶痕。

检验方法：观察；手摸检查。

裱糊时，胶液极易从拼缝中挤出，如不及时擦去，胶液干后壁纸表面会产生亮带，影响装饰效果。

②复合压花壁纸的压痕及发泡壁纸的发泡层应无损坏。

检验方法：观察。

③壁纸、墙布与各种装饰线、设备线盒应交接严密。

检验方法：观察。

④ 壁纸、墙布边缘应平直整齐，不得有纸毛、飞刺。

检验方法：观察。

⑤ 壁纸、墙布阴角处搭接应顺光，阳角处应无接缝。

检验方法：观察。

裱糊时，阴阳角均不能有对接缝，如有对接缝极易开胶、破裂，且接缝明显，影响装饰效果。阳角处应包角压实，阴角处应顺光搭接，这样可使拼缝看起来不明显。

6. 成品保护

(1)裱糊完成的房间应及时清理干净，

不得用作料房或休息室，避免污染和损坏。

(2) 在整个裱糊的施工过程中，严禁非操作人员随意触摸墙纸。

(3) 电气和其他设备等进行安装时，应注意保护墙纸，防止污染和损坏。

(4) 铺贴壁纸时，必须严格按照规程施工，施工操作时要做到干净利落，边缝要切裁整齐，胶痕必须及时清擦干净。

(5) 严禁在已裱糊好壁纸的顶、墙上剔眼打洞。若属于设计变更，也应采取相应的措施，施工时要小心保护，施工后要及时认真修复，以保证壁纸的完整。

(6) 二次修补油、浆活及磨石二次清理打蜡时，注意做好壁纸的保护，防止污染、碰撞与损坏。

7. 注意事项

(1) 对湿度较大的房间和经常潮湿的墙体应采用防水性能好的壁纸及胶黏剂，有酸性腐蚀的房间应采用防酸壁纸及胶黏剂。

(2) 对于玻璃纤维布及无纺贴墙布，糊纸前不应浸泡，只用湿毛巾涂擦后摺起备用即可。

(3) 窗台板上下、窗帘盒上下等处铺贴操作要认真。应加强工作责任心，要避免毛糙、拼花不好、污染严重等问题，高标准、严要求，严格按规程认真施工。

(4) 注意阴阳角壁纸空鼓、阴角处有断裂等问题。阳角处的粘贴大都采用整张纸。要防止阴角断裂，关键是阴角壁纸接缝时必须拐过阴角 1 ~ 2cm，使阴角处形成了附加层，这样就不会由于时间长、壁纸收缩，而造成阴角处壁纸断裂。

8. 常见质量问题及预防措施

(1) 裱贴不垂直。

原因分析：

①铺贴第一张壁纸时，没有对墙面吊垂直。

②墙面阴阳角不垂直。

预防措施：

①裱贴前，对每一墙面应先吊垂直，裱贴第一张后吊垂直。

②检查壁纸花纹、图案对齐后方可裱糊。

③检查基层的阴阳角是否垂直，墙面平整、无凹凸，若达不到要求则重新处理。

(2) 表面不平整。

原因分析：基层墙面不平整或基层墙面清理不彻底，表面仍有积尘、腻子包、水泥斑痕、小砂粒、胶浆疙瘩等。

预防措施：

墙面基层腻子找平应严格使用靠尺逐一进行检查，不符合要求则重新修补。

(3) 表面不干净。

原因分析：没及时用湿毛巾将胶痕擦净。

预防措施：

①擦拭多余胶液时，应用干净毛巾，随擦随用清水洗干净。

②保持操作者的手和工具及室内环境干净。

③对于接缝处的胶痕应用清洁剂反复擦净。

(4) 死褶。

原因分析：裱贴时壁纸没有舒展平整。

预防措施：

①选择材质较好的壁纸、墙布。

②裱贴时，用手将壁纸舒展平，才用刮板均匀赶压，出现皱折时轻轻揭起慢慢推平。

③发现有死褶可揭下重新裱糊。

(5) 翘边。

原因分析：

①基层处理不干净。

②接缝处胶刷的少、局部未刷胶，或边缝未压实。

预防措施：

①基层灰尘、油污等必须清除干净，控制含水率。

②不同的壁纸选择相应的胶黏剂。

③阴角搭缝时先裱贴压在表面的壁纸，再用粘性较大的胶黏剂贴面层，搭接宽度 ≤ 3mm，纸边搭在阴角处，并保持垂直无毛边，严禁在阳角甩缝，壁纸在阳角 ≥ 2cm，包角须用黏结性强的黏结剂并压实，不得有气泡。

④将翘边翻起，基层有污物的待清理后，补刷胶黏剂粘牢。

(6) 壁纸脱落。

原因分析：

①墙体可能挨着卫生间，受到卫生间墙面渗水的影响。

②基层处理不干净。

③胶黏剂质量存在问题。

预防措施：

①做好卫生间墙面的处理，防止局部渗水影响墙面。

②将室内易积灰部位，如窗台水平部分，用湿毛巾擦拭干净。

③不用变质的黏结材料。

(7) 表面空鼓 (气泡)。

原因分析：基层含水率大，抹灰层未干就铺贴壁纸，由于抹灰层被封闭，多余水分出不来，汽化后就将壁纸拱起成泡。

预防措施：

①基层必须严格要求处理，石膏板基面的气泡、脱落应重新修补好。

②基层必须干燥后施工，保证一定的含水率。

③裱糊时应严格按照施工工艺操作，刮板有里向外将气泡全部赶出。刮胶要薄而均匀，不能漏刷。

④由于基层含有潮气或空气造成的空鼓，应用刀子划开后放出气体，再用注射器灌胶处理，有多余胶部分用吸管吸出。

(8) 颜色不一致。

原因分析：壁纸质量差存在色差，施工时没有认真挑选。

预防措施：选用不易褪色且较厚的优质壁纸。

(9) 壁纸爆花。

原因分析：基层处理不当。

预防措施：

①检查抹灰层有无爆花现象。

②基层若爆花必须逐片处理。

(10) 壁纸离缝或亏纸。

原因分析：

①壁纸裁剪时出现误差。

②赶压胶液时造成的离缝。

预防措施：

①壁纸裁剪应复查墙面的实际尺寸，不得停顿或变换持刀角度。

②在赶压胶液时，由拼缝处横向往外赶压，不得斜向或两侧向中间赶压。

(11) 壁纸搭缝。

原因分析：相连接拼缝的壁纸边缘重复搭在一起。

预防措施：

①壁纸裁割时，特别是对于较厚的壁纸，应保证纸边直而光洁，不出现凸出和毛边。

②裱贴无收缩性的壁纸不许搭缝，收缩性较大的壁纸，裱贴时可适当多搭接一些，以便收缩后正好合缝。

③出现搭缝弊病后，可用钢尺压紧在搭缝处，用刀沿边裁割搭接部分，并处理平整。

小贴士

裱糊装饰工程：是指将各种墙纸（壁纸）、金属箔、波音软片等材料粘贴在室内的水泥砂浆或混凝土墙面、石膏板墙面以及顶棚、梁柱表面的装饰工程。裱糊的材料种类繁多，色彩及花纹图案变化多样，质感强烈，具有良好的装饰效果。同时还具有一定的吸音、隔声、保温及防菌等功能，所以被广泛地用于宾馆、会议室、办公室及家居的内墙装饰。

本 / 章 / 小 / 结

　　本章简要阐述了壁纸装饰材料的特点、规格、材质和应用范围。着重介绍了壁纸装饰材料的施工工艺、常见的质量问题及预防措施。

思考与练习

1. 壁纸根据其基层与装饰面层质的不同可分为几类?

2. 简述 PVC 壁纸的性能特点。

3. 简述纸质壁纸的性能特点。

4. 简述壁纸裱糊工程的施工工艺。

5. 简述壁纸裱糊工程中常见的质量问题及预防措施。

第十四章
胶黏剂装饰材料与施工工艺

章节导读 装饰施工中常用的胶黏剂如乳白胶、万能胶、玻璃胶、发泡胶、瓷砖黏结剂等的特点和用途；瓷砖黏结剂粘贴饰面砖的施工工艺流程、常见的质量问题及预防措施。

第一节
胶黏剂装饰材料的种类、特点及装饰部位

一、胶黏剂的种类

随着化学工业的发展，胶黏剂的种类也日益增多，一般可按以下几个方面进行分类。

(1) 按固化条件分类可分为：室温固化胶黏剂、低温固化胶黏剂、高温固化胶黏剂、光敏固化胶黏剂、电子束固化胶黏剂等。

(2) 按黏结料性质可分为：有机胶黏剂和无机胶黏剂两大类，其中有机类中又可分为人工合成有机类和天然有机类。人工合成有机类包括树脂型、橡胶型和混合型。天然类有机包括氨基酸衍生物、天然树脂和沥青等。无机类主要是各种盐类，如硅酸盐类、磷酸盐类、硫酸盐类和硅溶胶等。

(3) 按被黏结材料及工程特性可分为：壁纸墙布胶黏剂、地板胶黏剂、玻璃胶黏剂、塑料管道胶黏剂、竹木类材料胶黏剂、石材类胶黏剂等。

(4) 按成型状态可分为：溶液类胶黏剂、乳液类胶黏剂、膏糊类胶黏剂、膜状类胶黏剂和固体类胶黏剂等。

(5) 按用途可将胶黏剂分为以下几种。

①结构型胶黏剂：其胶接强度高，至少与被粘物体本身的材料强度相当，同时对耐油、耐热和耐水性等都有较高的要求。如环氧树脂胶黏剂（万能胶）。

②非结构型胶黏剂：有一定的黏结强度，但不能承受较大的力。如聚醋酸乙烯酯（乳白胶）等。

③特种胶黏剂：能满足某些特种性能和要求，如可具有导电、导磁、绝缘、导热、耐腐蚀、耐高温、耐超低温、厌氧、光敏等性能。

二、胶黏剂的技术性质

胶黏剂的技术性质主要取决于其性能和配方。不同类型的胶黏剂，其胶合效果不同，使用范围也不一样，但它们都必须具有以下基本性能。

(1) 在室温下加热、加溶剂、加水后容易产生流动，使黏结操作容易进行。

(2) 具有良好的浸润（湿润）性，能够很好地浸润被粘材料的表面。

(3) 在一定的压力、温度、时间条件下，可通过物理化学作用而固化，从而将被黏结材料粘在一起。

(4) 具有足够的黏结强度及强度保持率，这是胶黏剂的主要性能指标。

(5) 较好的其他物理性能，如耐温性、耐久性、耐水性、耐化学性、耐候性等。还要有毒性小、刺激性气味小、储存方便、稳定等性能。

三、常用胶黏剂的品种、特性及选用原则

1. 环氧树脂类胶黏剂

环氧树脂类胶黏剂（俗称"万能胶"）

（见插图 14-1），主要由环氧树脂和固化剂两大部分组成，为改善某些性能，满足不同用途，还可以加入增韧剂、稀释剂、促进剂、偶联剂等辅助材料。该类胶黏剂具有黏结强度高，收缩率小，耐腐蚀，电绝缘性好，而且耐水、耐油等特点。

该类胶黏剂与金属、玻璃、水泥、木材、塑料等多种极性材料，尤其是表面活性高的材料具有很强的黏结力。

2. 聚乙烯醇缩甲醛胶黏剂

聚乙烯醇缩甲醛胶黏剂（俗称"107胶"）（见插图 14-2），这种胶黏剂是由聚乙烯醇和甲醛为主要原料，加入少量盐酸、氢氧化钠和水，在一定条件下缩聚而成的，主要用于涂料和金属、木材、橡胶、玻璃、塑料之间的黏结。107 胶在我国建筑工程中应用较早，也十分广泛。水溶性聚乙烯醇缩甲醛的耐热性好，胶结强度高，施工方便，抗老化性好。可用来粘贴塑料壁纸、墙布、瓷砖等装饰材料。107 胶也用于墙、棚涂饰的打底基础材料，但在室内应用时要注意其甲醛释放所产生的污染。

3. 聚醋酸乙烯酯类胶黏剂

聚醋酸乙烯酯胶黏剂是由醋酸乙烯单体经聚合反应而得到的一种热塑性胶，该胶可分为溶液型和乳液型两种。其中聚醋酸乙烯乳液俗称乳白胶（见插图 14-3），是一种白色黏稠液体，呈酸性，是水溶性、黏结亲水性的材料，湿润能力较强，常温固化，具有较好的成膜性，初粘力好。乳白胶属于通用型胶黏剂，主要用于木材、纺织、涂料、纸加工、建筑材料等的黏结。

4. 橡胶类胶黏剂

橡胶类胶黏剂是以合成橡胶为黏结物质，加入有机稀释剂、补强剂、偶联剂和软化剂等辅助材料制成。橡胶类胶黏剂一般具有良好的黏结性能、耐水性和耐化学介质性。常见品种有氯丁橡胶胶黏剂，简称氯丁胶（见插图 14-4），是以氯丁胶为主，另加入氯化锌、氧化镁和填料混炼后溶于溶剂而制成，具有弹性高、柔性好、耐水、耐燃、耐候、耐油、耐溶剂和耐药性等特点，但耐寒性较差，贮存稳定性欠佳，一般使用温度在 12℃以上。适用于地毯、纤维制品和部分塑料的黏结。还有一种常用橡胶类胶黏剂是 801 强力胶，它是以酚醛改性氯丁橡胶为黏结物质的单组分胶。该胶室温下可固化，使用方便，黏结力强，适用于塑料、木材、纸张、皮革及橡胶等材料的黏结。801 强力胶含有机溶剂，是易燃品，应隔离火源放置在阴凉处。

5. 聚氨酯泡沫填缝剂

聚氨酯泡沫填缝剂又称发泡胶（见插图 14-5），是一种单组分、湿气固化、多用途的聚氨酯发泡填充弹性密封材料。聚氨酯泡沫填缝剂是将聚氨酯预聚体、发泡剂、催化剂等组分装填于耐压气雾罐中的特殊聚氨酯产品。施工时通过配套施胶枪或手动喷管将气雾状胶体喷射至待施工部位，短期完成成型、发泡、黏结和密封过程。其固化泡沫弹性体具有黏结、防水、耐热胀冷缩、隔热、隔音甚至阻燃（限阻燃型）等优良性能，广泛用于建筑门窗边缝、构件伸缩缝及孔洞处的填充密封。

四、建筑胶黏剂和木材胶黏剂

1. 建筑胶黏剂

胶黏剂在建筑装饰装修过程中主要用于板材黏结、墙面预处理、壁纸粘贴、陶瓷墙地砖、各种地板、地毯铺设黏结等方面。在建筑装饰中使用胶黏剂除了可以体现一定的强度之外，还具有防水性、密封性、弹性、抗冲击性等一系列综合的性能，可以提高建筑装饰质量，增加美观舒适感，改进施工工艺，提高建筑施工效率和质量等。

建筑装饰装修用胶黏剂可以分为水基型胶黏剂、溶剂型胶黏剂及其他胶黏剂。其中水基型胶黏剂包含了聚醋酸乙烯酯乳液胶黏剂（白乳胶）、水溶性聚乙烯醇建筑胶黏剂和其他水基型胶黏剂（108 胶、801 胶）；溶剂型胶黏剂包含了橡胶胶黏剂、聚氨酯胶黏剂（PU 胶）和其他溶剂型胶黏剂。

(1) 瓷砖黏结剂。

瓷砖黏结剂是采用优质水泥、精细骨料、填料、特殊外加剂及干粉聚合物均匀混合而成的一种复合型瓷砖黏结材料（见插图 14-6），绿色环保无毒无害，是取代传统水泥砂浆粘贴瓷砖的最佳选择。

瓷砖黏结剂的施工厚度仅为 2～4mm，而传统水泥砂浆粘贴的厚度通常为 15～30mm，因此只要是施工基面平整，薄层粘贴施工的综合成本比用传统水泥砂浆粘贴要低，黏结质量更可靠，袋装粉体加水即用，施工更快捷。作为新型的胶黏剂产品相比水泥粘贴法存在以下几种优点。

①强力黏结剂是绿色环保产品，主要是高分子聚合物乳液，添加各种助剂精炼

而成，无毒、不燃、耐水、耐老化。

②瓷砖黏结剂的粘贴力较之水泥增加两倍以上，特别是含有的化学添加剂，即使是对于高密度、低吸水率的高档瓷砖，仍具有良好的粘贴力。

③施工时不会产生下坠现象，方便施工人员操作。

④不用浸湿砖墙，可减轻劳动强度，增加工作效率。

⑤具有优良的耐水性和耐候性，对防止墙体渗漏可产生一定作用。

⑥使用彩色瓷砖填缝料，尚可以增加瓷砖黏结力来增强饰面色泽效果，减少砖缝裂纹产生和漏水现象。

(2) 玻璃胶。

玻璃胶是将各种玻璃与其他基材进行黏结和密封的材料 (见插图 14-7)。主要分两大类：硅酮胶和聚氨酯胶 (PU)。硅酮密封胶就是人们通常说的玻璃胶，又分酸性和中性两种 (中性胶又分为：石材密封胶、防霉密封胶、防火密封胶、管道密封胶等)。酸性玻璃胶主要用于玻璃和其他建筑材料之间的一般性黏结。而中性胶克服了酸性胶腐蚀金属材料和与碱性材料发生反应的特点，因此适用范围更广。市场上比较特殊的一类中性玻璃胶是硅酮结构密封胶，多直接用于玻璃幕墙的金属和玻璃结构或非结构性粘合装配。硅酮玻璃胶有多种颜色，常用颜色有黑色、瓷白、透明、银灰、灰、古铜六种。

考虑到室外施工时气候的影响，有一类耐候硅酮密封胶特别适用于玻璃幕墙、铝塑板幕墙、石材干挂的耐候密封。

耐候密封胶适合金属、玻璃、铝材、瓷砖、有机玻璃、镀膜玻璃间的接缝密封。

防霉硅酮密封胶也是玻璃胶的发展趋势，具有防霉效果的硅酮胶比一般的玻璃胶使用时间更长，更牢固，不易脱落，因此适用于潮湿的环境。

2. 木材胶黏剂

木材胶黏剂的发展对刨花板和纤维板等木材工业的发展产生了积极的影响，使得小径级、枝梗材、间伐材以及木材加工剩余物等能够得到充分利用，提高了木材的综合利用率，改善了木材的性能。胶黏剂已成为决定刨花板和纤维板生产发展水平的一个关键环节，生产中新工艺的实施、生产效率的提高、劳动条件的改善，均与胶黏剂与胶接技术密切相关。

木材胶黏剂最突出的特点是用量大。木材胶黏剂的成本、品种、质量都直接影响到人造板的成本、质量和用途，因此我国木材加工企业绝大部分都自设制胶车间，其生产的主要胶种为脲醛树脂胶、酚醛树脂胶和三聚氰胺 – 甲醛树脂胶。

(1) 人造板工业用胶黏剂。

脲醛树脂胶与酚醛树脂胶、三聚氰胺 – 甲醛树脂胶并称为人造板工业用三大胶，其中脲醛树脂是最重要的主导品种。

①脲醛 (UF) 树脂胶黏剂。脲醛树脂胶黏剂以其价廉、生产工艺简单、使用方便、色浅不污染制品、胶接性能优良、用途范围广而著称。但用脲醛树脂作为胶黏剂所制作的人造板普遍存在着两大问题：一是板材释放的甲醛气体污染环境；二是其耐水性，尤其是耐沸水性差。国内

外学者对如何降低脲醛树脂所制板材的甲醛释放量进行了多方面研究，提出了强酸—弱酸—碱（中性）的合成新工艺：控制摩尔比，采用甲醛二次缩聚工艺向成品胶黏剂中加入甲醛捕捉剂，在板制成后进行后期处理。为提高其耐水性，则通过加入改性剂共聚、共混，改变树脂的耐水性能，在合成过程中加入一定量的异氰酸酯 (PMDI) 或硼砂。

②酚醛 (PF) 树脂胶黏剂。酚醛树脂胶黏剂原料易得，具有良好的耐候性，但存在着热压温度高、固化时间长和对单板含水率要求高等缺点。为了降低成本又不太影响其性能，可引入改性剂和替代物。另外，提高固化速度，降低固化温度是 PF 树脂胶黏剂研究的主要方向。

③三聚氰胺－甲醛 (MF) 树脂胶黏剂。三聚氰胺－甲醛树脂胶黏剂耐水性好、耐候性好、胶接强度高、硬度高、固化速度比酚醛树脂快，三聚氰胺－甲醛树脂胶膜在高温下具有保持颜色和光泽的能力。但三聚氰胺－甲醛树脂胶黏剂成本较高、性脆易裂、柔韧性差、贮存稳定性差。在三聚氰胺－甲醛树脂胶中引入改性剂甲基葡萄糖苷，不仅能提高树脂的贮存稳定性，还可以降低成本，改善树脂的塑性，提高树脂的流动性，降低游离甲醛含量。

④聚氨酯 (PU) 胶黏剂。聚氨酯胶黏剂分为多异氰酸酯胶黏剂与聚氨酯胶黏剂两大类别，是胶接性能十分优良的反应型胶黏剂，是该领域的研究热点。目前已在刨花板、定向刨花板、中密度纤维板、集成材、各种复合板和表面装饰板中得到应用，且用量在迅速增加，尤其是在以农作物秸秆为原料的人造板应用中表现出优异性能，过去主要用于中心层胶接，近年来已逐步扩大到整个板材中。但由于聚氨酯胶黏剂价格太高，含有大量的有机溶剂可能会污染环境，因此影响了其广泛使用。

⑤热塑型树脂胶黏剂。国内以各种塑料或回收塑料（热塑性树脂）为胶黏剂制造人造板材的研究工作开始于 20 世纪 90 年代初，热塑型树脂胶合板（木塑复合胶合板）是以该种胶合板为基材的无甲醛实木复合地板。

(2) 装饰木材用胶黏剂。

在家具和人造板二次加工等生产中，特别是装饰贴面板和复合板的兴起要大量应用高质量的聚醋酸乙烯酯乳液、丙烯酸酯乳液、热熔胶等胶黏剂。

①聚醋酸乙烯酯乳液。聚醋酸乙烯酯乳液俗称白乳胶，具有使用方便、性能优异、无毒安全、无环境污染等一系列优点，是木材胶黏剂工业中的一个大宗产品。广泛应用于多孔性材料，特别是木制品的黏结，但其耐水、耐热、抗冻性较差，在湿热条件下其黏结强度会有较大程度的下降，从而使聚醋酸乙烯酯乳液的应用受到一定的限制。

②丙烯酸酯类乳液。丙烯酸酯乳液具有来源广泛、无污染、易合成的特点，但普遍耐水性较差。

③热熔胶和热熔压敏胶。

热熔胶是人造板材表面装饰及木材封边广泛使用的胶种，具有无污染、粘接面大、胶接速度快、适用于连续化生产、便于贮存和运输等优点。

第二节

胶黏剂装饰材料的施工工艺、常见的质量问题及预防措施

瓷砖黏结剂又称瓷砖胶或瓷砖粘合剂，主要用于粘贴瓷砖、面砖、地砖等装饰材料，广泛适用于内外墙面、地面、浴室、厨房等建筑的饰面装饰场所。

1. 材料配件

瓷砖黏结剂是一种聚合物改性的水泥基瓷砖黏结剂，是以优质水泥、砂、再分散乳胶粉和其他添加剂等配制而成，具有无机物良好的抗压强度、耐久性和有机物良好的柔韧性、黏结强度、剪切强度等。主要用于室内、外墙面或地面瓷砖或石材的粘贴。

2. 主要机具

主要机具有量称、电动搅拌器、搅拌桶、小桶、齿型刮板、扫把、油灰刀、钢丝刷。

3. 作业条件

(1) 基面应平整、干净、结实、无粉尘、油脂等污垢物及其他松散物。

(2) 基面平整度宜用 2m 压尺检查，找平层表面平整度的允许误差为 5mm。

(3) 基层的缺陷应先进行处理后方可继续施工。

①不平整、凹坑、积水时，可用合成乳胶水泥砂浆填平找坡。

②表面起皮应铲除。

4. 施工工艺

基层清理→弹线定位→黏结剂配制、搅拌→刮浆铺贴。

(1) 基层清理。

基层在检查合格后，应清洗表面浮灰、灰砂及砂砾疙瘩，并同时检查瓷砖的粘贴面，确保没有灰尘。

(2) 弹线定位。

确定地面标高和平面位置线，或在墙面上弹好水平控制线。

(3) 黏结剂配制、搅拌。

浆料配比，配料称量必须准确，每次称量误差不得超过 ±5%。对于新批荡的水泥砂浆基面，先将清水倒入容器，然后再倒入黏结剂粉料，清水与粉料比例约为 1:4，搅拌至合适稠度为止。

按比例、按顺序将清水、添加剂倒入容器，并同时搅拌，搅拌至适合稠度为止。建议使用机械搅拌，至无生粉团为止。拌匀后需静置 5 ～ 10min 后，再搅拌一下即可使用。

(4) 刮浆铺贴。

①用齿形刮刀将胶浆涂刮至工作面上，墙体和瓷砖都要刮胶，使之均匀分布，每次涂刮不大于 1m²，可通过控制齿型刮刀的倾斜角度来调整胶浆的厚度，一般为 45° 倾斜。

②采用由下到上（墙面顺序），从里到外或从中间向四周（地面顺序）的方式进行，将瓷砖（或石板材）揉压于工作面上即可。

③使用十字卡保证砖间缝垂直、平整、接缝大小均一。

④施工过程应经常用水平尺或靠尺检查平整度，并作调整。

5. 质量标准

(1) 主控项目。

①饰面砖的品种、规格、颜色和性能必须符合设计规范要求。

②饰面砖粘贴工程的找平、防水、黏结和勾缝材料及施工方法应符合设计要求、国家现行产品标准、工程技术标准及国家环保污染控制等规定。

③饰面砖镶贴必须牢固。

④满粘法施工的饰面砖工程应无空鼓、裂缝。

(2) 一般项目。

①饰面砖表面应平整、洁净、色泽一致，无裂痕和缺陷。

②阴阳角处搭接方式、非整砖使用部位应符合设计要求。

③墙面突出物周围的饰面砖应整砖套割吻合，边缘应整齐。墙裙、贴脸突出墙面的厚度应一致。

④饰面砖接缝处应平直、光滑，填嵌应连续、密实；宽度和深度应符合设计要求。

(3) 质量保证措施。

①搅拌需充分，以无生粉团为准。搅拌完毕后须静置约十分钟后再略搅拌一下才使用。

②选择齿型刮板的大小应考虑工作面的平整度和瓷砖背面的凸凹程度；如瓷砖背面的沟隙较深或石材、瓷砖较大较重，则应该进行双面涂胶，即在工作面和瓷砖背面同时涂上胶浆。

③铺贴饰面砖要注意保留伸缩缝，铺砖完成后，须待胶浆完全干固后 (约 24h) 才可进行下一步的填缝工序。

④在操作允许时间内，可对瓷砖位置进行调整，黏结剂完全干固后，大约 24h 后可进行填缝工作，施工 24h 内，应避免重负荷压于瓷砖表面。

⑤瓷砖胶应控制在 2h 内用完 (胶浆表面结皮的应剔去不用)，切勿将已干结的胶浆加水后再用。拌制瓷砖胶时宜用电动搅拌器，用完后清理干净，严格按照安全操作规程进行施工。

⑥对进场的材料，要检查表面是否光洁、方正、平整、质地坚固，其品种、规格、尺寸、色泽、图案应均匀一致，必须符合设计规定，不得有缺棱、掉角、暗痕和裂纹等缺陷。其性能指标均应符合现行国家标准的规定，釉面砖的吸水率不得大于 10%。

⑦样板先行制度：统一弹出墙面上 +110cm 水平线，大面积施工前应先放大样，并做出样板墙，确定施工工艺及操作要点，并向施工人员做好交底工作。样板墙完成后必须经质检部门鉴定合格后，还要经过设计、甲方和施工单位共同认定验收，方可组织班组按照样板墙壁要求施工。

⑧弹线必须准确，经复验后方可进行下道工序。基层处理抹灰前，墙面必须清扫干净，浇水湿润；基层抹灰必须平整；贴砖应平整牢固，砖缝应均匀一致。

6. 成品保护

(1) 瓷砖胶粉料应存放在阴凉干燥的地方，存放时间不能超过 12 个月。

(2) 施工完成 24h 后，方可踏入或填缝。

7. 注意事项

(1) 施工前应确认基面的牢固度、垂直度和平整度。

(2) 瓷砖黏结剂刮抹于基面后，必须

在晾置时间内将瓷砖粘贴于上。

(3) 瓷砖粘贴后，因错位需要调整时，必须在调整时间内进行调整，以免影响强度。

(4) 施工过程中多余的瓷砖黏结剂应在硬化前清除。

(5) 及时检查瓷砖背面的胶浆层，确保无空鼓现象，否则应及时补浆。

8. 常见质量问题及预防措施

(1) 在黏结较大的砖时，不易进行调整校正。

原因分析：基面与砖底部均 100% 地黏结，造成真空的空气压力，使得砖只能左右移动，而不能压入或拉出。

预防措施：可以在粘贴前先将砖进行预（空）铺贴，以避免出现真空缺陷。

(2) 粘贴后出现空鼓或者黏结力下降。

原因分析：

①粘贴时已经过了晾置时间。

②过了调整时间又去调整。

③粘贴大型饰面砖时，胶浆的用量不足，导致在前后调整时拉出过多，使胶浆脱层。

预防措施：

①在晾置时间内粘贴，粘贴时略加以挪动按压。

②调整时间过后如需调整，应清除后重新抹浆。

③在粘贴大型饰面砖时，进行预铺。尽可能把握准确胶浆用量，多使用锤压的方式调整前后距离。

(3) 粘贴较薄的白色或浅色石材时，感觉颜色变暗。

原因分析：粘贴浅色且疏松的石材易透底，采用了深色的黏结剂。

预防措施：可以采用白色的瓷砖粘贴剂进行粘贴。

小／贴／士

1. 瓷砖黏结剂可以用于以下基面：玻璃上贴砖，瓷砖上贴砖，石膏板上贴砖，钢板上贴砖，内墙上贴石材，刨花板，水泥纤维板等。

2. 酸性玻璃胶使用应注意如下事项。

(1) 酸性玻璃胶在固化过程中会释放出有刺激性的气体，刺激眼睛与呼吸道，因此一定要在施工后打开门窗，待其完全固化并等气体散发完毕后才能入住。

(2) 玻璃胶最常出现的问题是变黑发霉，即使使用的是防水玻璃胶、防霉玻璃胶也不能完全避免此类问题的发生。因此长期有水或浸水的地方要注意尽量保持干燥清洁。

(3) 酸性玻璃胶未固化时，无论是粘附在人体、器物或衣物上，用清水洗刷不能去除，应用干布擦掉。玻璃胶粘到了手上并固化了，不用担心。玻璃胶固化后是粘不牢手的，用双手互搓几下即可清除。

本 / 章 / 小 / 结

　　本章简要阐述了建筑装饰中常用胶黏剂的种类及装饰部位；各类胶黏剂的特点；着重介绍了瓷砖黏结剂粘贴饰面砖施工工艺流程、常见的质量问题及预防措施。

思考与练习

1. 乳白胶易溶于水吗？

2. 玻璃胶能用于室外环境吗？

3. 简述发泡胶的作用。

4. 简述瓷砖黏结剂粘贴饰面砖的施工工艺流程。

5. 简述瓷砖黏结剂粘贴饰面砖常见的质量问题及预防措施。

参考文献

Reference

[1] 张秋梅，王超，董文英 . 装饰材料与施工 [M]. 长沙：湖南大学出版社，2011.

[2] 向仕龙，等 . 室内装饰材料 [M]. 北京：中国林业出版社，2003.

[3] 张文举 . 建筑工程现场材料管理入门 [M]. 北京：中国电力出版社，2006.

[4] 郭谦 . 室内装饰材料与施工 [M]. 北京：中国水利水电出版社，2006.

[5] 宫艺兵，赵俊学 . 室内装饰材料与施工工艺 [M]. 哈尔滨：黑龙江人民出版社，2005.

[6] 中华人民共和国住房和城乡建设部 . 建筑工程施工质量验收统一标准（GB 50300—
2013）[S]. 北京：中国计划出版社 .

[7] 中华人民共和国住房和城乡建设部 . 建筑装饰装修工程质量验收规范（GB50210—
2001）[S]. 北京：中国计划出版社 .

[8] 中华人民共和国住房和城乡建设部 . 住宅装饰装修工程施工规范（GB50327—2001）[S].
北京：中国计划出版社 .

[9] 中华人民共和国住房和城乡建设部 . 建筑地面工程施工质量验收规范（GB50209—
2002）[S]. 北京：中国计划出版社 .

[10] 中华人民共和国住房和城乡建设部 . 民用建筑工程室内环境污染控制规范（GB50325—
2002）[S]. 北京：中国计划出版社 .

插　　图

插图 2-1　室内装饰效果

插图 3-1　室内装饰效果

插图 4-1　石膏板

插图 4-2　石膏线

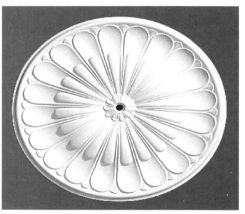

插图 4-3　石膏灯圈

插图 4-4 石膏柱

插图 4-5　石膏花

插图 4-6　中龙骨延续接长

插图 4-7　卡档小龙骨

插图 4-8　安装罩面板

226

插图 4-9　轻钢龙骨成品保护

插图 4-10　水平龙骨的连接

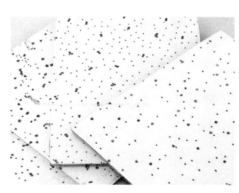

插图 4-11　矿棉板

插图 4-12　矿棉板装饰效果

插图 5-1　木器漆

插图 5-2　乳胶漆

插图 5-3　外墙腻子施工

插图 5-4　外墙涂料

插图 5-5　真石漆

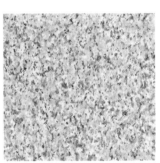

插图 6-1　花岗岩

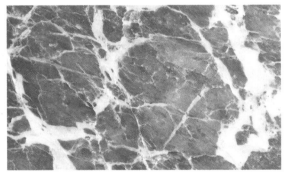

插图 6-2　大理石

插图 6-3　砂石

插图 6-4　板石

插图 6-5　树脂人造石

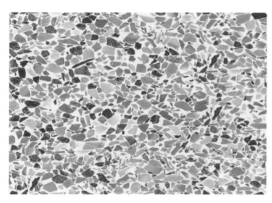

插图 6-6　水磨石

插图 6-7　石材铺装效果

插图 6-8　石材干挂施工

插图 7-1　内墙砖

插图 7-2　外墙砖

插图 7-3　地砖

插图 7-4　微晶石

插图 7-5　玻化砖

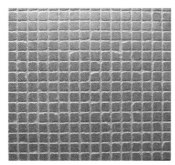

插图 7-6　釉面砖

插图 7-7　仿古砖

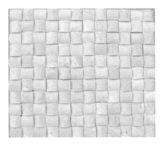

插图 7-8　马赛克

插图 7-9　地砖铺贴效果

插图 7-10　墙砖铺贴效果

插图 7-11　马赛克铺贴效果

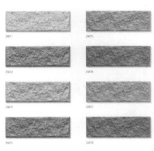

插图 7-12　外墙砖铺贴效果

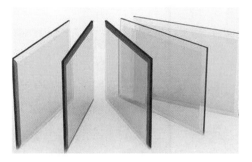

插图 8-1　钢化玻璃

插图 8-2　毛玻璃

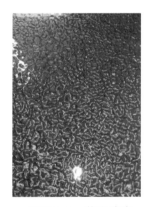

插图 8-3　花纹玻璃

插图 8-4　裂纹玻璃

插图 8-5　彩绘玻璃

插图 8-6　彩色玻璃

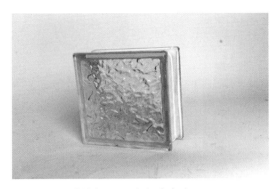

插图 8-7　空心玻璃砖

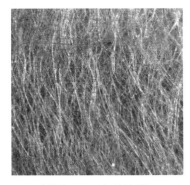

插图 8-8　夹丝玻璃

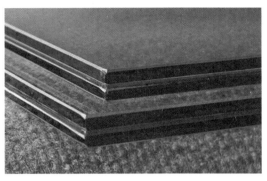

插图 8-9　夹层玻璃

插图 8-10　镭射玻璃

插图 8-11　中空玻璃

插图 8-12　泡沫玻璃

插图 9-1　不锈钢管材

插图 9-2　不锈钢角材

插图 9-3　不锈钢花纹板

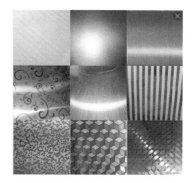

插图 9-4　彩色不锈钢板

插图 9-5　彩色压型钢板

插图 9-6　彩色涂层钢板

插图 9-7　建筑用轻钢龙骨

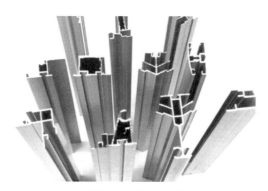

插图 9-8　铝合金型材

插图 9-9　铝合金门窗

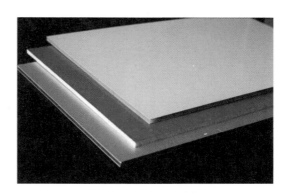

插图 9-10　铝塑板

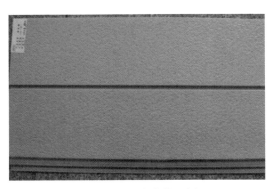

插图 9-11　铝合金花纹板

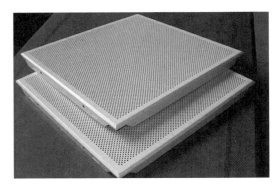

插图 9-12　铝合金微孔吸声板

插图 9-13　铝合金压型板

插图 9-14　铝合金龙骨

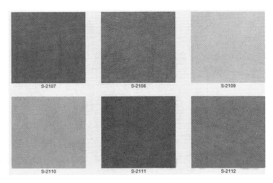

插图 10-1　塑料地板

插图 10-2　塑料墙纸

插图 10-3　塑料装饰板

插图 10-4　硬质 PVC 波形板

插图 10-5　玻璃钢

插图 10-6　塑料管材

插图 10-7　塑料门窗

插图 11-1　实木地板

插图 11-2　实木复合木地板

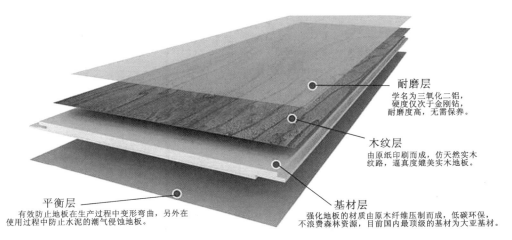

耐磨层
学名为三氧化二铝，硬度仅次于金刚钻，耐磨度高，无需保养。

木纹层
由原纸印刷而成，仿天然实木纹路，逼真度媲美实木地板。

平衡层
有效防止地板在生产过程中变形弯曲，另外在使用过程中防止水泥的潮气侵蚀地板。

基材层
强化地板的材质由原木纤维压制而成，低碳环保，不浪费森林资源，目前国内最顶级的基材为大亚基材。

插图 11-3　强化复合地板

插图 11-4 软木地板

插图 11-5 经防腐剂处理的防腐木

插图 11-6 深度炭化木

插图 11-7 木线条

插图 11-8 薄木

插图 11-9 原木实木门

插图 11-10 细木工板

插图 11-11 刨花板

插图 11-12　中密度纤维板

插图 11-13　胶合板

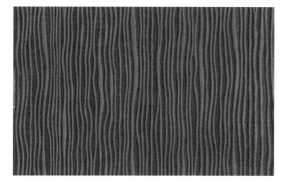

插图 11-14　浮雕装饰板

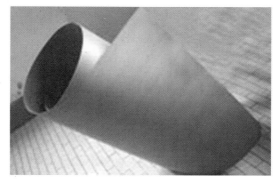

插图 11-15　防火板

插图 11-16　双面贴板

插图 11-17　澳松板

插图 12-1　珍珠岩保温板

插图 12-2　岩棉软板

插图 12-3　矿棉板

插图 12-4　玻璃棉

插图 12-5　泡沫塑料

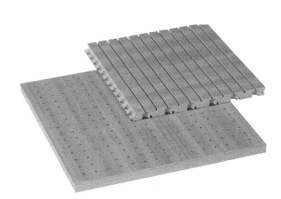

插图 12-6　木质吸音板

插图 12-7　木质吸音板应用

插图 12-8　矿棉吸音板

插图 12-9　布艺吸音板

插图 12-10　聚酯纤维吸音板

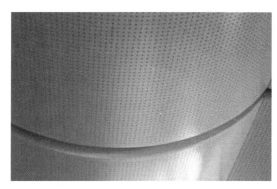

插图 12-11　金属吸音板

插图 12-12　陶铝装饰吸音板

插图 12-13　吸音棉

插图 12-14　挤塑聚苯乙烯泡沫板

插图 13-1　塑料壁纸

插图 13-2　纺织纤维壁纸

插图 13-3　纯纸壁纸

插图 13-4　麻草壁纸

插图 13-5　金属壁纸

插图 13-6　云母片壁纸

插图 13-7　玻璃纤维印花壁布

插图 13-8　硅藻土壁纸

插图 14-1　万能胶

插图 14-2　107 胶

插图 14-3　乳白胶

插图 14-4　氯丁胶

插图 14-5　发泡胶

插图 14-6　瓷砖黏结剂

插图 14-7　玻璃胶